雅洁彩妆企业标识

校园文化节会徽

饮料广告标牌

端午节贺卡

友情贺卡

生日贺卡

春节贺卡

成长相册

家庭相册

制作婚礼相册

动漫相册

宣传广告

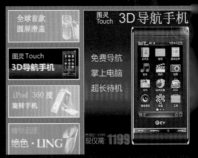

公益广告　　　　　　　　产品广告　　　　　　　　手机宣传

MTV 万水千山总是情　　　　春天在那里 MTV　　　　　诗词 忆江南

产品介绍杂志　　　　　　　　　　　集邮杂志

新龟兔赛跑　　　　　网页设计教程翻书效果　　　　菜谱

动画鱼儿游

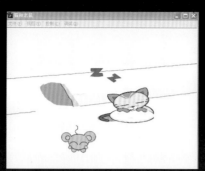
动画猫和老鼠

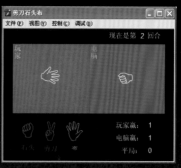
石头剪刀布游戏

动画片

动画亲吻猪

拼图游戏

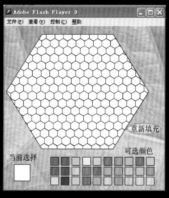
填色游戏

美女换装游戏

菲凡摄影网页

平职学院招生网站

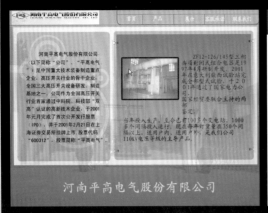

平高电气销售网站

个人网站

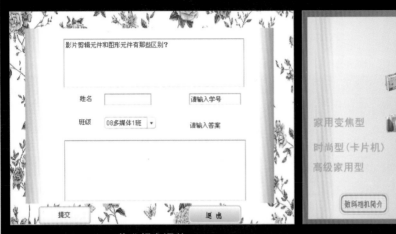

作业提交课件

多媒体技术课件

诗画欣赏课件

Flash 动画设计课件

工业和信息化人才培养规划教材
Industry And Information Technology Training Planning Materials

Technical And Vocational Education
高职高专计算机系列

Flash 动画设计与制作实例教程

the Design and Production of
Flash Animation

王德永 樊继 ◎ 主编

人民邮电出版社
北京

图书在版编目（CIP）数据

Flash 动画设计与制作实例教程 / 王德永，樊继主编. —— 北京：人民邮电出版社，2011.4（2016.1 重印）
工业和信息化人才培养规划教材. 高职高专计算机系列
ISBN 978-7-115-24947-0

Ⅰ. ①F… Ⅱ. ①王… ②樊… Ⅲ. ①动画－设计－图形软件，Flash 8－高等学校：技术学校－教材 Ⅳ. ①TP391.41

中国版本图书馆CIP数据核字(2011)第023955号

内 容 提 要

　　Flash 是功能强大的交互式动画制作软件之一。本书对 Flash 的基本操作方法，各个绘图和编辑工具的使用，各种类型动画的设计方法，以及动作脚本在复杂动画和交互动画设计中的应用进行了详细的介绍。

　　全书共 10 章，全面介绍 VI 标识、电子贺卡、电子相册、广告、MTV、电子阅读物、动画片、游戏、网站应用和课件等实际案例的制作技巧和方法，涵盖了 Flash 绘图，Flash 动画，元件、实例和库，时间轴特效、滤镜和混合模式，位图、声音和视频，Flash 文本，行为和模板，ActionScript 2.0 基础，交互式动画的制作，组件等 Flash 软件知识。逐步提升的案例，让学生逐步掌握软件的使用方法与技巧。通过实例的演练，培养学生的实际项目开发能力。

　　本书适合作为高等职业院校数字媒体艺术类专业 Flash 课程的教材，也可供相关人员自学参考。

工业和信息化人才培养规划教材——高职高专计算机系列

Flash 动画设计与制作实例教程

◆ 主　编　王德永　樊　继

　　责任编辑　王　威

◆ 人民邮电出版社出版发行　　北京市丰台区成寿寺路 11 号
　　邮编　100164　　电子邮件　315@ptpress.com.cn
　　网址　http://www.ptpress.com.cn
　　固安县铭成印刷有限公司印刷

◆ 开本：787×1092　1/16　　　　　彩插：2
　　印张：20.25　　　　　　　　　2011 年 4 月第 1 版
　　字数：521 千字　　　　　　　　2016 年 1 月河北第 10 次印刷

ISBN 978-7-115-24947-0

定价：42.00 元（附光盘）

读者服务热线：(010)81055256　印装质量热线：(010)81055316
反盗版热线：(010)81055315

前 言

Flash 是 Adobe 公司推出的一款全新的矢量动画制作和多媒体设计软件，广泛应用于网站广告、游戏设计、MTV 制作、电子贺卡、多媒体课件等领域，它功能强大、易学易用，已经成为这一领域最流行的软件之一。目前，我国很多高等职业院校的计算机及数字艺术类相关专业，都将"Flash 动画制作与应用"作为一门重要的专业课程。为了使高职院校的教师能够比较全面、系统地讲授这门课程，使学生能够熟练地使用 Flash 进行动画制作和多媒体软件设计，巩固国家示范校成果，推广应用到更多的课程和院校，我们几位长期在高等职业院校从事 Flash 教学的教师和专业网页动画设计制作公司实际经验丰富的设计师，共同编写了这本《Flash 动画设计与制作应用实例教程》。

根据高职高专教学的培养目标以及计算机数字艺术设计类课程的特点，为了培养学生的动手能力，增加项目制作经验，同时熟悉基础知识，我们采用任务驱动的方式编写。首先进行知识准备，然后进行任务展示和分析，再进行任务实施，最后进行任务考核。每章都包括 4 个任务，两个用于课堂讲解（一个详讲、一个略讲），一个用于学生课堂实训，一个用于学生课外拓展练习。通过 4 个任务的实施，体现从简单到复杂、从认知到实践，达到教学目标的要求。全书总的选用了 40 多个企业真实典型实例和若干个小案例，让学生真正得到技能锻炼。

不论 Flash 是作为相关专业的专业课，还是作为公选课，本书都能极大地方便教师在教学过程中组织教学活动。本书有配套的精品课程网站，提供有课程标准、授课计划、PPT 课件、电子教案、案例效果、范例源文件及各种素材等丰富的教学资源。本书每章还附有实践性较强的实训课外拓展项目练习，可以供学生上机实训时和业余时间练习使用，实训项目和课外拓展项目给予了制作过程的指导。任课教师可到人民邮电出版社教学服务与资源网（www.ptpedu.com.cn）免费下载有关教学资源使用。本书的参考学时为 78 学时，其中理论课为 24 学时，实践课为 54 学时。建议全部采用在实训室理论实践一体化形式授课，各章的参考学时参见下面的学时分配表。

章　节	课 程 内 容	学 时 分 配	
		讲　授	实　训
第 1 章	VI 标识	2	4
第 2 章	电子贺卡	4	4
第 3 章	电子相册	2	2
第 4 章	广告制作	2	4
第 5 章	MTV 制作	2	4
第 6 章	电子阅读物制作	2	6
第 7 章	动画片制作	2	6
第 8 章	游戏制作	2	8
第 9 章	网站应用	4	8
第 10 章	课件制作	2	8
课 时 总 计		24	54

本书由王德永、樊继任主编，第 1 章、第 2 章由工德永编写，第 3 章由马莹莹编写，第 4 章、

第 8 章由牛晓灵编写，第 5 章由魏继松编写，第 6 章、第 9 章、第 10 章由樊继编写，第 7 章由孙莹编写。中平能化集团信通公司的王留根高级工程师主审了全书，并提出了很多宝贵的修改意见，我们在此表示诚挚的感谢！

由于时间仓促，加之水平有限，书中难免存在不妥之处，敬请广大读者批评指正。

编　者

2010 年 12 月

目　录

第1章

VI 标识

本章简介：

企业形象识别系统简称 CIS，包括 3 部分，即 MI（理念识别）、BI（行为识别）、VI（视觉识别）。VI 是企业的视觉识别系统，包括基本要素（企业名称、企业标志、标准字、标准色、企业造型等）和应用要素（产品造型、办公用品、服装、招牌、交通工具等），通过视觉元素的展现，能够较好地体现企业经营理念和经营风格，成为企业形象传播的有效手段。

本章将详细介绍 Flash CS3 工具箱中各种绘图工具的使用及设置图形色彩的方法，并通过 3 个应用范例，讲解 Flash CS3 在企业标识制作中的应用。通过本章内容的学习，读者应掌握绘制图形、编辑图形的方法和技能，掌握用 Flash 绘制企业 VI 以及 VI 动画制作的方法和技能。

学习目标：

- Flash 的绘制模式
- 工具箱中各种工具的使用方法
- "混色器"面板、"变形"面板的使用
- 石化商标、企业标识、校园文化节会徽的制作

1.1 Flash 绘图——知识准备

1.1.1 Flash 绘制模式

Flash 有两种绘图模式，一种是默认绘制模式，另一种是对象绘制模式。

1. 默认绘制模式

用 Flash 工具箱中的绘图工具直接绘制的图形叫做"形状"，选中时图形上出现网格点，如图 1-1 所示。形状在"属性"面板中的属性只有"宽"、"高"和"坐标值"，如图 1-2 所示。

图 1-1   图 1-2

（1）形状的切割和融合。选择椭圆工具，设置边框色为无色，绘制两个不同填充色和大小的圆，如图 1-3 所示。用选择工具将蓝色的圆移到红色的圆上，单击红色圆，如图 1-4 所示，然后拖曳蓝色的圆到旁边，这时的效果如图 1-5 所示。从图中可以看出，小圆将大圆切割了。

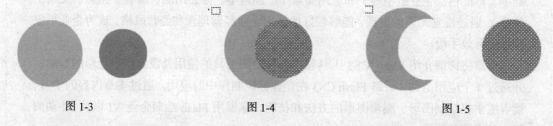

图 1-3   图 1-4   图 1-5

绘制两个相同填充色不同大小的圆，如图 1-6 所示。用选择工具将小圆移到大圆上，如图 1-7 所示。单击大圆，会发现两个圆形全部被选中，如图 1-8 所示。拖曳鼠标将会移动全部图形，这说明两个圆融合在一起了。

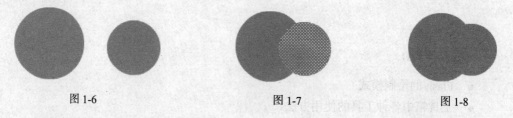

图 1-6   图 1-7   图 1-8

（2）将形状转换为组。执行"修改">"组合"命令，可以将选中的对象组合成"组"。

选择椭圆工具，在舞台上绘制一个没有边框、黄色填充的圆。切换到选择工具，单击选中舞台上的圆，执行"修改">"组合"命令，这时，处在选中状态的圆上面的网格点消失了，圆的周围出现一个蓝色的矩形线框，如图 1-9 所示。

在"属性"面板中可以看到，转换后的圆被称为"组"。它的属性也很简单，也只有"宽"、

"高"和"坐标值",如图 1-10 所示。

选择椭圆工具,在舞台的圆上绘制一个没有边框的绿色圆形,效果如图 1-11 所示。

图 1-9　　　　　　　　　图 1-10　　　　　　　　　图 1-11

此时会发现,绿色的圆跑到了黄色圆的后面了。切换到选择工具,将绿色的圆拖曳走,并没有出现切割的现象,还是两个独立的对象。由此看出,"形状"和"组"是不会切割或者融合的。

2．对象绘制模式

在矩形、椭圆、钢笔、刷子等工具的选项中找到该模式选项,如图 1-12 所示。

绘制一个对象,选择椭圆工具,在工具箱的选项中单击"对象绘制"按钮,在舞台上绘制一个椭圆,如图 1-13 所示。展开"属性"面板,可以看到这里绘制的椭圆不再是形状,而是一个绘制对象,如图 1-14 所示。

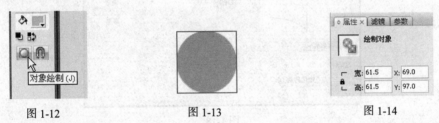

图 1-12　　　　　　　　　图 1-13　　　　　　　　　图 1-14

使用"对象绘制"选项以后,在同一图层绘制出的形状和线条自动成组,移动时不会互相切割、互相影响。

1.1.2　直线工具

直线工具用于绘制各种各样的直线。选择工具箱中的直线工具,将鼠标移到舞台中,鼠标光标变为+形状,在舞台中按住鼠标左键并拖曳鼠标到需要的位置后释放鼠标左键即可绘制出一条直线。按住【Shift】键可以绘制水平、垂直或者 45°角方向的直线。

选中直线工具后,可以在如图 1-15 所示的"属性"面板中对直线的笔触颜色、笔触高度和笔触样式等属性进行设置。

图 1-15

(1)笔触颜色。在"属性"面板中,单击"笔触颜色"按钮,会弹出一个调色板,此时鼠标会变成吸管状。用吸管直接拾取颜色或者在文本框中直接输入颜色的十六进制数字,就可以完成线条颜色的设置,如图 1-16 所示。

（2）笔触高度。在"属性"面板中，单击"笔触高度"文本框右边的三角按钮并拖曳手柄，或者直接在文本框中输入数字，可以设置线条的笔触高度。

（3）笔触样式。在"属性"面板中，单击"笔触样式"会弹出一个下拉列表，如图 1-17 所示，在其中可以选择线条的笔触样式。

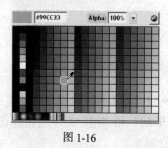

图 1-16

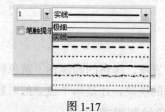

图 1-17

（4）自定义笔触样式。在"属性"面板中单击"自定义"按钮，打开"笔触样式"对话框，如图 1-18 所示。

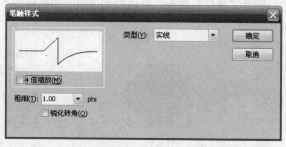

图 1-18

（5）线条的端点。在"属性"面板中单击端点的图标，弹出下拉列表，其中包括 3 个选项：无、圆角、方型，如图 1-19 所示。"圆角"是系统默认的接合方式，"无"是对齐路径的终点，"方型"是超出路径半个笔触的宽度。不同端点的设置效果如图 1-20 所示。

（6）线条的接合。在"属性"面板中单击接合的图标，弹出下拉列表，其中包括 3 个选项：尖角、圆角、斜角，如图 1-21 所示。"圆角"是系统默认的接合方式，"斜角"是指被"削平"的方形端点。两条路径线段相接的不同方式效果如图 1-22 所示。

图 1-19　　　　　　　图 1-20　　　　　　　图 1-21　　　　　　　图 1-22

1.1.3　选择工具

选择工具用于选择、移动、复制图形以及改变图形的形状，操作时只需单击"选择工具"按钮或者按【V】键。

1．更改线条的长度和方向

在工具箱中选中选择工具，然后移动鼠标光标到线条的端点处，当鼠标光标右下角出现直角标志后，按下左键拖曳鼠标即可改变线条的方向和长度，如图 1-23 所示。

2．更改线条的轮廓

将鼠标光标移动到线条上，当鼠标光标右下角出现弧线标志后，按下左键拖曳鼠标即可改变线条的轮廓，使直线变成各种形状的弧线，如图 1-24 所示。

图 1-23　　　　　　　　　　　　　　　　　图 1-24

1.1.4　颜料桶工具

颜料桶工具用于填充颜色，操作时只需单击"颜料桶工具"按钮或者按【K】键。选择颜料桶工具，在"属性"面板中设置填充颜色，在图形线框内单击鼠标，线框内被填充颜色，如图 1-25 所示。

在工具箱的下方，系统设置了 4 种填充模式可供选择。根据线框空隙的大小，应用不同的模式进行填充，如图 1-26 所示。

图 1-25　　　　　　　　　　　　　　　　　图 1-26

实例练习——绘制雨伞

（1）启动 Flash CS3 后，执行"新建"下的"Flash 文件（ActionScript 3.0）"命令，便可进入 Flash 的编辑界面。

（2）执行"视图" > "网格" > "显示网格"命令后，舞台会出现 18 像素×18 像素大小的灰色网格。

（3）执行"视图" > "网格" > "编辑网格"命令，并勾选"贴紧至网格"选项，如图 1-27 所示。

（4）在工具箱中单击线条工具，在舞台上绘制多根线条，如图 1-28 所示。

（5）利用选择工具将舞台上的几根线条改为曲线，如图 1-29 所示。

（6）单击"填充颜色"按钮，会出现一个调色板，同时光标变成吸管状，选择喜欢的颜色后，利用颜料桶工具给小花伞填充几种不同的颜色，如图 1-30 所示。

图 1-27

（7）用选择工具进行多选（按【Shift】键），将伞头和伞把对应的线条选中，在"属性"面板中设置笔触高度为 4，如图 1-31 所示。

（8）用选择工具将绘制的图形全部选中（或利用【Ctrl+A】快捷键），执行"修改" > "组合"

命令（或利用【Ctrl+G】快捷键），使所绘制的图形成为一个"组"。

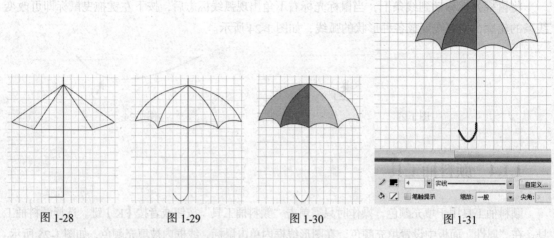

| 图 1-28 | 图 1-29 | 图 1-30 | 图 1-31 |

（9）按【Ctrl+Enter】快捷键测试影片，并保存文档。

1.1.5　矩形工具与多角星形工具

1．矩形工具

矩形工具用于绘制矩形或多角星形，操作时单击"矩形工具"按钮或者按【R】键。选择矩形工具，在"属性"面板中设置填充颜色、笔触颜色等属性。

2．多角星形工具

多角星形工具用于绘制多边形和星形。选择多角星形工具，单击"选项"按钮，在"工具设置"对话框中进行参数设置。

- 样式：可以选择绘制多边形或星形。
- 边数：设置多边形的边数或星形的顶点数，取值范围为 3～32。
- 星形顶点大小：设置星形顶点的角度，取值范围为 0～1。值越小，顶点角度越小，顶角越尖锐。

实例练习——绘制五星红旗

（1）新建 Flash CS3 文档，命名为"五星红旗.fla"，参数为默认值。选择矩形工具，设置"笔触颜色"为无、"填充颜色"为红色，单击"对象绘制"按钮。

（2）把鼠标光标移到舞台的中心位置，按住【Alt】键并拖曳鼠标，绘制出一个红色的矩形。单击矩形工具并按住鼠标左键不放，会出现下拉菜单，在下拉菜单中选择多角星形工具，在"属性"面板中设置"笔触颜色"为无、"填充颜色"为黄色。单击"选项"按钮，弹出"工具设置"对话框，按图 1-32 所示设置其参数。

（3）在红色矩形内拖曳鼠标，绘制出一颗五星，选择选择工具，把五星移到效果图的左上角。

（4）再次选择多角星形工具，绘制一颗小五星。选择选择工具，把鼠标光标移到小五星上，按住【Alt】键拖曳鼠标，复制出 3 颗小五星，并调整其位置，效果如图 1-33 所示。

图 1-32　　　　　　　　　　　　　　　　图 1-33

1.1.6　椭圆工具

椭圆工具用于绘制椭圆或者正圆，操作时只需单击椭圆工具或者按【O】键。

实例练习——绘制八卦图形

（1）新建 Flash CS3 文档，命名为"八卦图形.fla"，参数为默认值。

（2）将"填充颜色"改为无色。

（3）选择椭圆工具，按住【Shift】键的同时，在舞台上绘制一个正圆。

（4）再次使用椭圆工具绘制出另外两个正圆，如图 1-34 所示。

（5）单击直线工具，在图形中绘制一条垂直直线，如图 1-35 所示。

（6）利用选择工具和按住【Shift】键选择要删除的线条，如图 1-36 所示。按键盘上的【Delete】键，删除所选择的线，如图 1-37 所示。

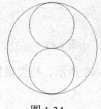　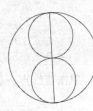　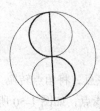　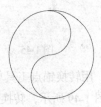

图 1-34　　　　　　　图 1-35　　　　　　　图 1-36　　　　　　　图 1-37

（7）再利用椭圆工具绘制两个圆，如图 1-38 所示。

（8）单击颜料桶工具，并设置填充色为黑色，在如图 1-39 所示的"1"、"2"处单击，将其填充为黑色，如图 1-40 所示。

（9）单击颜料桶工具，设置填充色为白色，在如图 1-39 所示的"3"、"4"处单击，将其填充为白色，如图 1-41 所示。

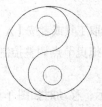　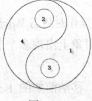　　

图 1-38　　　　　　　图 1-39　　　　　　　图 1-40　　　　　　　图 1-41

1.1.7 钢笔工具

1. 用钢笔工具绘制直线

选择钢笔工具,将鼠标放置在舞台上想要绘制直线的起始位置,在直线的起点处单击鼠标左键,然后松开鼠标在另一点处单击,在直线的终点处双击鼠标即可,如图 1-42 所示。

2. 用钢笔工具绘制曲线

选择钢笔工具,将鼠标放置在舞台上想要绘制曲线的起始位置,然后按住鼠标不放,此时出现第一个锚点,并且钢笔光标变为箭头形状。松开鼠标,将鼠标放置在想要绘制的第二个锚点位置,单击鼠标并按住不放,将鼠标向其他方向拖曳。松开鼠标右键单击,一条曲线绘制完成,如图 1-43 所示。

3. 修改曲线的方法

(1)若要添加锚点,可以选择钢笔工具,然后在曲线上希望添加锚点的位置单击,如图 1-44 所示。

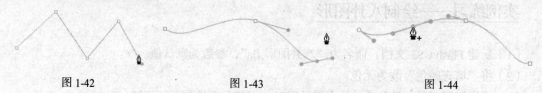

图 1-42   图 1-43   图 1-44

(2)若要删除锚点,可以用删除锚点工具单击该点将其删除,如图 1-45 所示。

(3)曲线点与角点的转换。用转换锚点工具单击该点,将曲线点转换为角点。单击前曲线点如图 1-46 所示,单击后的角点如图 1-47 所示。

图 1-45   图 1-46   图 1-47

用转换锚点工具单击该点,将角点转换为曲线点。单击直线点,如图 1-48 所示,拖曳鼠标,如图 1-49 所示,转换成曲线点,如图 1-50 所示。

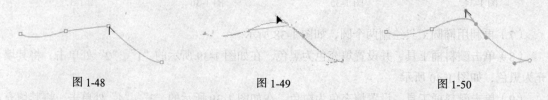

图 1-48   图 1-49   图 1-50

1.1.8 部分选取工具

部分选取工具用于调整节点,改变图形的形状。操作时只需单击部分选取工具或者按【A】键。

选择部分选取工具,在对象的外边线上单击,对象上出现多个节点。拖曳节点调整控制线的长度和斜率,从而改变对象的曲线形状。

(1)移动锚点,可以用部分选取工具拖曳该点。移动前如图 1-51 所示,移动时如图 1-52 所示,移动后如图 1-53 所示。

图 1-51　　　　　　　　图 1-52　　　　　　　　图 1-53

（2）微调锚点，可用部分选取工具选择锚点，然后使用键盘上的方向键进行移动。

（3）拉长、缩短或扭曲曲线，可用部分选取工具拖放相应一侧的方向线手柄即可。拉长曲线如图 1-54 所示，缩短曲线如图 1-55 所示。

（4）转角点与曲线点的区别及相互转换。将转角点转换为曲线点，可使用部分选取工具选择该点，如图 1-56 所示，然后按住【Alt】键拖曳该点，以生成方向手柄，如图 1-57 所示。

图 1-54　　　　　　图 1-55　　　　　　图 1-56　　　　　　图 1-57

实例练习——制作心形

（1）选择工具箱中的钢笔工具（快捷键【P】），在舞台上绘制 3 个点，如图 1-58 所示。

（2）利用部分选取工具单击图形，显示调节线，将 3 个关键点的曲率进行调整，如图 1-59 所示。

（3）使用选择工具将调整好的曲线进行移动后复制，如图 1-60 所示。选择新复制的曲线，执行"修改">"变形">"水平翻转"命令将其进行水平翻转，将两条曲线对齐，拼成心形，如图 1-61 所示。

图 1-58　　　　　图 1-59　　　　　图 1-60　　　　　图 1-61

（4）使用橡皮擦工具将多余线段删掉，如图 1-62 所示。打开"混色器"面板，将"填充样式"设为"线形"，在渐变条上将左边色块设置为#AF057C，将右边色块设置为#E207C8。使用颜料桶工具从右下向左上拖曳鼠标填充颜色，再将填充色外的线条删掉，如图 1-63 所示。

（5）选取红心，执行"修改">"形状">"柔化填充边缘"命令，设置参数如图 1-64 所示，使红心的边缘有柔化、淡出的效果，如图 1-65 所示。

图 1-62　　　　　　　　　　　　　　图 1-63

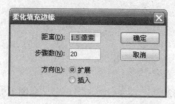

图 1-64

图 1-65

1.1.9　铅笔工具

铅笔工具用于手绘图形，操作时只需单击铅笔工具或者按【Y】键。

选择工具箱中的铅笔工具，当鼠标移到舞台中时，按住鼠标左键随意拖曳即可绘制任意直线或曲线，绘制的方式与使用真实铅笔大致相同。单击工具箱底部的"铅笔模式"按钮，在弹出的下拉列表中有 3 种绘图模式可以选择，如图 1-66 所示。

- 在"直线化"模式下，它会把线条自动转成接近形状的直线。
- 在"平滑"模式下，把线条转化为接近形状的平滑线。
- 在"墨水"模式下，不加修饰，完全保持鼠标轨迹的形状。

应用直线化、平滑、墨水 3 种不同绘图模式画的树叶效果如图 1-67 所示。

图 1-66

图 1-67

实例练习——绘制鸟

（1）绘制鸟的大致轮廓，如图 1-68 所示。

（2）绘制鸟的眼睛，如图 1-69 所示。

（3）绘制鸟的翅膀，如图 1-70 所示。

（4）绘制鸟的脚，如图 1-71 所示。

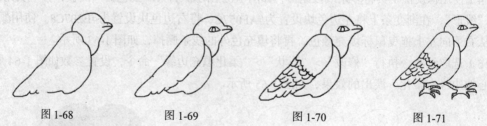

图 1-68　　　　　图 1-69　　　　　图 1-70　　　　　图 1-71

1.1.10　刷子工具

用刷子工具可以绘制任意形状、大小及颜色的填充区域，也可以给已经绘制好的对象填充颜色。

操作时单击刷子工具或者按【B】键。单击工具箱中的刷子工具，移动鼠标到舞台中，鼠标光标将变成一个黑色的圆形或方形刷子，单击鼠标即可在舞台中绘制对象。选中刷子工具后，将激活工具箱底部的相关按钮，如图 1-72 所示，在其中可对刷子模式、刷子大小和刷子形状等进行设置。

- 标准绘画：不管线条还是填色范围，只要是画笔经过的地方，都变成画笔的颜色。
- 颜料填充：只影响填色的内容，不会遮盖住线条。
- 后面绘画：无论怎么画，它都在图像的后方，不会影响前景图像。
- 颜料选择：用选择工具选中图形的一块，再使用刷子工具进行绘制，此时可看到选择区域被涂上所选的颜色。
- 内部绘画：在绘画时，画笔的起点必须是在轮廓线以内，而且画笔的范围也只作用在轮廓线以内。

5 种绘画模式的效果如图 1-73 所示。

图 1-72　　　　　　　　　　　　　　　　图 1-73

实例练习——绘制一串葡萄

（1）选择刷子工具，在"颜色"面板中设置填充样式为"放射状"，左边色块颜色为#FBC6F0，中间色块颜色为#AE557D，右边色块颜色为#72385A，如图 1-74 所示。

（2）在"属性"面板中，将刷子的平滑度调整到 0.25。

（3）使用最大的圆形刷子在舞台上单击，画出了一串葡萄，然后选择绿色填充色，并选择稍小的笔刷，采用"后面绘画"模式画一小段枝条，效果如图 1-75 所示。

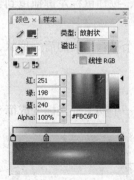

图 1-74　　　　　　　　　　　　　　　　图 1-75

1.1.11　套索工具

套索工具用于选择形状图形的不规划区域或者相同的颜色区域，操作时单击"套索工具"按钮或者按【L】键。在工具箱的下方，系统设置了 3 个按钮可供选择，如图 1-76 所示。

（1）直接拖曳。选择套索工具，用鼠标在位图上任意勾选想要的区域，形成一个封闭的选区，松开鼠标，选区中的图像被选中。

（2）"魔术棒"按钮。单击"魔术棒"按钮，将光标放在位图上，光标变化，在要选择的位图上单击鼠标，与单击点颜色相近的图像区域被选中，如图 1-77 示。

（3）"多边形模式"按钮。单击"多边形模式"按钮，在图像上单击鼠标，确定第一个定位点，松开鼠标并将鼠标移至下一个定位点，再单击鼠标。用相同的方法直到勾画出想要的图像，并使选择区域形成一个封闭的状态。双击鼠标，选区中的图像被选中，如图 1-78 示。

图 1-76　　　　　　　　图 1-77　　　　　　　　　　　　　图 1-78

1.1.12　任意变形工具

任意变形工具用于缩放、旋转、倾斜、扭曲以及封套图形，操作时单击"任意变形工具"按钮或者按【Q】键。

选择任意变形工具，在图形的周围出现控制点，拖曳控制点改变图形的大小，如图 1-79 所示。在工具箱的下方，系统设置了 4 种变形模式可供选择，如图 1-80 所示。

1．旋转与倾斜

旋转与倾斜对图形对象和元件都适用。现在在将鼠标移动到中心点，光标右下角会出现一个圆圈标志，这时按住鼠标左键进行拖曳，就可以将其移动到任何位置，如图 1-81 所示。

将鼠标放到变形框任一角的手柄上，光标变成圆弧状，按住鼠标左键拖曳到合适位置，就实现了对图形的旋转，如图 1-82 所示。

将鼠标放在变形框任一边手柄外的地方，光标变为两个平行反向的箭头形状，这时按住鼠标左键拖曳可以使对象倾斜，如图 1-83 所示。

2．缩放

缩放对图形对象和元件都适用。将鼠标放在变形框任一手柄上，光标变成箭头形状，按住鼠标左键移动可以放大或缩小对象，如图 1-84 所示。

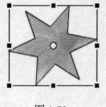

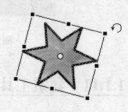

图 1-79　　　　　　　图 1-80　　　　　　　图 1-81　　　　　　　图 1-82

3. 扭曲和封套

扭曲和封套不能运用于元件上，除非将元件打散。

单击"扭曲"按钮，选中对象，拖曳边框上的角手柄或边手柄，移动该角或边，如图 1-85 所示。单击"封套"按钮，拖曳点和切线手柄修改封套，如图 1-86 所示。

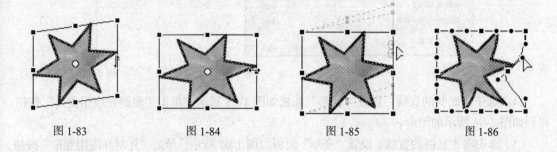

图 1-83　　　　　　图 1-84　　　　　　图 1-85　　　　　　图 1-86

实例练习——绘制变形文字

（1）选择工具箱中的文本工具，在文本"属性"面板中设置文本字体为"幼圆"，大小为 35，颜色为绿色，在舞台上输入"平顶山工业职业技术学院"文字，如图 1-87 所示。

（2）按【Ctrl+B】组合键将文本打散，第 1 次打散时，文字被拆分为一个个独立的字母，如图 1-88 所示。再次按【Ctrl+B】组合键将文本进行第 2 次打散，这时一个个独立的字母变成了图形，不再具有文本属性了，如图 1-89 所示，这时就可以把文字当成图形来处理了。

平顶山工业职业技术学院　　　　　平顶山工业职业技术学院

图 1-87 　　　　　　　　　　　　　　图 1-88

（3）选取工具箱中的任意变形工具，在工具箱的下部会出现该工具的相关属性选项。选择扭曲工具，拖曳四角的黑点对文字进行透视变化，如图 1-90 所示。

平顶山工业职业技术学院　　　　　平顶山工业职业技术学院

图 1-89 　　　　　　　　　　　　　　图 1-90

（4）选择封套工具，调整封套如图 1-91 所示，最终效果如图 1-92 所示。

平顶山工业职业技术学院　　　　　平顶山工业职业技术学院

图 1-91 　　　　　　　　　　　　　　图 1-92

实例练习——制作齿轮

（1）运行 Flash CS3，新建一个空白文档。

13

（2）执行"插入" > "新建元件"命令，设置参数如图 1-93 所示，单击"确定"按钮，新建一个元件。

（3）单击直线工具，在元件中绘制一条直线，如图 1-94 所示。

图 1-93　　　　　　　　　　　　　　　　　　　　　　　　　　　　　图 1-94

（4）选中所绘制的直线，设置"变形"面板如图 1-95 所示。单击"复制并应用变形"按钮，得到如图 1-96 所示的图形。

（5）选中刚才复制的直线，设置"变形"面板如图 1-97 所示。单击"复制并应用变形"按钮，得到如图 1-98 所示的图形。

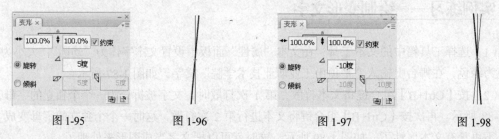

图 1-95　　　　　　图 1-96　　　　　　图 1-97　　　　　　图 1-98

（6）单击多边形工具，绘制一个六边形，大小、位置如图 1-99 所示。

（7）单击选择工具，在按住【Shift】键的同时，单击所要删除的线条，如图 1-100 所示。按键盘上的【Delete】键，将其所选线条删除，得到如图 1-101 所示的图形。

（8）单击任意变形工具，并将任意变形的固定点移到与绘图区的"+"重合，如图 1-102 所示。

（9）设置"变形"面板，参数设置如图 1-103 所示，并连续单击"复制并应用变形"按钮，直到得到如图 1-104 所示的图形为止。

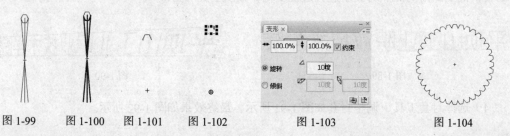

图 1-99　　　图 1-100　　　图 1-101　　　图 1-102　　　　　图 1-103　　　　　　图 1-104

（10）单击颜料桶工具，并设置填充为黑白渐变，在图形中单击，得到如图 1-105 所示的图形。

（11）单击选择工具，将其复制一个，并调整好位置，如图 1-106 所示。

（12）单击颜料桶工具，并设置填充为暗红橙和白渐变，得到如图 1-107 所示的图形。

（13）单击椭圆工具，绘制一个圆，并将其填充颜色删除，如图 1-108 所示。

（14）单击颜料桶工具，并设置填充为暗红橙和白渐变，在图形中单击，得到如图 1-109 所示的图形。

（15）按【Ctrl+Enter】快捷键测试影片，并保存文档。

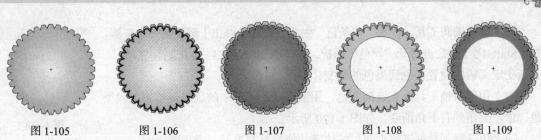

图 1-105　　　　图 1-106　　　　图 1-107　　　　图 1-108　　　　图 1-109

1.1.13　渐变变形工具

渐变变形工具是对填充后的颜色进行修改，利用该工具可方便地对填充效果进行旋转、拉伸、倾斜、缩放等各种变换。

当图形填充色为线性渐变色时，选择渐变变形工具，用鼠标单击图形，出现 3 个控制点和两条平行线，如图 1-110 所示。

向图形中间拖曳方形控制点，渐变区域缩小，如图 1-111 所示。

将鼠标放置在旋转控制点上，光标变化，拖曳旋转控制点来改变渐变区域的角度，如图 1-112 所示。

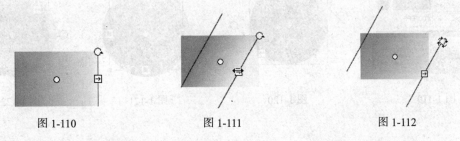

图 1-110　　　　　　　　图 1-111　　　　　　　　图 1-112

当图形填充色为放射状渐变色时，选择渐变变形工具，用鼠标单击图形，出现 4 个控制点和一个圆形外框，如图 1-113 所示。

向图形中间拖曳方形控制点，水平拉伸渐变区域，如图 1-114 所示。

将鼠标放置在旋转控制点上，光标变化，拖曳旋转控制点可以改变渐变区域的角度，如图 1-115 所示。

向图形中间拖曳圆形控制点，渐变区域缩小，如图 1-116 所示。

通过移动中心控制点可以改变渐变区域的位置，如图 1-117 所示。

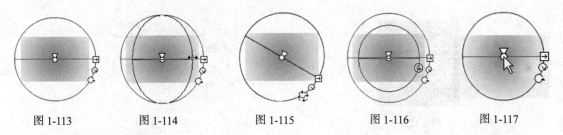

图 1-113　　　　图 1-114　　　　图 1-115　　　　图 1-116　　　　图 1-117

实例练习——制作凹陷按钮

（1）新建 Flash CS3 文档，绘制凹陷按钮，效果如图 1-118 所示，并将文件保存为 "按钮.fla"。

（2）选择椭圆工具，设置"线条色"为无，按住【Shift】键绘制一个正圆。按【Shift+F9】快捷键打开"颜色"面板，在"类型"下拉列表中选择"线性"，在渐变定义栏中设置灰色到黑色的渐变，如图 1-119 所示。

图 1-118

（3）用颜料桶工具填充该渐变，用渐变变形工具中的旋转调整灰色到黑色，由左上角到右下角渐变，如图 1-120 所示。

（4）用选择工具框选整个圆，按住键并拖曳复制出另一个正圆。

（5）选择任意变形工具对其进行缩小，如图 1-121 所示。

（6）选择渐变变形工具，设置 180° 旋转渐变色，使灰色到黑色由右下角到左上角渐变，如图 1-122 所示。

（7）选择小圆，将其放置在大圆之上，完成按钮的制作。

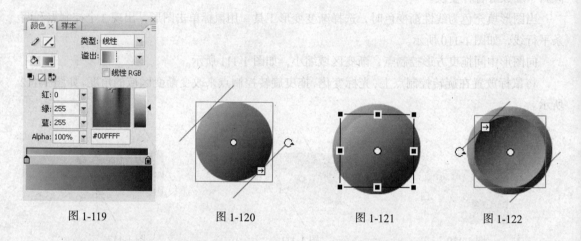

图 1-119　　　　　　图 1-120　　　　　　图 1-121　　　　　　图 1-122

实例练习——绘制图案

（1）新建 Flash CS 3 文档，并将文件保存为"位图图案.fla"。

（2）选择矩形工具并按住【Shift】键绘制一个正方形。选择正方形，按住【Alt】拖曳复制 9 个正方形，并按图 1-123 所示进行排列。

（3）按【Shift+F9】快捷键打开"颜色"面板，如图 1-124 所示，在填充颜色类型中选择"位图"，然后单击"导入"按钮导入"蝴蝶 01"图像。

图 1-123　　　　　　　　　　　图 1-124

（4）选择颜料桶工具，并单击"锁定填充"按钮，然后依次单击各个正方形，每个正方形中都会填入一个蝴蝶图标，如图 1-125 所示。再次单击"锁定填充"按钮，一个蝴蝶图标会被填充在所有的 9 个正方形中，如图 1-126 所示。移动正方形后效果如图 1-127 所示。

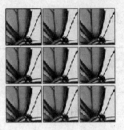

图 1-125

图 1-126

图 1-127

1.1.14　滴管工具和墨水瓶工具

1. 滴管工具

滴管工具用于提取线条或者填充的属性，操作时单击滴管工具或者按【I】键吸取填充色。

（1）吸取填充色。选择滴管工具，将光标放在左边图形的填充色上，在填充色上单击鼠标，吸取填充色样本，如图 1-128 所示。在工具箱的下方，取消对"锁定填充"按钮的选取，在右边图形的填充色上单击鼠标，图形的颜色被修改，如图 1-129 所示。

图 1-128

图 1-129

（2）吸取边框属性。选择滴管工具，将光标放在左边图形的外边框上，在外边框上单击鼠标，吸取边框样本，如图 1-130 所示。在右边图形的外边框上单击鼠标，线条的颜色和样式被修改，如图 1-131 所示。

图 1-130

图 1-131

（3）吸取位图图案。选择滴管工具，将鼠标光标放在位图上，单击鼠标，吸取图案样本，如图 1-132 所示。单击后，在矩形图形上单击鼠标，图案被填充，如图 1-133 所示。

图 1-132

图 1-133

（4）吸取文字属性。滴管工具还可以吸取文字的属性，如颜色、字体、字形、大小等。选择要修改的目标文字，如图 1-134 所示。选择滴管工具，将鼠标光标放在源文字上，在源文字上单击鼠标，如图 1-135 所示。源文字的文字属性被应用到目标文字上，如图 1-136 所示。

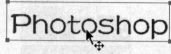

图 1-134　　　　　　　　　　图 1-135　　　　　　　　　　图 1-136

2．墨水瓶工具

墨水瓶工具用于描绘填充的边缘或者改变线条的属性，操作时单击墨水瓶工具或者按【S】键。使用滴管工具和墨水瓶工具可以很快地将一根线条的属性套用到其他线条上。

（1）使用滴管工具单击要套用属性的线条，如图 1-137 所示。查看"属性"面板，它显示的就是该线条的属性，如图 1-138 所示。此时，所选工具自动变成了墨水瓶工具，如图 1-139 所示。

图 1-137　　　　　　　　　　　　　　　　　图 1-138

（2）使用墨水瓶工具单击其他属性的线条，被单击线条的属性变成了当前在"属性"面板中所设置的属性，如图 1-140 所示。

图 1-139　　　　　　　　　　　　　　　　图 1-140

1.1.15　橡皮擦工具

橡皮擦工具用于擦去不需要的图形。双击橡皮擦工具，可以删除舞台上的所有内容。

选择橡皮擦工具，在图形上想要删除的地方按下鼠标并拖曳鼠标，图形被擦除。在工具箱下方的"橡皮擦形状"按钮的下拉菜单中，可以选择橡皮擦的形状与大小。系统在工具箱的下方设置了 5 种擦除模式可供选择，如图 1-141 所示。

● 标准擦除：移动鼠标擦除同一层上的笔触和填充色。橡皮的大小和形状与刷子工具的设置相同。

● 擦除填色：只擦除填充色，不影响笔触。

● 擦除线条：只擦除笔触，不影响填充。

● 擦除所选填充：只擦除当前选定的填充，不影响笔触，不管此时笔触是否被选中。使用此模式之前需先选择要擦除的填充。

● 内部擦除：只擦除橡皮擦笔触开始处的填充。如果从空白点开始擦除，则不会擦除任何内容。以这种模式使用橡皮擦并不影响笔触。

在"橡皮擦工具"的选项中选择"水龙头"，单击需要擦除的填充区域或笔触段，可以快速将其擦除。

5 种擦除模式擦除图形的效果如图 1-142 所示。

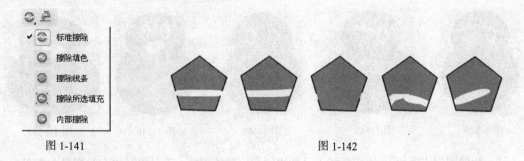

图 1-141　　　　　　　　　　　　　　　　　图 1-142

1.1.16　手形工具和缩放工具

1．手形工具

如果图形很大或被放大得很大，则需要利用手形工具调整观察区域。选择手形工具，光标变为手形，按住鼠标不放，拖曳图像到需要的位置。

2．缩放工具

利用缩放工具放大图形以便观察细节，缩小图形以便观看整体效果。选择缩放工具，在舞台上单击可放大图形。要想放大图像中的局部区域，可在图像上拖曳出一个矩形选取框，松开鼠标后，所选取的局部图像被放大。单击工具箱下方的"缩小"按钮，在舞台上单击可缩小图像。

实例练习——绘制 QQ 图像

（1）新建 Flash CS3 文档，命名为"可爱的 qq 图像制作.fla"，设置背景色为粉红色，其他参数为默认值，如图 1-143 所示。

（2）将图层 1 重命名为"身子"，将填充颜色调整为黑色，笔触颜色调整为无色，在舞台的适当位置画如图 1-144 所示的椭圆。

（3）使用同样的方法，新建图层"头"，在该层画一个新的椭圆，如图 1-145 所示。

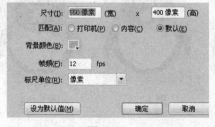

图 1-143　　　　　　　　　　　图 1-144　　　　　　　　　　图 1-145

（4）新建图层"眼睛"。使用椭圆工具画出如图 1-146 所示的图形。选中如图 1-147 所示的图形，复制出如图 1-148 所示的图形。

（5）新建图层"嘴"。使用椭圆工具绘制出如图 1-149 所示的图形。

（6）新建图层"蝴蝶结"。使用直线工具绘制出如图 1-150 所示的图形，将填充颜色修改为玫瑰红色，使用填充工具将蝴蝶结填充为玫瑰红色，适当调整其大小和位置。

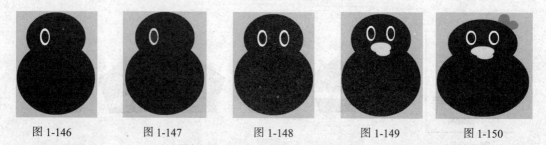

图 1-146　　　　图 1-147　　　　图 1-148　　　　图 1-149　　　　图 1-150

（7）新建图层"翅膀"。使用直线工具画出图形，并使用填充工具将其填充为黑色，如图 1-151 所示。将图形选中，并复制出另一个相同的图形，再执行"修改">"变形">"水平翻转"命令调整，如图 1-152 所示。

（8）新建图层"围巾 1"。使用铅笔工具绘制出围巾的大样，使用钢笔工具结合添加锚点工具以及部分选取工具，绘制出围巾的外部轮廓，如图 1-153 所示。为其填充白色，如图 1-154 所示。

（9）新建图层"围巾 2"。使用同样的方法，绘制出如图 1-155 所示的图形，并填充为玫瑰红色，如图 1-156 所示。

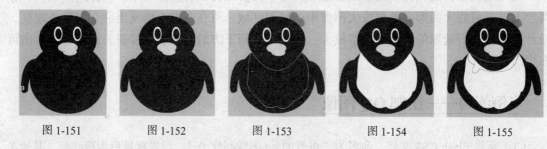

图 1-151　　　　图 1-152　　　　图 1-153　　　　图 1-154　　　　图 1-155

（10）新建图层"脚"。使用椭圆工具先绘制出其外部轮廓，如图 1-157 所示，然后填充为黄色，如图 1-158 所示。按住【Alt】键的同时，使用选择工具将其选中并移动，复制出另外一只脚，如图 1-159 所示。再执行"修改">"变形">"水平翻转"命令调整，如图 1-160 所示。

图 1-156　　　　图 1-157　　　　图 1-158　　　　图 1-159　　　　图 1-160

（11）按【Ctrl+Enter】快捷键测试影片，并保存文档。

1.2　任务一——制作威力士石化商标

1.2.1　案例效果分析

本案例设计的是威力士润滑油企业商标，是通过 5 个 "V" 的变形有机组合而成的。"V" 字母通常有胜利之意，商标的整体像一个花卉。以绿色的调子为主，凸显绿色产品之含义，橙色的 "V" 字母进行颜色和造型强调，寓意企业的创新精神，如图 1-161 所示。

图 1-161

1.2.2　设计思路

1. 用直线工具和颜料桶工具绘制商标图案。
2. 用文字工具和钢笔工具绘制商标文字。

1.2.3　相关知识和技能点

利用直线工具、钢笔工具和部分选择工具绘制图形，利用 "变形" 面板对图形进行复制旋转变形，利用颜料桶工具为图形填充颜色，使用渐变变形工具调整渐变的位置和大小。

1.2.4　任务实施

（1）新建一个 Flash 文档，并设置文档属性，如图 1-162 所示。

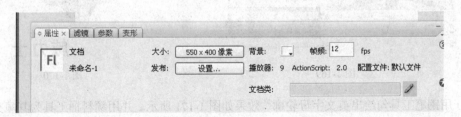

图 1-162

（2）选择工具箱中的直线工具，绘制出商标的锥形部分，效果如图 1-163 所示。然后利用颜料桶工具为其填充黄色，效果如图 1-164 所示。

（3）在黄色锥形旁边绘制 4 个小三角形，效果如图 1-165 所示。然后用颜料桶工具分别为其填充绿色和深绿色，效果如图 1-166 所示。

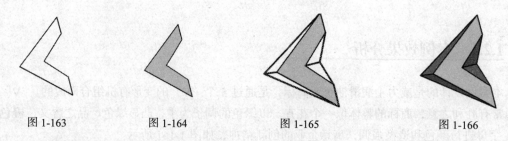

图 1-163　　　　　图 1-164　　　　　图 1-165　　　　　图 1-166

（4）删除边线，再利用工具箱中的选择工具选择绘制的所有图形，将它们组合在一起，把图形的中心点放到尖角位置，如图 1-167 所示。打开"变形"面板，对其进行旋转复制，再复制 3 个实例，让它们组成商标的下半部分，如图 1-168 所示。

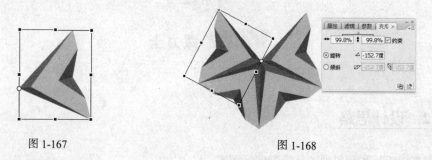

图 1-167　　　　　　　　　　　　　图 1-168

（5）选择工具箱中的直线工具，绘制商标最上面的部分，用颜料桶工具为其下左右两个三角形填充不同深度的黄色，用颜料桶工具为其上锥形填充橘红到橘黄的线性渐变，并用渐变变形工具调整渐变方向和位置，删除边线，效果如图 1-169 所示。

（6）用文本工具输入"威力士"文字，在"属性"面板中调整其颜色为绿色，字体为"华文细黑"。调整合适的大小并放到合适的位置，最后将文字打散，效果如图 170 所示。

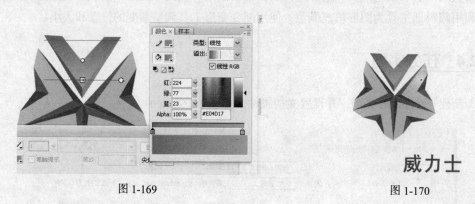

图 1-169　　　　　　　　　　　　　图 1-170

（7）用钢笔工具勾绘出英文字母轮廓，效果如图 1-171 所示，并用颜料桶工具为其填充红色，效果如图 1-172 所示。

（8）利用直线工具绘制一个小菱形，然后用部分选择工具选中菱形的角点，按【Alt】键调整角点使其有弧度，效果如图 1-173 所示。用文本工具输入"R"，设置颜色为粉红色，放置在菱形中间，效果如图 1-174 所示。

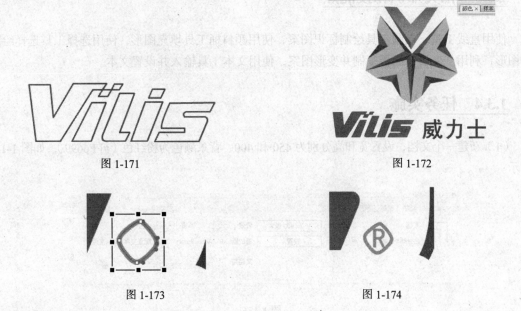

图 1-171

图 1-172

图 1-173

图 1-174

1.3　任务二——制作企业标识

1.3.1　案例效果分析

本案例设计的是雅洁彩妆企业标识，桃色的背景、扇形的标识图案和夸张的文本效果，体现出雅洁彩妆时尚流行的象征意义，如图 1-175 所示。

图 1-175

1.3.2　设计思路

1. 用直线工具和颜料桶工具以及"变形"面板绘制标识图案。
2. 用文字工具绘制商标文字。

1.3.3 相关知识和技能点

使用直线工具、椭圆工具绘制标识图案，使用颜料桶工具填充图形，使用选择工具选择绘制的图形，利用"变形"面板复制并变形图案，使用文本工具输入并设置文本。

1.3.4 任务实施

（1）新建一个文档，设置宽和高分别为 450 和 400、背景颜色为粉红色（#FF6699），如图 1-176 所示。

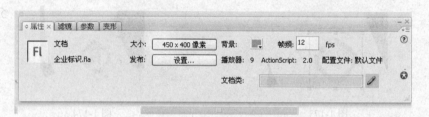

图 1-176

（2）选择直线工具，设置笔触颜色为白色、笔触高度为 0.1，如图 1-177 所示。在舞台上绘制一个闭合的三角形，效果如图 1-178 所示。

（3）选择工具箱中的颜料桶工具，设置填充颜色为白色，为三角形填充白色，效果如图 1-179 所示。

图 1-177   图 1-178   图 1-179

（4）选择椭圆工具，设置其起始角度和结束角度分别为 90 和 270，按住【Shift】键在舞台上绘制一个宽为 42、高与三角形高相同的正圆，将半圆放置在三角形的左侧，效果如图 1-180 所示。

（5）使用选择工具选择绘制好的三角形和半圆，将其组合。使用工具箱的任意变形工具选择组合好的对象，将变形控制中心移至变形框中的右下方，效果如图 1-181 所示。

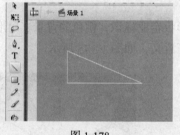

（6）保持组合对象为选中状态，在"变形"面板中单击变形，设置旋转角度，然后 5 次单击"复制选区和变形"按钮，复制组合对象，效果如图 1-182 所示。

（7）选择椭圆工具，设置"起始角度"和"结束角

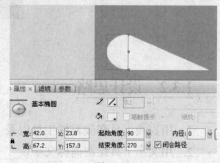

图 1-180

度"为 180 和 0,按住【Shift】键绘制宽为 65 的正圆,然后调整其位置,效果如图 1-183 所示。

图 1-181

图 1-182

图 1-183

（8）选择文本工具,设置字体为黑体、大小为 20、颜色为白色,在舞台上输入"雅洁彩妆"文本,效果如图 1-184 所示。选择文字,再执行"文本">"样式">"粗体"命令,使字体更加醒目,如图 1-185 所示。

图 1-184

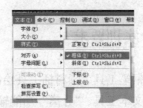

图 1-185

（9）选择文本工具,在舞台上输入"YAJIECZ",效果如图 1-186 所示。这样,商标就制作完成了。

图 1-186

1.4 实训项目——制作校园文化节会徽

1.4.1 实训目的

1. 制作动画的目的与主题
本实例制作效果如图 1-187 所示。

本实例的主题是阿拉伯数字"2",并将其变化成"人",体现了第2届校园文化节的人文色彩。在色彩上运用红色和黄色,体现了热情奔放的特点,渗透着现代化气息;闪动的文字也体现着校园文化节的多姿多彩。

图 1-187

2.动画整体风格设计

利用 Flash 动画制作校园文化节会徽,增加动态效果,体现了校园文化节的流动旋律。

3.素材搜集与处理

搜集标志、VI 设计图片作为参考和设计资料。

1.4.2 实训要求

1. 使用钢笔工具、颜料桶工具绘制并填充会徽轮廓。
2. 使用文本工具、"分离"功能输入并设置文本。
3. 利用遮罩制作"第 2 届校园文化节"动画。
4. 利用补间动作制作"平顶山工业职业技术学院"文字动画。

1.4.3 实训步骤

(1)新建一个 Flash 文档,并设置名称为"校园文化节会徽"。使用钢笔工具绘制会徽轮廓,效果如图 1-188 所示。

(2)选择颜料桶工具,设置红到黄的渐变,效果如图 1-189 所示。为轮廓填充相应的颜色,效果如图 1-190 所示。

图 1-188

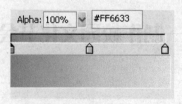

图 1-189

图 1-190

(3)使用工具箱中的选择工具选择绘制的图形,在"属性"面板中将笔触颜色设置为无,为会徽除去轮廓,效果如图 1-191 所示。

（4）新建"文字"图层，使用文本工具在编辑区中合适的位置创建相应的文本内容，效果如图 1-192 所示。

（5）选择"平顶山工业职业技术学院"文字将其打散，选择所有被打散的文字图形，然后用鼠标右键单击并选择"分散到图层"命令，效果如图 1-193 所示。

图 1-191　　　　　　　　　　图 1-192　　　　　　　　　　图 1-193

（6）在"平"层的第 1 帧、第 6 帧插入关键帧，分别设置第 1 帧中的 Alpha 值为 0、大小为 200%，如图 1-194 所示。设第 6 帧中的 Alpha 值为 70、大小为 150，如图 1-195 所示。在该层的第 1～3、3～6 帧创建动作补间动画，如图 1-196 所示。

图 1-194　　　　　　　　　　图 1-195　　　　　　　　　　图 1-196

（7）将其他图层向后退相应的帧数，制作方法同"平"图层一样，如图 1-197 所示。

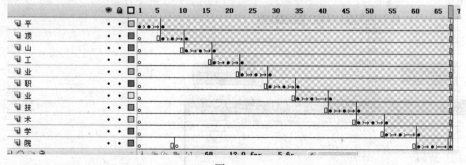

图 1-197

（8）选择图形中的"第 2 届校园文化节"字样，将其转化为图形元件，效果如图 1-198 所示。新建"矩形"元件，用矩形工具绘制几个矩形，效果如图 1-199 所示，再用颜料桶工具将矩形填充为白色。

（9）新建"闪动"影片剪辑，在"图层 1"中拖入"校园文化节"图形元件，在其下层新建"矩形"图层，拖入"矩形"元件，并将其旋转一定的角度，效果如图 1-200 所示。复制"图层 1"，将其拖到"矩形"图层下方。

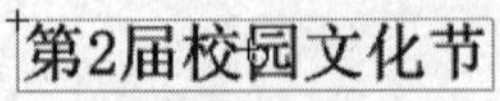

第2届校园文化节

图 1-198

图 1-199

图 1-200

（10）在"矩形"层的第 30 帧插入关键帧，将"矩形"元件向后移动一定的距离，如图 1-201 所示。在第 1～30 帧创建动作补间动画，同时将"图层 1"设为遮罩层，效果如图 1-202 所示。

图 1-201

图 1-202

（11）返回场景 1，选择"文字"中的"校园文化节"图形元件，用鼠标右键单击并选择"交换元件"命令，在弹出的对话框中选择"闪动"影片剪辑，如图 1-203 所示（若替换的元件位置不对，可以适当调整其位置）。

（12）新建脚本层，在该层的第 68 帧插入空白关键帧，并添加停止脚本，如图 1-204 所示。

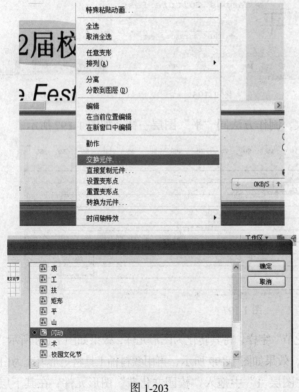

图 1-203

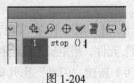

图 1-204

（13）在所有层的第 68 帧插入普通帧。

（14）按【Ctrl+Enter】快捷键测试影片，保存文档。

1.4.4　评价考核

表 1–1　　　　　　　　　　　　　　　　　任务评价考核表

能力类型	考 核 内 容		评　　价		
	学 习 目 标	评 价 项 目	3	2	1
职业能力	掌握绘制图形、编辑图形的方法和技能，掌握编辑和修饰对象的各种方法和技巧，用 Flash 设计 VI 的技能	能够选择合适的 Flash 绘制模式			
		能够使用工具箱中的各种工具			
		能够使用"混色器"面板			
		能够使用"变形"面板			
		能够使用 Flash 设计 VI			
通用能力	造型能力				
	审美能力				
	组织能力				
	解决问题能力				
	自主学习能力				
	创新能力				
综合评价					

1.5　学生课外拓展——制作饮料广告标牌

1.5.1　参考制作效果

本课外拓展训练要完成的效果如图 1-205 所示。

图 1-205

1.5.2　知识要点

1. 遮罩层动画的使用。
2. 应用动作补间动画制作图片逐渐出现和消失的效果。
3. 应用形状补间动画。
4. 引导层动画的使用。

1.5.3　参考制作过程

（1）新建 Flash 文档，并导入素材图片到库中。

（2）重命名图层 1 为"背景"层，在第 1 帧处将"4.swf"图形元件拖曳至舞台中合适的位置，并在第 62 帧处插入普通帧，效果如图 1-206 所示。

（3）新建图层为"果汁"层，在第 1 帧处将"果汁"图形元件拖曳至舞台中合适的位置，效果如图 1-207 所示。然后在第 3、5、8 帧处插入关键帧，调整"果汁"图形元件的位置，制作出第 1~3、5~8 帧的动作补间动画，制作果汁从上往下掉的动画，如图 1-208 所示。

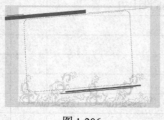

图 1-206

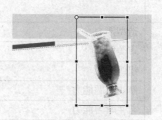

图 1-207

（4）新建图层"弧线"，在第 1 帧处将"弧线"图形元件拖曳至合适的位置，效果如图 1-209 所示。

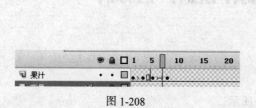

图 1-208

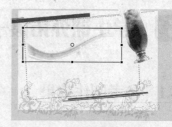

图 1-209

（5）新建"遮罩"层，使用矩形工具绘制一个矩形，恰好可以遮住下面的"弧线"元件，效果如图 1-210 所示。在第 8 帧处插入关键帧，并将第 1 帧矩形的宽改为 0，在第 1~8 帧创建形状补间动画，并将该层设置为遮罩层，效果如图 1-211 所示。

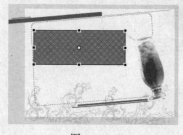

图 1-210

图 1-211

（6）新建"圆动"影片剪辑，新建"线"图层，绘制一个缠绕果汁的线，效果如图 1-212 所示，并将其转化为"线"图形元件。

（7）复制一个"线"图层，在其中一个线层下方新建"圆 1"，并用椭圆工具绘制一个小圆，制作出圆沿线运动的动画，效果如图 1-213 所示。

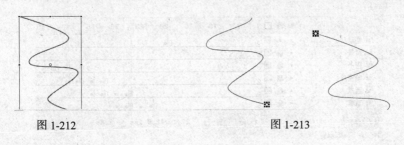

图 1-212　　　　　　　　　　　　　　　　　图 1-213

（8）新建"圆 2"图层，制作出小圆从上边沿线向下运动的动画，将"线"层设为"圆 1"、"圆 2"的引导层，如图 1-214 所示。

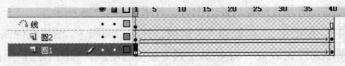

图 1-214

（9）在最底层"线"层的第 10、20、29、38 帧处插入关键帧，改变各关键帧处元件的色调，并创建线在第 1～10、10～20、20～29、29～38 帧处的动作补间动画，如图 1-215 所示，制作出线条变颜色的动画。

（10）回到主场景，在"背景"层上方新建"圆动"层，在第 20 帧处将"圆动"影片剪辑拖曳至合适的位置，效果如图 1-216 所示。

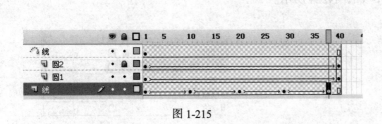

图 1-215　　　　　　　　　　　　　　　　　图 1-216

（11）新建图层"圆 1"，在第 8 帧处拖曳"圆 1"图形元件到合适的位置，在第 10 帧处插入关键帧，将第 8 帧处图形元件的 Alpha 值设为 0，制作出"圆 1"在第 8～10 帧由无到有的动画。依次制作出"圆 2"、"圆 3"、"圆 4"、"圆 5"的动画，时间轴图层结构如图 1-217 所示，制作效果如图 1-218 所示。

（12）在"背景"层下面新建 4 个层，分别为"草莓"、"西瓜"、"哈密瓜"、"橙子"图层，再通过改变 Alpha 值制作出它们由无到有再消失的动画，如图 1-219 所示。

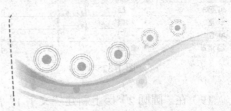

图 1-217　　　　　　　　　　　　　　　　　图 1-218

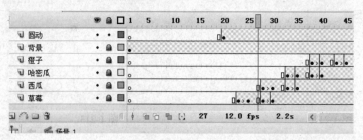

图 1-219

（13）在"圆 5"层上新建"圆圆 1"层，在第 46 帧处用矩形工具绘制带有边框的圆，并转化为"圆圆 1"图形元件，将其放到舞台外的上边，效果如图 1-220 所示。

（14）在"圆圆 1"层的第 51 帧处插入关键帧，并将"圆圆 1"图形元件调整到合适的位置，制作出"圆圆 1"图形元件在第 46～51 帧从上到下运动的动画，如图 1-221 所示。

（15）用同样的方法制作出"圆圆 2"图形元件从上到下运动的动画。时间轴图层结构如图 1-222 所示，最终制作效果如图 1-223 所示。

图 1-220   图 1-221   图 1-222

（16）在"圆 3"、"圆 4"、"圆 5"的第 49 帧插入关键帧，设置元件的 Alpha 值为 0，制作出第 46～49 帧间圆消失的动画，如图 1-224 所示。

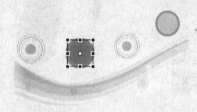   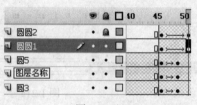

图 1-223   图 1-224

（17）在"圆 1"、"圆 2"的第 51 帧处插入关键帧，改变各元件的位置，制作第 46～51 帧圆运动的动画，如图 1-225 所示。

（18）在"草莓"、"西瓜"、"哈密瓜"、"橙子"层创建动作补间动画，制作出它们逐一出现的动画，时间轴图层结构如图 1-226 所示，制作效果如图 1-227 所示。

图 1-225   图 1-226

（19）在"圆圆 2"层上新建"文字 1"层，在第 51 帧用文本工具输入"清爽果汁"文字，转化为图形元件，在第 62 帧处插入关键帧，适当放大该图形元件，制作"清爽果汁"在第 51～62

帧由小到大的动作补间动画，效果如图 1-228 所示。

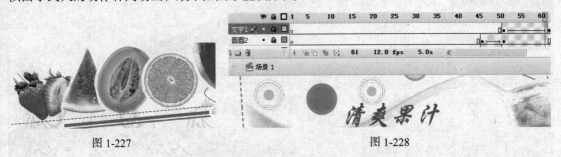

图 1-227　　　　　　　　　　　　　　　图 1-228

（20）在"文字 1"层上新建"文字 2"层，在第 51 帧用文本工具输入"各种口味任你选"，并转化为影片剪辑。进入影片剪辑中，在第 5 帧、第 9 帧处加入关键帧，分别改变文字的颜色，再回到场景 1。在"文字 2"层的第 62 帧处插入关键帧，将第 51 帧的图形元件移到舞台外左边，制作"各种口味任你选"在第 51～62 帧从左到右运动的动作补间动画，效果如图 1-229 所示。

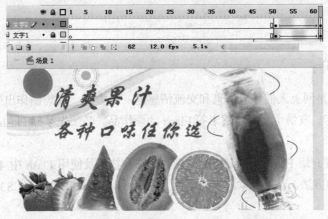

图 1-229

（21）在"文字 2"层上新建"文字 3"层，在第 23 帧用文字工具输入"百变口味"，并转化为图形元件。分别在"文字 3"层上的第 28、40、44 帧处插入关键帧，将第 23、44 帧处的元件 Alpha 值变为 0，制作出元件在第 23～28 帧、第 40～44 帧的动作补间动画，效果如图 1-230 所示。

（22）新建"脚本"图层，在第 62 帧处插入空白关键帧，为其添加"stop();"脚本，如图 1-231 所示。

（23）按【Ctrl+Enter】快捷键测试影片，并保存文档。

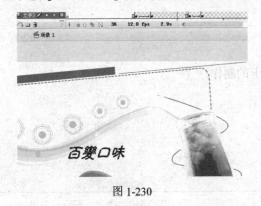

图 1-230

图 1-231

33

第2章

电子贺卡

本章简介：

Flash 贺卡是网上人们传递信息和交流情感的一种方式。要想制作出生动的邀请卡、祝福卡、生日卡、友情卡、新年贺卡等 Flash 动画作品，必须先掌握 Flash 中 4 种动画的制作方法。

本章将主要介绍 Flash 动画制作的原理、方法和技巧及使用 Flash 中 4 种动画制作各类 Flash 贺卡的方法。通过本章内容的学习，读者可以掌握利用 Flash CS3 创建各种类型的动画作品。

学习目标：

- 逐帧动画
- 动作补间动画
- 形状补间动画
- 引导路径动画
- 端午节贺卡、生日贺卡、友情贺卡的制作

2.1　Flash 动画——知识准备

在 Flash CS3 中，根据不同的显示状态，可以将帧分为普通帧、空白关键帧和关键帧 3 种。不同的帧，意义也各不相同。

1．普通帧

普通帧就是不起关键作用的帧，它在时间轴中以灰色方块表示。关键帧之间的灰色帧都是普通帧。普通帧主要用作关键帧和关键帧之间的过渡，普通帧越多，关键帧与关键帧之间的过渡就越清晰、缓慢。在制作动画时，如想延长动画的播放时间，也可在动画中添加普通帧。

2．空白关键帧

空白关键帧就是关键帧中没有任何对象，它在时间轴中以空心的小圆表示。空白关键帧主要用于结束或间隔动画中的画面。

3．关键帧

关键帧主要用于定义动画中对象的主要变化，它在时间轴中以实心的小圆表示。动画中所有需要显示的对象都必须添加到关键帧中。根据创建的动画不同，关键帧在时间轴中的显示效果也不相同。

4．动作脚本

帧单元格中有一个字母"a"，表示在这一帧中带有动作脚本，如图 2-1 所示。动画播放到这一帧时，就会执行相应的动作。

5．声音

单元格中有像电波一样的波形图像，表示加载了声音，如图 2-2 所示。波形的振幅表示音量的大小。

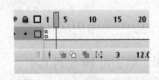

图 2-1

图 2-2

6．标签

帧标签有 3 种，分别是"名称"、"注释"和"锚记"标签，它们的外观如图 2-3 所示。"名称"标签可以用于程序的跳转，在编程的时候，可以让播放头跳转到某个名称的帧。"注释"标签用于在编辑中进行提示性的说明，在导出为 SWF 文件以后，标签上的注释将会被清除，减小文件体积。虽然在设计的时候需要注释，但在程序工作过程中是不需要注释的。"锚记"标签用于嵌入网页的 SWF 文件，它们可以通过网页浏览器中的"前进"和"后退"按钮来进行跳转。

7．帧的相关操作

（1）选择帧。在"时间轴"面板中单击一个帧，可以看到它变成黑色，表示已经把它选中；按住未选中的帧进行拖动，可以将多个帧变成黑色，表示选中了多个帧。

（2）如果按住选中的帧进行拖动，那么可以改变这个帧的位置。

（3）鼠标右键单击选中的帧，在弹出的快捷菜单中选择帧操作命令，如图 2-4 所示。

（4）在 Flash 菜单栏中，通过执行"编辑"＞"时间轴"、"插入"＞"时间轴"或者"修改"＞"时间轴"命令，可以选取与帧操作相关的命令。

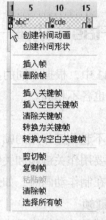

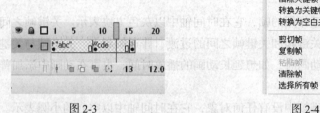

图 2-3　　　　　　　　　　　　　　　　　　　　　　图 2-4

（5）设置帧频。帧频是动画播放的速度，以每秒播放的帧数为度量。例如某个影片在播放的时候，每秒钟播放 15 帧，那么帧频就是"15 帧每秒"，也就是 15 frames per second。帧频太慢会使动画看起来一顿一顿的，帧频太快会使动画的细节变模糊，一般要求将帧频设置在 12～30fps 之间。

2.1.1　逐帧动画

1．逐帧动画制作

将动画中的每一帧都设置为关键帧，在每一个关键帧中创建不同的内容，就称为逐帧动画。这些静态图片快速连续播放可形成动画。

实例练习——制作倒计时效果

实例描述：通过使用逐帧动画，模拟数字倒计时的效果，数字由 10 变到 1。

（1）新建 Flash CS3 文档，设置舞台背景颜色为蓝色，将帧频调整为 1fps，如图 2-5 所示。保存影片文档为"倒计时.fla"。

（2）在时间轴上创建 3 个图层，分别重新命名为"圆"、"直线"、"内圆"。

（3）在"圆"、"直线"、"内圆"图层上，画出如图 2-6 所示的图形。

图 2-5

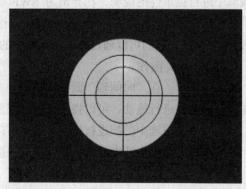

图 2-6

（4）新建一个图层，命名为"数字"，使用文本工具在此层第 1 帧输入数字"10"，在"属性"面板里更改字体、颜色、大小。

（5）在"数字"层第 2、3、4、5、6、7、8、9、10 帧分别插入关键帧，并在插入关键帧的同时将数字更改为 9、8、7、6、5、4、3、2、1。

（6）在"数字"层以外其他图层的第 10 帧处插入帧，时间轴如图 2-7 所示。

（7）按【Ctrl+Enter】快捷键测试影片，动画效果如图 2-8 所示，按【Ctrl+S】快捷键保存文档。

图 2-7

图 2-8

2．运用绘图纸功能编辑图形

使用"时间轴"面板中提供的绘图纸功能，可以在编辑动画的同时查看多个帧中的动画内容。如图 2-9 所示，这是使用绘图纸功能后的场景。在制作逐帧动画时，利用该功能可以对各关键帧中图形的大小和位置进行更好的定位，并可参考相仿关键帧中的图形，对当前帧中的图形进行修改和调整。

"绘图纸"各个按钮的功能如下。

● 【绘图纸外观】按钮：按下此按钮后，在时间轴的上方出现绘图纸外观标记。拖曳外观标记的两端，可以扩大或缩小显示范围。

● 【绘图纸外观轮廓】按钮：按下此按钮后，场景中显示各帧内容的轮廓线，填充色消失，特别适合观察对象轮廓，另外可以节省系统资源，加快显示过程。

● 【编辑多个帧】按钮：按下此按钮后，可以显示全部帧内容，并且可以进行多帧同时编辑。

● 【修改绘图纸标记】按钮：按下此按钮后，弹出下拉菜单，如图 2-10 所示。

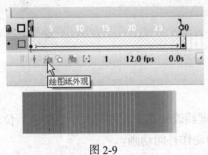

图 2-9

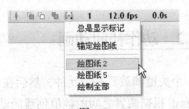

图 2-10

■ 【总是显示标记】选项：会在时间轴标题中显示绘图纸外观标记，无论绘图纸外观是否打开。

■ 【锚定绘图纸】选项：会将绘图纸外观标记锁定在时间轴标题中的当前位置上。通常情况下，绘图纸外观范围是和当前帧的指针及绘图纸外观标记相关的。通过锚定绘图纸外观标记，可以防止它们随当前帧的指针移动。

- 【绘图纸 2】选项：会在当前帧的两边显示两个帧。
- 【绘图纸 5】选项：会在当前帧的两边显示 5 个帧。
- 【绘制全部】选项：会在当前帧的两边显示全部帧。

实例练习——制作走路动画

实例描述：用逐帧动画制作一个描述现代女性走路的动画。动画主角甩动双臂，全身体态成 S 形曲线运动，左右摇摆的幅度较大，近似 T 形舞台上时装模特的步姿，因为走路的每一帧都有动作变化，用逐帧动画来实现。

（1）新建一个 Flash CS3 影片文档，参数保持默认，将所有走路的原图像导入到库中，保存影片文档为"走路.fla"。

（2）执行"视图"菜单中的"标尺"命令，拉出一条水平辅助线和一条竖直辅助线，以其交点作为动画的不动点。拖入第一张原图像，将人物不动脚的脚尖与辅助线交点对齐，如图 2-11 所示。

（3）在第 2 帧按【F7】键插入空白关键帧，将第 2 张原图像拖曳至舞台，用步骤（2）所示的方法将人物对齐。重复步骤（3），直到所有原图像在舞台上对齐。

（4）单击时间轴下方的"编辑多个帧"按钮，检查所有帧是否对齐，使所有的原图像对齐，如图 2-12 所示。

（5）按【Ctrl+Enter】快捷键测试影片，观察动画，效果如图 2-13 所示。按【Ctrl+S】快捷键保存文档。

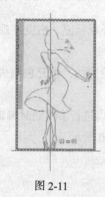

图 2-11

图 2-12

图 2-13

2.1.2 动作补间动画

在一个关键帧放置一个元件，然后在另一个关键帧改变这个元件的大小、颜色、位置、透明度等，Flash 根据两者之间的帧值创建的动画被称为动作补间动画。

构成动作补间动画的元素是元件，包括影片剪辑、图形、按钮、文字、位图、组合等。只有把形状"组合"或者转换成"元件"后，才可以做动作补间动画。如果创建补间动作动画后，又改变了两个关键帧之间的帧数，或者在某个关键帧中移动了群组或实例，Flash 将自动重新生成两个关键帧之间的过渡帧。

1. 创建动作补间动画的两种方法

（1）在"时间轴"面板上动画开始播放的地方创建或选择一个关键帧，并设置一个对象（一帧中只能放一个项目），在动画要结束的地方创建或选择一个关键帧，并设置该对象的属性，再单击开始帧，在"属性"面板上单击"补间"旁边的小三角在弹出的下拉列表中选择"动画"选项，如图 2-14 所示，即可创建动作补间动画。

（2）选择要创建动画的第 1 个关键帧，鼠标右键单击，在弹出的菜单中选择"创建补间动画"命令，如图 2-15 所示，Flash 将自动创建动作补间动画。

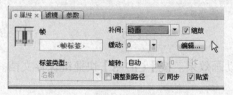

图 2-14

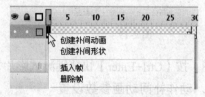

图 2-15

动作补间动画建立后，"时间轴"面板的背景色变为淡紫色，在起始帧和结束帧之间有一个长长的箭头，如图 2-16 所示。

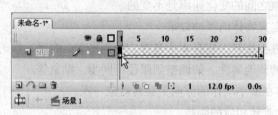

图 2-16

实例练习——制作蜜蜂采蜜动画

（1）新建一个 Flash CS3 影片文档，文档属性的参数保持默认。保存影片文档为"蜜蜂采蜜.fla"。

（2）导入外部图像"花 02.jpg"到舞台上。

（3）导入外部图像"bee.gif"到库。

（4）新建一个图层，将"bee.gif"拖曳至舞台，效果如图 2-17 所示。

（5）在"图层 1"的第 25 帧按【F5】键添加一个普通帧，在"图层 2"的第 20 帧按【F6】键添加一个关键帧，将"图层 2"第 20 帧的蜜蜂移到花蕊上，如图 2-18 所示。

图 2-17

图 2-18

（6）选择第 1 帧，在"属性"面板的"补间"下拉列表中选择"动画"选项，在"旋转"下拉列表中选择"顺时针"选项，在文本框中输入"1"，如图 2-19 所示。

（7）查看"时间轴"面板，图层结构如图 2-20 所示。

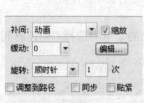

图 2-19

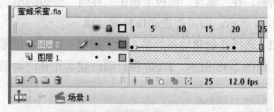

图 2-20

（8）按【Ctrl+Enter】快捷键测试影片，观察动画效果。按【Ctrl+S】快捷键保存文档。

2．动作补间动画参数设置

（1）缓动：设置物体的加速或减速运动。

- 数值在 1～-100 的负值之间，速度从慢到快，朝运动结束的方向加速动画。
- 数值在 1～100 的正值之间，速度从快到慢，朝运动结束的方向减慢动画。

默认情况下，补间帧之间的变化速率是不变的。

（2）编辑：可以自定义物体的缓冲效果。

（3）旋转：让物体进行旋转。它有 4 个选择，分别是无、自动、顺时针、逆时针。在此基础上，可以设置物体运动的其他属性，如调整到路径、同步、贴紧等。

- 自动：可使物体在最小动作的方向上旋转对象一次。
- 顺时针：顺时针旋转相应的圈数。
- 逆时针：逆时针旋转相应的圈数。圈数在后面的文本框中输入即可。

（4）调整到路径：此功能主要用于引导层动画中，可将物体调整到引导路径上。

（5）同步：选择该复选框会使图形元件实例的动画和主时间轴同步。

（6）对齐：选择该复选框可以根据元件实例的注册点将其附加到运动路径，此项功能主要用于引导层动画。

实例练习——制作足球运动效果

实例描述：通过使用补间动画，设置"自定义缓入/缓出"曲线，模拟足球落地再弹起的效果。

（1）新建一个 Flash CS3 影片文档，文档属性的参数保持默认。保存影片文档为"足球运动.fla"。

（2）导入外部图像"绿草地.jpg"、"足球.gif"到库中。

（3）在时间轴上创建两个图层，分别重新命名为"绿草地"、"足球"。

（4）在"绿草地"图层中放置"绿草地.jpg"。在这个图层的第 70 帧按【F5】键插入普通帧。

（5）在"足球"图层中放置"足球"影片剪辑到第 1 帧，并将其移动到高处。在这一层的第 16 帧插入关键帧，将足球移动到草坪上。选择第 1 帧创建补间动画，并在"属性"面板中设置"缓动"为-100，如图 2-21 所示。这样，足球自上向下做加速运动，如图 2-22 所示。

（6）在"足球"图层中的第 17 帧、18 帧，分别按【F6】键插入关键帧，如图 2-23 所示。利用任意变形工具单击足球，把中心点移至足球底部，对第 17 帧处的足球向下挤压，如图 2-24 所示。

（7）选择"足球"图层中的第 1 帧，鼠标右键单击，在弹出的菜单中选择"复制帧"命令，再选择"足球"图层中的第 30 帧，鼠标右键单击，在弹出的菜单中选择"粘贴帧"命令，此时的

"时间轴"面板如图 2-25 所示。

图 2-21

图 2-22

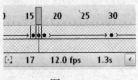

图 2-23

（8）选择"足球"图层中的第 18 帧，创建补间动画，并在"属性"面板中设置"缓动"为 100，如图 2-26 所示，使足球自下向上做减速运动。

图 2-24

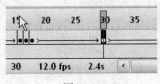

图 2-25

图 2-26

（9）复制"足球"图层中的第 16 帧，粘贴至第 60 帧。足球自上向下运动，效果如图 2-27 所示。

（10）选择"足球"图层中的第 30 帧，并在"属性"面板中定义第 30 帧到 60 帧的补间动画。

（11）单击"属性"面板中的"编辑"按钮，弹出"自定义缓入/缓出"对话框，如图 2-28 所示。

图 2-27

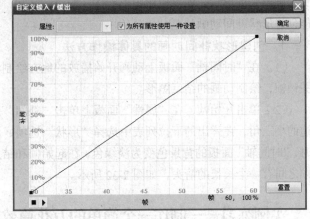

图 2-28

（12）在对角线上单击添加节点，移动节点，拖曳左右两个切点，设置好 30 帧到 60 帧的缓动曲线，如图 2-29 所示。

（13）按【Ctrl+Enter】快捷键测试影片，可以看到足球来回弹跳最终落在草地上的动画效果，如图 2-30 所示。

实例制作完成后的图层结构如图 2-31 所示。

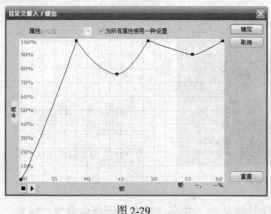

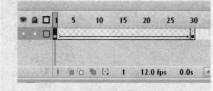

图 2-29    图 2-30

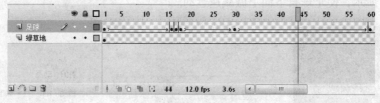

图 2-31

2.1.3　形状补间动画

在一个关键帧中绘制一个形状，然后在另一个关键帧中更改该形状或绘制另一个形状，Flash 根据两者之间的帧值或形状来创建的动画被称为"形状补间动画"。

形状补间动画可以实现两个图形之间颜色、形状、大小、位置的相互变化，其使用的元素多为绘画出来的形状。如果使用图形元件、按钮、文字，则必先"打散"，将其转换为"形状"，才能创建形状补间动画。

1．创建形状补间动画的具体操作方法

（1）在"时间轴"面板上动画开始播放的地方绘制动画的初始形状，在动画结束处插入空白关键帧，绘制动画的结束图形。

（2）单击开始帧，在"属性"面板上单击"补间"旁边的小三角，在弹出的下拉列表中选择"形状"选项，此时，"时间轴"面板的背景色变为淡绿色，在起始帧和结束帧之间有一个长长的箭头，如图 2-32 所示。

图 2-32

实例练习——制作一个简单的万花筒效果

实例描述：通过使用形状补间动画，设置圆和花瓣间的形状补间，模拟万花筒效果。

（1）新建一个 Flash CS3 影片文档，设置舞台尺寸为 400 像素×300 像素，其他参数保持默认，保存影片文档为"百花绽放.fla"。

（2）在时间轴上创建两个图层，分别重新命名为"背景"、"花"。

（3）在"背景"图层上，创建一个填充色为绿白渐变的矩形，如图 2-33 所示。

（4）创建一个"花"影片剪辑元件，在第 1 帧用椭圆工具绘制一个无边框、蓝色填充的圆，效果如图 2-34 所示。在第 30 帧用直线工具绘制花瓣，效果如图 2-35 所示。

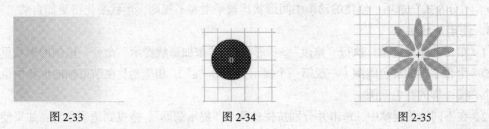

图 2-33　　　　　　　　　　图 2-34　　　　　　　　　　图 2-35

（5）选择第 1 帧，在"属性"面板中选择"补间"下拉列表中的"形状"选项，如图 2-36 所示。创建形状补间动画，如图 2-37 所示。按【Enter】键，可以看到一个圆形变为花瓣，如图 2-38 所示。

图 2-36

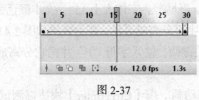

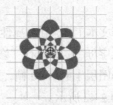

图 2-37　　　　　　　　　　　　　　　图 2-38

（6）返回主场景，拖曳多个"花"影片剪辑元件到"花"图层中，并改变"花"实例的大小、颜色、透明度，如图 2-39 所示。

至此，本实例制作完成，完成后的效果如图 2-40 所示。

图 2-39　　　　　　　　　　　　　　图 2-40

2．形状补间动画的"属性"面板参数

（1）"缓动"选项：设置物体的加速或减速运动，和动作补间动画参数相同。

（2）"混合"选项：该下拉列表中有"角形"和"分布式"两个选项。

● "角形"选项：创建的动画中间形状会保留有明显的角和直线，适合于具有锐化转角和直线的混合形状。

● "分布式"选项：创建的动画中间形状比较平滑和不规则，形状变化得更加自然。

3．使用形状提示

（1）单击开始关键帧，执行"修改"＞"形状"＞"添加形状提示"命令，该帧的形状里面就会增加一个带字母的红色圆圈（一般第一个提示是字母"a"），相应地，在结束帧的形状中也会出现一个一模一样的红色圆圈。

（2）在不同的关键帧中，单击并分别按住这两个"提示圆圈"，拖曳到适当位置，如果使用形状提示成功，开始帧上的"提示圆圈"将变为黄色，结束帧上的"提示圆圈"会变为绿色。提示不成功或者它们不在一条曲线上时，"提示圆圈"颜色将保持不变。

（3）删除所有的形状提示，可执行"修改"＞"形状"＞"删除所有提示"命令；删除单个形状提示，可用鼠标右键单击它，在弹出的菜单中选择"删除提示"命令。

实例练习——制作字母 E 变为 F 动画

（1）新建一个 Flash CS3 影片文档，保持文档属性参数的默认设置。保存影片文档为"字母 E 变 F.fla"。

（2）选择文本工具，在"属性"面板中，设置字体为"幼圆"，字体大小 150，文本颜色为棕色。

（3）输入字母"E"，执行"修改"＞"分离"命令，字母分离成形状，舞台效果如图 2-41 所示。

（4）选择图层 1 的第 20 帧，按【F7】键插入空白关键帧，输入字母"F"并把它分离成形状，舞台效果如图 2-42 所示。

（5）选择第 1 帧，在"属性"面板中定义形状补间动画。按【Ctrl+Enter】快捷键测试。

（6）选择图层 1 的第 1 帧，执行"修改"＞"形状"＞"添加形状提示"命令，再执行"修改"＞"形状"＞"添加形状提示"命令 3 次，效果如图 2-43 所示。

图 2-41　　　　　　　　图 2-42　　　　　　　　　　　　图 2-43

（7）调整第 1 帧和第 20 帧处的形状提示，如图 2-44 所示。

（8）调整好后，提示点的颜色发生变化，如图 2-45 所示。

（9）按【Ctrl+Enter】快捷键测试，效果如图 2-46 所示。

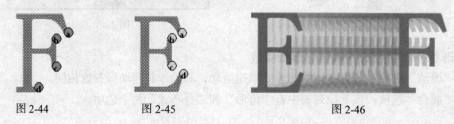

图 2-44　　　　　　　　图 2-45　　　　　　　　图 2-46

2.1.4 引导路径动画

将一个或多个层链接到一个运动引导层，使一个或多个对象沿同一条路径运动的动画形式被称为"引导路径动画"。这种动画可以使一个或多个元件完成曲线或不规则运动。

1．创建引导层的方法

（1）执行"文件">"新建"命令，新建一个文档，选择系统自动创建的"图层 1"，并用鼠标右键单击，然后从弹出的快捷菜单中选择"引导层"命令，这时"图层 1"将被转换为普通引导层。

（2）执行"插入">"图层"命令，新建一个"图层 2"。执行"插入">"运动引导层"命令，在"图层 2"上会添加了一个运动引导层，如图 2-47 所示。直接单击时间轴下方的"添加运动引导层"按钮也可添加运动引导层。

图 2-47

2．引导层的种类

（1）普通引导层。普通引导层在动画影片中起辅助静态对象定位的作用，是在普通层的基础上建立的，在图层区域以直尺图标表示。

（2）运动引导层。运动引导层用弧线图标表示，在制作影片时起到运动轨迹的引导作用。运动引导层是一个新的图层，在应用中必须指定是哪个层上的运动轨迹。

3．创建引导路径动画的方法

（1）一个最基本的"引导路径动画"由两个图层组成，上面一层是"引导层"，下面一层是"被引导层"，它们的图层图标不一样。

（2）"引导动画"最基本的操作就是使一个运动动画"附着"在"引导线"上，所以操作时特别要注意"引导线"的两端，被引导的对象起始、终点的两个"中心点"一定要对准"引导线"的两端。

4．将图层与运动引导层链接起来

如果想把别的图层也放置到当前运动引导层的路径上来被其引导，有以下 3 种方法。

（1）将现有图层拖曳到运动引导层的下面。该图层在运动引导层下面以缩进形式显示，该图层上的所有对象自动与运动路径对齐。

（2）在运动引导层下面创建一个新图层。在该图层上创建补间动画的对象会自动沿着运动路径运动。

（3）在运动引导层下面选择一个图层，然后执行"修改">"时间轴">"图层属性"命令，然后选择"被引导"选项。

5．断开图层与运动引导层的链接

如果想把被运动引导层引导的某一图层从中脱离出来，有以下两种方法。

（1）拖曳该图层到运动引导层的上面。

（2）执行"修改">"时间轴">"图层属性"命令，然后选择"一般"选项作为图层类型。

实例练习——制作蜻蜓飞上荷花的动画

实例描述：通过使用引导线动画，模拟蜻蜓飞上荷花的效果。

（1）新建一个 Flash CS3 影片文档，文档属性参数保持默认。保存影片文档为"蜻蜓飞上荷花.fla"。

（2）导入外部图像"荷花.jpg"到舞台上。

（3）导入蜻蜓身体到库中。

（4）执行"插入"＞"新建"命令，新建图形元件，命名为"翅膀"。画出翅膀形状，效果如图 2-48 所示。创建"翅膀"动画，图层结构如图 2-49 所示。

（5）执行"插入"＞"新建"命令，新建影片剪辑，命名为"蜻蜓动"。绘制蜻蜓眼睛，放入"翅膀"，效果如图 2-50 所示。创建"蜻蜓动"动画，图层结构如图 2-51 所示。

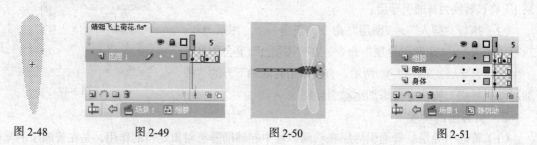

图 2-48   图 2-49   图 2-50   图 2-51

（6）新建一个"蜻蜓"图层，拖曳"蜻蜓动"影片剪辑到第 1 帧。选择"蜻蜓"图层的第 35 帧，按【F6】键插入关键帧。

（7）单击"添加运动引导层"按钮，新建引导层。在这个图层上绘制一个曲线图形，如图 2-52 所示。选择这个图层的第 35 帧，按【F5】键插入普通帧，图层结构如图 2-53 所示。

图 2-52   图 2-53

（8）选择第 1 帧上的"蜻蜓动"，拖曳它到曲线的起始点（接近端点时，自动吸附到上面），如图 2-54 所示。选择第 35 帧上的"蜻蜓动"，拖曳它到曲线的终点（接近端点时，自动吸附到上面），如图 2-55 所示。

图 2-54   图 2-55

（9）按【Ctrl+Enter】快捷键测试影片。从图中看到，蜻蜓的飞行姿态不符合实际，需要改进。

（10）选择第 1 帧，在"属性"面板中选择"调整到路径"复选框，如图 2-56 所示。

（11）按【Ctrl+Enter】快捷键测试影片，可以看到蜻蜓沿着曲线运动到荷花上，如图 2-57 所示。

图 2-56

图 2-57

实例练习——制作动态导航按钮

实例描述：有 4 个导航按钮在一段圆弧上逐个出现，如图 2-58 所示。

图 2-58

（1）新建一个 Flash CS3 影片文档，文档属性参数保持默认。保存影片文档为"动态导航按钮.fla"。

（2）创建绿线。将图层 1 重命名为"绿线"。在"绿线"层的第 1 帧，选择线条工具，设置线条色为绿色，绘制一条曲线。

（3）新建图层 2，重命名为"按钮 1"，选择该图层并用鼠标右键单击，在弹出的菜单中选择"添加引导层"命令，然后在该引导层中绘制一条和"绿线"相同的曲线。

（4）选择"按钮 1"层的第 1 帧，将"链接 1"按钮从库中拖曳至曲线的始端，再选择第 20 帧，将"链接 1"按钮放置在曲线的末端。测试动画，会发现按钮从始端沿着曲线走到末端。

（5）在"按钮 1"层上新建图层并命名为"按钮 2"，在该层的第 9 帧插入空白关键帧，将"链接 2"按钮元件从库中拖曳至其中，并放置在曲线的始端，然后在第 20 帧插入关键帧，将"链接 2"按钮放置在如图 2-59 所示的位置，并在第 9 帧创建补间动画。

（6）在"按钮 2"层的上面新建图层并命名为"按钮 3"，在该层的第 14 帧插入空白关键帧，将"链接 3"按钮元件从库中拖曳至其中，并放置在曲线的始端，然后在第 20 帧插入关键帧，将"链接 3"按钮放置在如图 2-60 所示的位置，并在第 14 帧创建补间动画。

图 2-59

图 2-60

（7）在"按钮 3"层上新建"按钮 4"图层，在该层的第 20 帧插入空白关键帧，并将"链接 4"按钮元件从库中拖曳至其中，将其放置在曲线的始端，整个动画图层分布如图 2-61 所示。

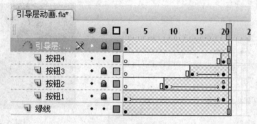

图 2-61

（8）测试动画，会发现由于各层按钮出现的时间不同，分别是第 1、9、14、20 帧，所以 4 个按钮是依次从曲线的开始端沿曲线运动，但结束端停止的位置不同。

（9）为了让动画在最后一帧停止下来，选择第 20 帧（各按钮层都可以），按【F9】键打开"动作"面板，并在其中输入"stop();"。

2.1.5　遮罩动画

遮罩层相当于一个窗口，窗口的范围是遮罩层图形的边缘勾勒范围，被遮罩的图层只能在该区域内显示。如果被遮罩的图层中图形不够大，无法占满遮罩层中的所有空间，将用背景色填充。

1．创建遮罩层的方法

（1）选择或创建一个图层作为被遮罩层，该图层中应包含将出现在遮罩中的对象。在被遮罩层，可以使用按钮、影片剪辑、图形、位图、文字、线条等元素。

（2）选择该图层，然后执行"插入"＞"图层"命令，在被遮罩层上面再创建一个新图层，该图层将作为遮罩层。

（3）在遮罩层上创建填充形状、文字、元件、影片剪辑、图形、位图等元素，忽略其中的渐变色、颜色和线条等。遮罩层中的任何填充区域都是完全透明的，而任何非填充区域都是不透明的。

（4）在"时间轴"面板中用鼠标右键单击创建的遮罩层，然后从弹出的快捷菜单中选择"遮罩层"命令，如图 2-62 所示。该层将转换为遮罩层，用一个遮罩层图标来表示，如图 2-63 所示。

图 2-62

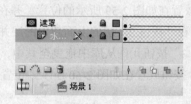

图 2-63

2．添加多个被遮罩层的方法

（1）将现有的图层直接拖曳到遮罩层下面，如图 2-64 所示。

（2）在遮罩层下面的任何地方创建一个新图层。

（3）执行"修改"＞"时间轴"＞"图层属性"命令，然后选择"被遮罩"选项。

3．断开

（1）拖曳该图层到遮罩层的上面。

（2）执行"修改"＞"时间轴"＞"图层属性"命令，然后选择"一般"选项作为图层类型，如图 2-65 所示。

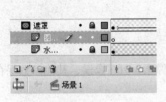

图 2-64

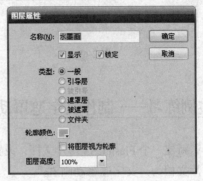

图 2-65

实例练习——制作遮罩动画

（1）新建一个 Flash CS3 影片文档，文档属性参数保持默认。保存影片文档为"图形遮罩动画.fla"。

（2）导入外部图像"宝宝.jpg"到舞台上。

（3）新建一个图层，用椭圆工具绘制一个圆，舞台效果如图 2-66 所示。

（4）用鼠标右键单击"图层 2"，在弹出的快捷菜单中选择"遮罩层"命令，图层结构变化如图 2-67 所示。

（5）舞台显示效果如图 2-68 所示。图中只显示了被圆遮挡住的第 1 个婴儿部分，其他没有被圆遮挡的区域都没有显示。

图 2-66

图 2-67

图 2-68

（6）在"图层 1"的第 20 帧按【F5】键添加一个普通帧，在"图层 2"的第 20 帧按【F6】键添加一个关键帧，将"图层 2"第 20 帧的圆尺寸变大，形状变为椭圆，定义从第 1 帧到第 20帧为补间形状，图层结构如图 2-69 所示。

（7）按【Ctrl+Enter】快捷键测试影片，观察动画效果，可以看出随着圆的形状变化，显示出的图像区域也越来越多，现在可以看到 3 个婴儿了，舞台效果如图 2-70 所示。

图 2-69

图 2-70

实例练习——制作文字遮罩动画

（1）新建一个 Flash CS3 影片文档，设置舞台尺寸为 450 像素×200 像素，其他参数保存默认。保存影片文档为"文字遮罩动画.fla"。

（2）在时间轴上创建两个图层，分别重新命名为"图片"、"文字"。

（3）执行"文件"菜单下的"导入">"导入到库"命令，导入"红.jpg"和"绿.jpg"两张图片。

（4）选择"图片"图层上的第 1 帧，拖入"红"和"绿"两张图片并调整大小和位置，如图 2-71 所示。

（5）选择"图片"图层上的第 32 帧，插入关键帧，调整图片大小和位置，如图 2-72 所示。

图 2-71

图 2-72

（6）在"文字"图层输入"遮罩动画"，设置文字的大小 100、字体为"幼圆"，效果如图 2-73 所示。

图 2-73

（7）选择"图片"图层的第 1 帧，打开"属性"面板，在其中单击"补间"旁边的小三角，选择"动画"选项，建立第 1～32 帧间的补间动画。

（8）选择"文字"层，用鼠标右键单击，在弹出的快捷菜单中选择"遮罩层"命令，定义遮罩动画。

至此，本实例制作完成，完成后的图层结构如图 2-74 所示，效果如图 2-75 所示。

图 2-74　　　　　　　　　　　　　　　　　图 2-75

实例练习——卷轴画

实例描述：通过使用遮罩动画，模拟卷轴画打开的效果。

（1）新建一个 Flash CS3 影片文档，设置舞台尺寸为 600 像素×350 像素，其他参数保存默认，保存影片文档为"卷轴画.fla"。

（2）在时间轴上新建 3 个图层，分别重新命名为"花鸟"、"遮罩"、"左卷轴"和"右卷轴"。

（3）选择"文件"菜单下的"导入">"导入到库"命令，导入"花鸟.jpg"、"画布.jpg"和"画轴.gif"。

（4）在"花鸟"图层上，拖曳"花鸟"和"画布"到舞台上，效果如图 2-76 所示。

（5）在"遮罩"图层，创建一个填充色为黑色的矩形，矩形大小在第 1 帧的效果如图 2-77 所示，在第 60 帧的效果如图 2-78 所示。

图 2-76

图 2-77

（6）选择"遮罩"图层的第 1 帧，打开"属性"面板，在其中单击"补间"旁边的小三角，选择"形状"选项，建立第 1～60 帧间的形状补间动画。

（7）选择"左卷轴"的第 1 帧，拖曳"画轴.gif"至舞台上，效果如图 2-79 所示。

图 2-78

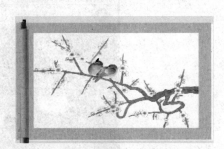

图 2-79

（8）选择"右卷轴"的第 1 帧，拖曳"画轴.gif"至舞台上，效果如图 2-80 所示。

（9）选择"右卷轴"图层的第 60 帧，插入关键帧，移动画轴的位置，效果如图 2-81 所示。

图 2-80　　　　　　　　　　　　　　　　　图 2-81

（10）选择"右卷轴"图层的第 1 帧，打开"属性"面板，在其中单击"补间"旁边的小三角，选择"动画"选项，建立第 1～60 帧的补间动画。

（11）选择"遮罩"层，用鼠标右键单击，在弹出的快捷菜单中选择"遮罩层"命令，定义遮罩动画。

至此，本实例制作完成，完成后的图层结构如图 2-82 所示，效果如图 2-83 所示。

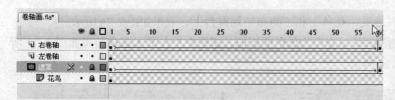

图 2-82　　　　　　　　　　　　　　　　　图 2-83

2.2　任务一——制作春节贺卡

2.2.1　案例效果分析

作品以红色为主色调，配上节日的代表物灯笼和鞭炮，4 个"福"字转动出拜年的"吉祥语"，突出体现了节日热闹祥和的气氛，如图 2-84 所示。

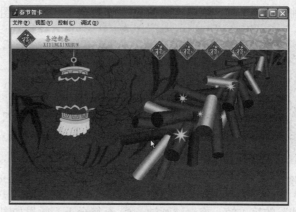

图 2-84

2.2.2　设计思路

1. 制作影片剪辑元件"福字动"。
2. 制作 4 个"福字"按钮。
3. 制作灯笼和影片剪辑元件"穗动"。
4. 制作上部花纹。
5. 制作底图和鞭炮效果。

2.2.3　相关知识点和技能点

"变形"面板的使用，在制作图形元件时应综合使用各种绘图工具，影片剪辑元件的制作，按钮的制作，动作补间动画的制作。

2.2.4　任务实施

（1）双击 图标，单击 Flash 文件(ActionScript 3.0) 图标，新建一个空白文档。

（2）按【Ctrl+J】快捷键，弹出如图 2-85 所示的对话框，将尺寸修改为 650 像素 × 400 像素，单击"确定"按钮。

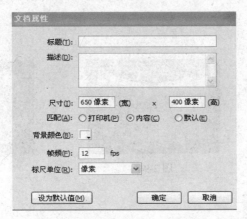

图 2-85

（3）按【Ctrl+F8】快捷键，新建图形元件"福字"，将素材图片拖曳至舞台中，如图 2-86 所示。

（4）新建影片剪辑元件"福字动"，将元件"福字"拖曳至舞台中，在时间轴的第 10 帧和第 20 帧处插入关键帧。按【Ctrl+T】快捷键调出"变形"面板，在第 10 帧处缩放宽度为 4%，如图 2-87 所示。在第 1～10 帧之间、第 10～20 帧之间创建补间动画，如图 2-88 所示。

（5）新建按钮元件"按钮 1"，将元件"福字"拖曳到舞台中，在时间轴的"指针经过"帧处插入关键帧，将元件"福字"删除，将元件"福字动"拖曳到舞台中，放在相同的位置。新建图层"文字"，在时间轴的"指针经过"处插入关键帧，使用文字工具输入如图 2-89 所示的文字。使用同样的方法，新建按钮元件"按钮 2"、"按钮 3"、"按钮 4"，如图 2-90、图 2-91 和图 2-92 所示。

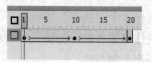

图 2-86   图 2-87   图 2-88

图 2-89   图 2-90   图 2-91   图 2-92

（6）新建图形元件"灯笼"，将素材图片拖曳到舞台中，如图 2-93 所示。

（7）新建图形元件"灯笼穗"，将素材图片拖曳到舞台中，如图 2-94 所示。新建影片剪辑元件"穗动"，将元件"灯笼穗"拖曳到舞台中，在第 1 帧处，使用变形工具将中心控制点上移，然后改变元件的形状，如图 2-95 所示。在时间轴的第 40 帧和第 80 帧处插入关键帧。在第 40 帧处使用变形工具改变元件的形状，如图 2-96 所示。在第 1～40 帧之间、第 40～80 帧之间创建补间动画，如图 2-97 所示。

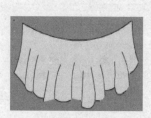

图 2-93   图 2-94   图 2-95

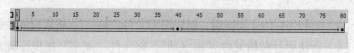

图 2-96   图 2-97

（8）回到场景 1，重新命名图层 1 为"底图"，将背景图片拖曳到舞台中，调整其位置和大小，如图 2-98 所示。

（9）新建图层"灯笼穗"，将元件"穗动"拖曳到舞台中，如图 2-99 所示。

（10）新建图层"灯笼"，将元件"灯笼"拖曳到舞台中，如图 2-100 所示。

（11）新建图层"鞭炮"，将素材图片拖曳到舞台中，如图 2-101 所示。

图 2-98

图 2-99

图 2-100

图 2-101

（12）新建图层"上部花纹"，将素材图片和元件"福字"拖曳到舞台中，如图 2-102 所示。

（13）新建图层"按钮"，将"按钮 1"～"按钮 4"拖曳到舞台中，如图 2-103 所示。

图 2-102

图 2-103

（14）新建图层"文字"，使用文本工具输入如图 2-104 所示的文字。

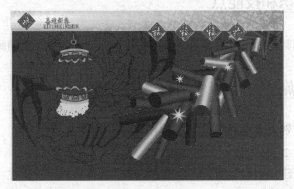

图 2-104

（15）按【Ctrl+Enter】快捷键测试影片，保存文件。

2.3　任务二——制作端午节贺卡

2.3.1　案例效果分析

本案例设计的是端午节贺卡，画面以绿色为主，将翠竹、粽叶和粽子等端午节特有的元素应用到动画中。整个动画轻幽、流畅，配上好听的音乐，给人一种美的享受，如图 2-105 所示。

图 2-105

2.3.2　设计思路

1. 制作背景、边框、图框。
2. 制作翠竹、涟漪、星星。
3. 制作粽子补间动画。
4. 制作文本动画。
5. 插入背景音乐。
6. 添加脚本。

2.3.3　相关知识和技能点

应用形状补间动画制作画面过渡效果，使用动作补间动画创建文本动画，图层的使用。

2.3.4　任务实施

（1）打开"端午节贺卡素材.fla"文件，将图层 1 重新命名为"图框"，将"图框"元件拖曳至舞台中央，效果如图 2-106 所示。

（2）在图层底部新建"边框"图层，拖曳"边框"元件至舞台上，在"边框"图层的第 188 帧插入普通帧，如图 2-107 所示。

（3）在图层底部新建"背景"图层，在第 1 帧拖曳"背景"元件至舞台上，并在"背景"图层的第 188 帧插入普通帧，如图 2-108 所示。

图 2-106

图 2-107

图 2-108

（4）在"图框"图层下面新建"过渡"图层。选择"过渡"图层，在第 1～49 帧之间制作形状补间动画，制作出画面由白色变清晰的动画，如图 2-109 所示。

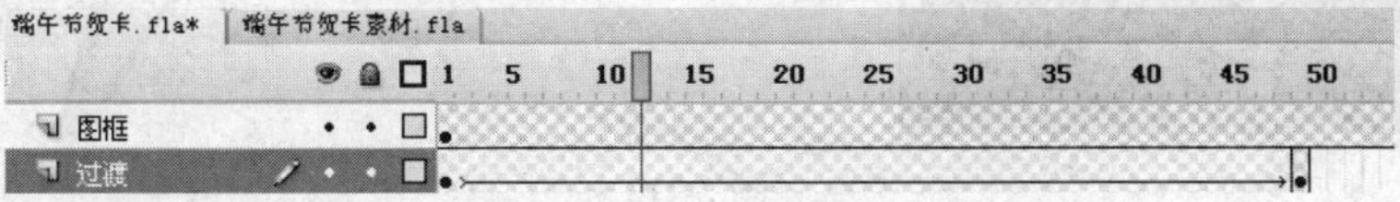

图 2-109

（5）新建"翠竹"图层，拖曳"翠竹"元件至舞台上，将第 1 帧所对应的"翠竹"实例水平翻转，并放置在舞台的右侧，效果如图 2-110 所示。

（6）在"背景"图层上新建"涟漪"图层，在第 1 帧将"涟漪"元件拖曳至舞台的右下角，并将其 X 和 Y 值分别设置为 250 和 199.5，如图 2-111 所示。

图 2-110

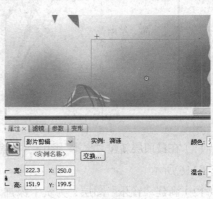

图 2-111

（7）在"涟漪"图层上新建"粽子 1"和"粽子 2"图层，在第 1～80 帧间创建动作补间动画，制作出两个粽子从舞台底部向上运动的动画效果，如图 2-112 所示。

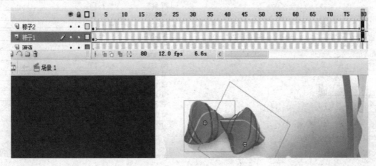

图 2-112

（8）依次新建"文本 1"、"文本 2"图层，分别在"文本"图层的第 30～70 帧、"文本 2"图层的第 70～110 帧创建动作补间动画，通过改变文本实例的 Alpha 值制作出两组文本由无到出现的文本动画。在这两个图层的第 188 帧处插入普通帧，制作出两组文本依次由无到出现的文本动画，效果如图 2-113 所示。

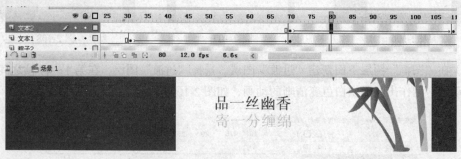

图 2-113

（9）新建"文本动"图层，在第 118 帧插入空白关键帧，将"文本动"元件拖曳至舞台，效果如图 2-114 所示。

（10）新建"星星"图层，拖曳"变色星星"元件至舞台上。多次复制该实例，然后调整其旋转角度，将其分布在舞台，效果如图 2-115 所示。

图 2-114

图 2-115

（11）在最顶层新建"脚本"图层，在第 188 帧处插入空白关键帧，并为该帧添加脚本"stop();"，如图 2-116 所示。

（12）新建"音乐"图层，为贺卡添加背景音乐，这样贺卡就制作完成了，完成后的图层结构如图 2-117 所示。

图 2-116

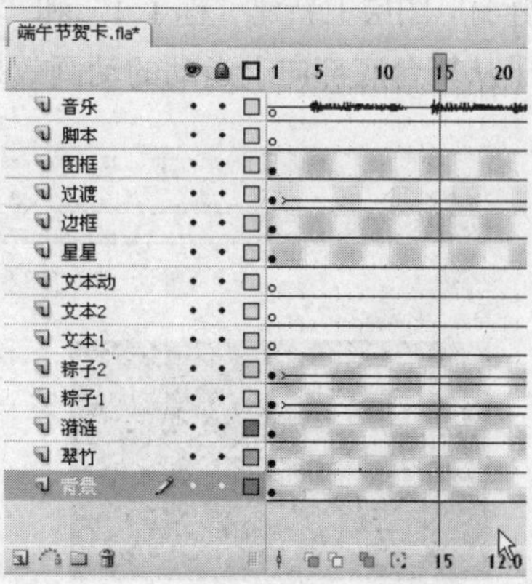

图 2-117

2.4 实训项目——制作友情贺卡

2.4.1 实训目的

1. 制作动画的目的与主题

本动画的制作目的是掌握文本内容的输入，按钮元件的创建，引导层动画的创建，应用遮罩动画，使用图层文件夹功能及电子贺卡的制作流程。

本动画的主题是通过四叶草来传达友情的内涵，再配以音乐烘托主题，效果如图 2-118 所示。

图 2-118

2. 动画整体风格设计

动画主体风格比较舒缓柔美，随着轻柔的音乐，一句句友情文字带给人们对友情的美好向往。

3. 素材搜集与处理

搜集四叶草植物，动态植物组合，动态气泡，半透明渐变圆（自己制作）；图片素材，背景图片，音乐素材。

2.4.2 实训要求

1. 背景的设定，通过静的背景和动的四叶草植物组合，以及一些动的装饰元件（如动态气泡、渐变半圆、动态星星）的添加，使背景更有生气、友情卡的内容更丰富。

2. 祝福语的文本动画设定，主要通过四叶草引出文本，文本逐渐出现。

3. 按钮、音乐的添加。

2.4.3 实训步骤

（1）打开"友情贺卡素材.fla"文件，新建图层，由上至下依次重命名为"脚本"、"按钮"、"图框"和"气泡"，如图 2-119 所示。

（2）新建"按钮"按钮元件，并进入元件编辑区。选择"库"面板中的"幸运草"元件，将其拖曳至舞台并调整其位置，效果如图 2-120 所示。

（3）新建图层 2，在"幸运草"上输入文本"Reply"，设置文字大小为 10，字体颜色为白色，字体为"方正平和简体"，效果如图 2-121 所示。

图 2-119   图 2-120   图 2-121

（4）选择 Reply，并将其进行适当旋转，在"图层 1"和"图层 2"的"点击"帧处插入普通帧。在"图层 2"的"指针"帧处插入关键帧，并将文本颜色改为黄色，效果如图 2-122 所示。

（5）新建"图框"图形元件，绘制一个较大的黑色矩形。在"对象绘制"模式下再绘制一个大小适当的白色框，然后将其分离并删除白色框内的黑色图形和白色框，效果如图 2-123 所示。

图 2-122   图 2-123

（6）新建"矩形块"图形元件，在舞台中央绘制一个宽度和高度分别为 450 和 400 的白色矩形块，设置笔触颜色为无、填充色为白色，效果如图 2-124 所示。

（7）新建"动态气泡"元件，拖曳"气泡 1"元件至舞台并调整其位置。在第 144、145 帧处插入关键帧，在第 1～144 帧间创建动画补间动画，效果如图 2-125 所示。

图 2-124   图 2-125

（8）新建"图层 2"，在第 144 帧处插入普通帧。设置图层 2 为图层 1 的引导层并转换为运动引导层，将常规层链接到新的运动引导层，如图 2-126 所示。

图 2-126

（9）选择"图层 2"，选择钢笔工具，设置笔触颜色为黑色，绘制一条曲线，作为运动路径，效果如图 2-127 所示。

（10）选择图层 1 中的第 1 帧所对应的实例，将实例的变形中心点与曲线的下端点对齐，效果如图 2-128 所示。

（11）选择图层 1 中第 144 帧所对应的实例，将其变形中心点与曲线的上端点对齐，并调整其大小，删除图层 2 的第 144 帧，效果如图 2-129 所示。

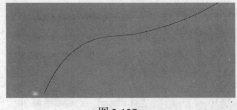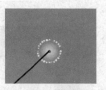

图 2-127 图 2-128 图 2-129

（12）调整图层 1 第 145 帧实例的位置。参照图层 1 和图层 2 气泡引导动画的创建方法，创建图层 3 和图层 4 的气泡动画，效果如图 2-130 所示。

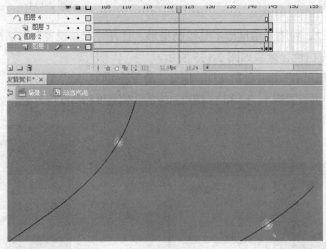

图 2-130

（13）新建"渐变透明圆"图形元件，使用工具箱中的椭圆工具在编辑区绘制一个宽度和高度均为 33 的正圆，效果如图 2-131 所示。

（14）选择正圆图形，设置笔触颜色为无；设置填充色为白色（Alpha 值为 66%）至白色（Alpha 值为 0）的线性渐变，效果如图 2-132 所示。

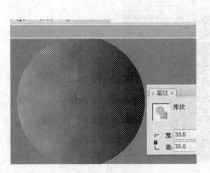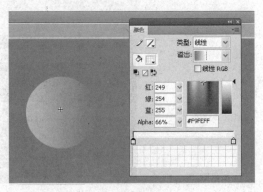

图 2-131 图 2-132

（15）新建"发光星星"元件，用椭圆工具绘制一个宽度和高度均为 48 的正圆，效果如图 2-133 所示。

（16）选择刚绘制的正圆，将填充颜色设置为白色（Alpha 值为 66%）至白色（Alpha 值为 0）的放射状渐变，效果如图 2-134 所示。

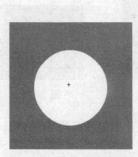

图 2-133

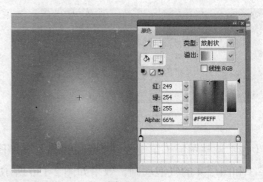

图 2-134

（17）新建图层 2，利用多角星形工具绘制星形，打开"工具设置"对话框，选择"样式"为"星形"，并为其填充白色，效果如图 2-135 所示。

（18）新建"动态星星"影片剪辑元件，拖曳"渐变透明圆"元件至舞台上，在第 6、7、8、14 和 15 帧处插入关键帧，并设置第 1、14 和 15 帧所对应的实例宽度和高度均为 48，效果如图 2-136 所示。

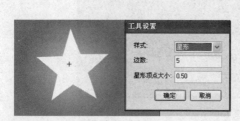

图 2-135

图 2-136

（19）依次选择并分离图层 1 中第 1、6、8 和 14 帧所对应的实例，并在第 1~6 帧、第 8~14 帧之间创建形状补间动画，效果如图 2-137 所示。

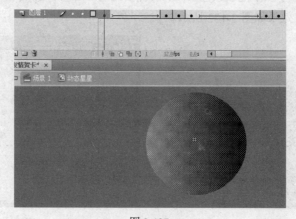

图 2-137

（20）新建图层 2，将"发光星星"元件拖曳至舞台中央，在第 7 和 15 帧处插入关键帧，并在关键帧间创建动作补间动画，效果如图 2-138 所示。

（21）选择第 1 帧所对应的实例，在"变形"面板中设置其缩放宽度和缩放高度均为 90%，"旋转"值为 30，效果如图 2-139 所示。

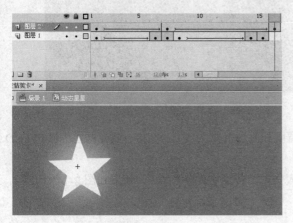

图 2-138

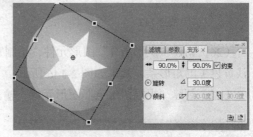

图 2-139

（22）选择第 15 帧所对应的实例，设置其缩放宽度和缩放高度均为 90%。选择第 7～15 帧间任意一帧，在"属性"面板中的"补间"卷展栏中设置"旋转"为"顺时针"，如图 2-140 所示。

（23）新建"动态半透明圆"影片剪辑元件，绘制一个正圆。设置笔触颜色为无、填充颜色为白色（Alpha 值为 0）至白色（Alpha 值为 34%）的线性渐变，如图 2-141 所示。

图 2-140

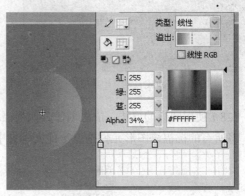

图 2-141

（24）在第 6、7、8 和 13 帧处插入关键帧，删除第 7 帧所对应的图形对象，并在各关键帧处创建动作补间动画，如图 2-142 所示。再选择第 6、8 帧对应的图形，修改其填充颜色的 Alpha 值为 0，如图 2-143 所示。

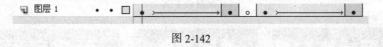

图 2-142

（25）参照图层 1 中透明圆形状补间动画的创建方法，创建图层 2 中的透明圆形状补间动画，效果如图 2-144 和图 2-145 所示。

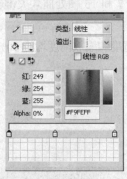

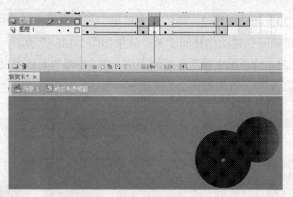

图 2-143   图 2-144

（26）新建"矩形条 1"图形元件，绘制宽度和高度分别为 195 和 28、填充颜色为#FFFFCD（浅黄色）的矩形条，效果如图 2-146 所示。

（27）新建"祝福语 1_A"图形元件，输入文本"传说中的幸运草"，效果如图 2-147 所示。

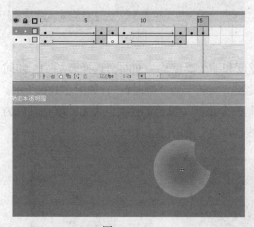

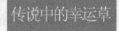

图 2-145   图 2-146   图 2-147

（28）使用同样的方法，依次创建其他祝福语图形元件。在"库"面板中新建"祝福语"文件夹，将所有的祝福语图形元件拖曳至此文件夹中，效果如图 2-148 所示。

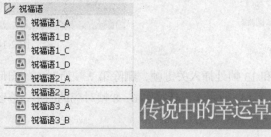

祝福语 1_A

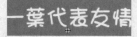

祝福语 1_B   祝福语 1_C   祝福语 1_D

图 2-148

祝福语 2_A

祝福语 2_B

祝福语 3_A 　　　　　　　　　　　祝福语 3_B

图 2-148（续）

（29）返回主场景，依次创建相应的图层，图层由下到上依次是"背景"、"动态星星"、"半透明渐变圆"、"摇摆的花"和"植物组合"，如图 2-149 所示。

（30）选择背景图层，将"背景"元件拖曳至舞台，然后设置其 X 值为 178、Y 值为 263.8，如图 2-150 所示。选择该图层文件夹中所有图层的第 126 帧并插入帧。

图 2-149

图 2-150

（31）选择"动态星星"图层，将"动态星星"元件拖曳至舞台，将实例复制两次，并放到合适的位置，效果如图 2-151 所示。

（32）选择"半透明渐变圆"图层，将"半透明渐变圆"元件拖曳至舞台，将实例复制两次并调整其位置，效果如图 2-152 所示。

图 2-151

图 2-152

（33）选择"摇摆的花"图层，将"摇摆的花"元件拖曳至舞台，并设置其 X 和 Y 值分别为 23.4 和 90.7，效果如图 2-153 所示。

（34）选择"植物组合"图层，将"植物组合"元件拖曳至舞台，设置其 X 和 Y 值分别为 14.1 和 135.6，效果如图 2-154 所示。

（35）新建图层文件夹 1，改名为"祝福语 1"，在该图层文件夹中依次创建相应的图层，图层由下到上依次是"祝福语 1_A"、"矩形条 1"、"祝福语 1_B"、"矩形条 2"、"祝福语 1_C"、"矩形条 3"、"祝福语 1_D"、"矩形条 4"、"幸运草 1"和"曲线"，如图 2-155 所示。

（36）选择"祝福语 1_A"图层，在第 8 帧处插入空白关键帧，并将"祝福语 1_A"元件拖曳至舞台，设置 X 和 Y 值分别为 14.1 和 135.6，效果如图 2-156 所示。

图 2-153   图 2-154

（37）选择"矩形条 1"图层，在第 8 帧处插入空白关键帧，将"矩形条 1"元件拖曳至文本正上方，效果如图 2-157 所示。在第 27 和 28 帧处插入关键帧。

图 2-155   图 2-156   图 2-157

（38）在第 8～27 帧间创建动作补间动画。选择"矩形条 1"图层第 8 帧所对应的实例，将其向左水平移动，放置在文本的左侧，效果如图 2-158 所示。选择"矩形条 1"图层第 27 帧所对应的实例，将其水平向右移动一点，效果如图 2-159 所示。

（39）将"矩形条 1"图层设置为遮罩层。参照"祝福语 1_A"和"矩形条 1"遮罩动画的制作方法，依次创建其他遮罩动画，效果如图 2-160 所示。

图 2-158   图 2-159   图 2-160

（40）选择"曲线"图层，使用直线工具沿着 4 句祝福语绘制 Z 字形直线，使用选择工具适当调整所绘制的直线，作为幸运草的运动路径，如图 2-161 所示。将"幸运草 1"图层拖曳到曲线图层下方，设置曲线图层为引导层，创建引导层动画，如图 2-162 所示。

（41）选择"幸运草 1"图层，从"库"面板中将"幸运草"元件拖曳至舞台，然后将实例的变形中心点与曲线的上端点对齐，效果如图 2-163 所示。

（42）在"幸运草 1"图层的第 5、6 帧处插入关键帧，在各关键帧间创建动作补间动画，如图 2-164 所示。选择第 1 帧所对应的实例，设置其 Alpha 值为 0%，如图 2-165 所示。

图 2-161　　　　　　　　　图 2-162　　　　　　　　　图 2-163

（43）选择第 6 帧所对应的实例，沿着曲线向右移动一小段距离，效果如图 2-166 所示。在第 28、29、30 帧处插入关键帧，在各关键帧间创建动作补间动画，效果如图 2-167 所示，创建幸运草实例沿 Z 字形曲线运动的动画。

图 2-164　　　　　　　　　图 2-165　　　　　　　　　图 2-166

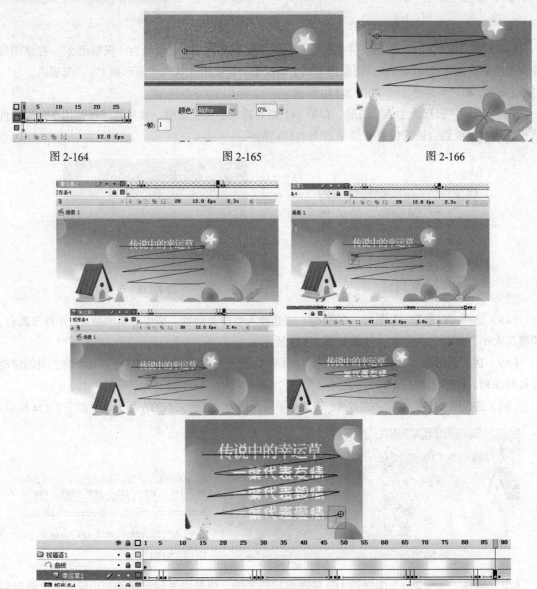

图 2-167

（44）选择"祝福语 1_A"图层，在第 93 帧、第 98 帧处插入关键帧，并把第 98 帧实例的 Alpha 值改为 0，创建该元件在第 93～98 帧间的动作补间动画，制作文字消失的动画，效果如图 2-168 所示。

（45）用上面同样的方法依次创建"祝福语 1_B"、"祝福语 1_C"和"祝福语 1_D"逐渐消失的动画，如图 2-169 所示。

图 2-168　　　　　　　　　　　　　　　　　　　　图 2-169

（46）将"祝福语 1"图层文件夹折叠，新建图层文件夹 2，重命名为"祝福语 2"，在该图层文件夹中依次创建相应的图层，图层由下到上依次是"祝福语 2_A"、"矩形条 1"、"祝福语 2_B"、"矩形条 2"和"幸运草 2"，如图 2-170 所示。

（47）选择"祝福语 2_A"图层，在第 141 帧处插入空白关键帧，然后将"祝福语 2_A"元件拖曳入舞台，放到合适的位置，效果如图 2-171 所示。

图 2-170　　　　　　　　　　　　　　　图 2-171

（48）选择"矩形条 1"图层，在第 141 帧处插入空白关键帧，拖曳"矩形条 2"元件至舞台，调整其大小，放到文本上方，效果如图 2-172 所示。

（49）在"矩形条 1"图层的第 169 和 170 帧处插入关键帧，并在第 141～169 帧之间创建动作补间动画，如图 2-173 所示。

（50）选择第 141 帧所对应的实例，将其水平向左移动，放到文本的左侧，效果如图 2-174 所示。

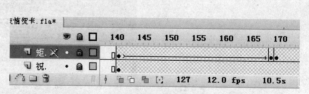

图 2-172　　　　　　　　　　　　　　　　图 2-173

（51）选择"矩形条 1"图层第 169 帧所对应的实例，将其水平向右移动一小段距离，效果如图 2-175 所示。

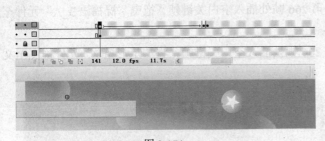

图 2-174　　　　　　　　　　　　　　　　　图 2-175

（52）将"矩形条 1"图层设置为遮罩层，创建遮罩动画，如图 2-176
所示。用同样的方法创建"祝福语 2_B"元件的遮罩动画。

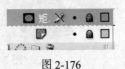

图 2-176

（53）在"幸运草 2"图层的第 138 帧处插入空白关键帧，将"幸运草"
元件拖曳到舞台，根据祝福语的出场顺序，在该图层创建相应的动作补间
动画，制作出幸运草引出文字的动画，效果如图 2-177 所示。

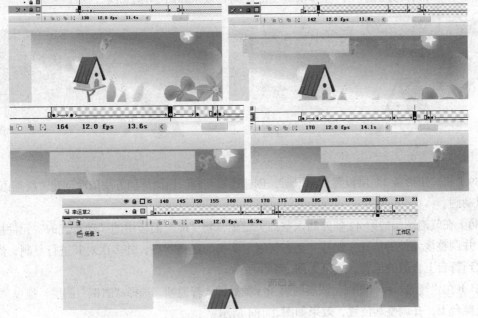

图 2-177

（54）在"祝福语 2_A"层，在第 216 帧、第 226 帧处插入关键帧，将第 226 帧的实例水平向
右移到舞台外，创建文字从左向右运动消失的动画。用同样的方法在"祝福语 2_B"的第 227～
237 帧处创建补间动画，如图 2-178 所示

（55）新建图层文件夹 3，并改名为"祝福语 3"，然后依次创建相应的图层，图层由下到上依
次是"祝福语 3_A"、"矩形条 1"、"祝福语 3_B"、"矩形条"，如图 2-179 所示。

图 2-178　　　　　　　　　　　　　　　　　图 2-179

（56）选择"祝福语 3_A"图层，在第 266 帧处插入空白关键帧，拖曳"祝福语 3_A"元件至舞台，效果如图 2-180 所示。

（57）选择"矩形条 1"图层，在第 266 帧处插入空白关键帧，将"矩形条 2"元件拖曳至文本上，效果如图 2-181 所示。

图 2-180

图 2-181

（58）在第 304 和 305 帧处插入关键帧，在第 266～304 帧间创建动作补间动画。将第 266、305 帧所对应的实例分别水平向左移动适当的距离，效果如图 2-182 所示。

图 2-182

（59）将"矩形条 1"层设置为遮罩层，创建遮罩动画。用同样的方法依次创建"祝福语 3_B"的遮罩动画。

（60）在气泡图层的第 43 帧处插入空白关键帧，将"库"面板中的"动态气泡"元件拖曳至舞台，并调整该元件的位置。保持"动态气泡"实例为选择状态，并多次对其进行复制，然后将它们放到舞台上合适的位置，效果如图 2-183 所示。

（61）在"气泡"和"图框"图层的第 363 帧处插入普通帧。选择"图框"图层，拖曳"图框"元件至舞台上，并调整其位置，效果如图 2-184 所示

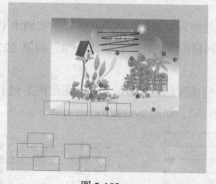
图 2-183

图 2-184

（62）在"按钮"图层的第 356 帧处插入空白关键帧，将"按钮"元件拖曳至舞台，并调整其

大小为原来的 128.7%、"旋转"值为−43.4，如图 2-185 所示。

（63）在第 357、363 帧处插入关键帧，在各关键帧处创建动作补间动画。再分别将第 356、357 帧所对应的实例向下进行适当移动，如图 2-186 所示，制作出按钮向舞台上运动的动画效果。

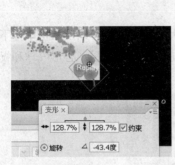

图 2-185

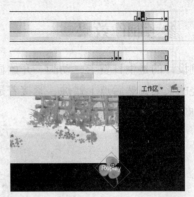

图 2-186

（64）选择第 363 帧所对应的实例，打开其"动作"面板，添加脚本"on (release){gotoAndPlay(1);}"，如图 2-187 所示。新建"音乐"图层，为其添加 Music.mp3 音乐。

（65）在"脚本"层的第 363 帧添加脚本"stop();"，如图 2-188 所示。

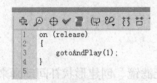

图 2-187

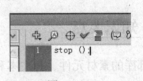

图 2-188

（66）保存文档，并按【Ctrl+Enter】快捷键对该动画进行测试。

2.4.4　评价考核

表 2-1　　　　　　　　　　　　任务评价考核表

能力类型	考核内容		评价		
	学习目标	评价项目	3	2	1
职业能力	掌握逐帧动画、补间动画、引导线动画和遮罩动画的制作方法和技能；会使用形状提示制作形状补间动画；会运用绘图纸功能编辑图形；会运用 Flash 制作电子贺卡	能够制作逐帧动画			
		能够制作补间动画			
		能够制作引导线动画			
		能够制作遮罩动画			
		能够使用 Flash 制作电子贺卡			
通用能力	造型能力				
	审美能力				
	组织能力				
	解决问题能力				
	自主学习能力				
	创新能力				
综合评价					

2.5 学生课外拓展——制作生日贺卡

2.5.1 参考制作效果

本实例设计的是生日贺卡，动画一开始显示逐渐放大的转场效果，以及从空中掉下来的生日蛋糕和燃烧的火柴，然后点上蜡烛，紧接着是音乐、鲜花、闪烁的星星、心形气球和祝福语，效果如图 2-189 所示。

图 2-189

2.5.2 知识要点

利用外部库的素材元件、为文本和影片剪辑应用发光滤镜、创建形状补间动画来制作过渡效果。设置不同的 Alpha 值，制作动作补间动画。使用"属性"面板和"变形"面板、编写脚本，实现动画播放的控制。使用文字动画制作"点上生日蜡烛"文字效果。

2.5.3 参考制作过程

（1）新建一个 Flash 文档，将"生日贺卡素材.fla"文件作为外部库打开，并调用其中的素材元件。

（2）将图层 1 重命名为"过渡"，将"放射圆"元件拖曳至舞台，放置在舞台正中央，如图 2-190 所示。在第 12 帧和第 13 帧处插入关键帧。

（3）将"过渡"图层第 1、12 帧的实例打散，修改第 1 帧图像的填充色为白色、宽度和高度均为 24.8，并创建形状补间动画，如图 2-191 所示。

图 2-190

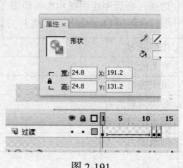

图 2-191

（4）新建"背景"图层，在第 14 帧处插入关键帧，在第 171 帧处插入普通帧，将"背景"元件拖曳至舞台，并调整其大小和位置，效果如图 2-192 所示。

（5）新建"心形气球"图层，在第 14 帧处插入关键帧，从"库"面板中将"心形气球"影片剪辑元件拖曳至舞台，并调整其位置，效果如图 2-193 所示。

（6）新建"蛋糕"图层，并将"蛋糕"元件放置在第 17 帧，效果如图 2-194 所示。在第 17～171 帧间创建动作补间动画，制作蛋糕掉下来并左右晃动的动画，效果如图 2-195 所示。

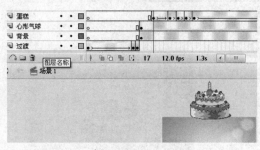

图 2-192　　　　　　　　图 2-193　　　　　　　　　　　图 2-194

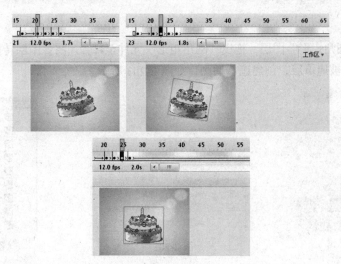

图 2-195

（7）新建"火焰"图层，在第 36 帧处插入空白关键帧，将"火焰"元件拖曳至蛋糕正上方的蜡烛上，效果如图 2-196 所示。

（8）新建"鲜花动 1"图层，在第 40 帧处插入关键帧，将"鲜花动 2"和"鲜花动 3"元件拖曳至舞台的下方，效果如图 2-197 所示。

（9）新建"鲜花动 2"图层，在第 36 帧处插入关键帧，将"鲜花动 2"元件拖曳至舞台的下方，效果如图 2-198 所示。

（10）新建"星星动"图层，将"星星动"元件拖曳至第 43 帧处，效果如图 2-199 所示。在第 43～171 帧间创建动作补间动画。设置第 43、52 帧所对应实例的 Alpha 值分别为 0%、90%，以制作实例由无变清晰的动画，效果如图 2-200 和图 2-201 所示。新建"文本 1"图层，在第 130 帧处插入空白关键帧，将"文本 1"元件拖曳至舞台，并为其添加白色的发光滤镜，效果如图 2-202 所示。

图 2-196

图 2-197

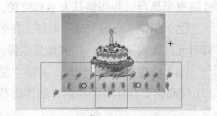

图 2-198

图 2-199

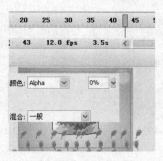

图 2-200

（11）新建"圆角矩形"图层，拖曳"圆角矩形"元件至舞台。将该图层转换为遮罩层，将其下所有图层转化为被遮罩层，创建遮罩动画，如图 2-203 所示。

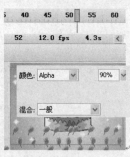

图 2-201

图 2-202

图 2-203

（12）新建"音乐"图层，在第 36 帧处插入关键帧，将"背景音乐"添加至该层，设置声音属性中的"同步"为"开始"，如图 2-204 所示。

（13）新建"文本 2"图层，将"文本 2"元件拖曳至第 25 帧，在第 25～44 帧间创建动作补间动画，以制作文本由下到上逐渐运动、由无到清晰再消失的动画，效果如图 2-205 所示。

图 2-204

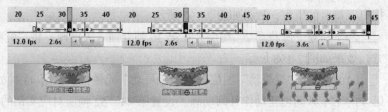

图 2-205

（14）新建"按钮 1"图层，在第 25～35 帧添加"按钮 1"元件，将实例放置在蜡烛正上方，效果如图 2-206 所示。为其添加脚本"on (release){gotoAndPlay (36) ;}"，如图 2-207 所示。

（15）新建"火柴"图层，在第 25～35 帧间添加"火柴"影片剪辑元件，将实例放置在舞台的左侧，效果如图 2-208 所示。在"属性"面板中设置该实例的名称为 1，如图 2-209 所示。

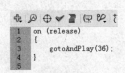

图 2-206　　　　　　　　　　图 2-207　　　　　　　　　　　　　图 2-208

（16）新建"脚本"图层，在第 1 帧处添加脚本"stopAllSounds();"，如图 2-210 所示。在第 35 帧、171 帧处添加脚本"stop();"，如图 2-211 所示。在第 25 帧处添加脚本"startDrag("1",true);"，如图 2-212 所示。

图 2-209　　　　　　　　图 2-210　　　　　　图 2-211　　　　　　图 2-212

（17）新建"按钮 2"图层，在第 164 帧处插入关键帧，添加"按钮 2"元件，效果如图 2-213 所示。对其进行相应的调整，添加具有重播功能的脚本"on (release){gotoAndPlay (1); }"，如图 2-214 所示。

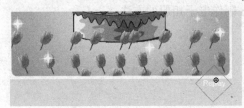

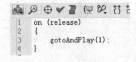

图 2-213　　　　　　　　　　　　　　　　　图 2-214

（18）在"按钮 2"图层的第 171 帧处插入关键帧，创建动作补间动画，选择第 164 帧的实例，移到舞台上，效果如图 2-215 所示。完成后的图层结构如图 2-216 所示。

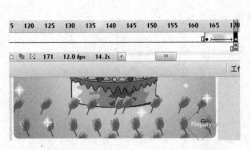

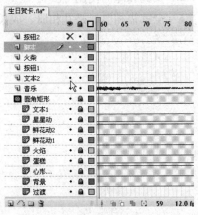

图 2-215　　　　　　　　　　　　　　　图 2-216

第3章

电子相册

本章简介:

随着数码相机的使用,制作电子相册成为现在人们的普遍需求,而使用 Flash 制作电子相册以简单的制作方法、动态的效果成为人们的首选。

本章主要介绍元件、实例和库的使用。通过一系列电子相册的实例,使读者掌握元件、实例和库的相关知识,并掌握用 Flash 制作电子相册的方法。

学习目标:

● 图形元件、按钮元件和影片剪辑元件的使用
● 实例和库的使用
● 全家福相册、婚礼相册、成长相册的制作

3.1 元件、实例和库——知识准备

3.1.1 元件和实例

元件和实例是 Flash 动画的重要内容。元件是指在 Flash 中创建的图形、按钮或影片剪辑，可以在影片中重复使用，它是构成 Flash 动画的基本单位。实例是指位于舞台或嵌入在另一个元件内的元件副本。通过元件与实例的结合使用，可以保证在动画文件很小的基础上，实现 Flash 作品的交互和动感表现等功能。

下面先做个试验，请同学们用矩形工具在舞台上任意画一个矩形。选中这个矩形，看看它的"属性"面板，如图 3-1 所示。我们可以发现，它被 Flash 叫做"形状（shape）"，它的属性也只有"宽度"、"高度"和"坐标值"。在 Flash 中，"形状"可以改变外形、尺寸、位置，能进行形状变形，但其用途相当有限。要使"动画元件"得到有效管理并发挥更大作用，就必须把它转换为"元件"。

选择这个矩形形状，执行"修改" > "转换为元件"命令（或者按键盘上的【F8】键），弹出"转换为元件"对话框，默认的"名称"为"元件1"，选择"类型"为"图形"，单击"确定"按钮，把"形状"转为图形元件。

执行"窗口" > "库"命令（按【Ctrl+L】快捷键），打开 Flash 的管理机构——库，此时库中有了第一个项目——元件1。

接着，选择舞台上的这个对象，发现对象已经不像图 3-1 那样的"离散状"了，而是变成了一个"整体"，它的"属性"面板也丰富了很多，如图 3-2 所示。这个对象能够转化"角色"，还有序列帧播放选项、颜色设置等。此外，它还能进行 Flash 功能最全面的"动作变形"。

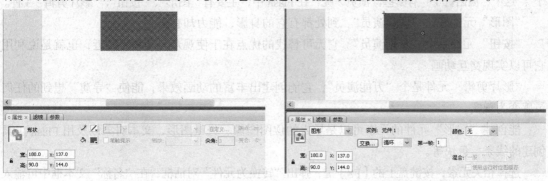

图 3-1   图 3-2

元件仅存在于库中，元件从库中进入舞台就被称为该"元件"的"实例"。如图 3-3 所示，从库中把"元件1"向场景拖曳 3 次（也可以复制场景中的实例），这样，舞台上就有了"元件1"的 3 个"实例"。

可以试着分别把各个"实例"的颜色、方向、大小设置成不同样式，具体操作可以用不同面板配合使用。图 3-3 中的"实例1"可以在"属性"面板中设置它的"宽"、"高"参数，如图 3-4 所示。在"变形"面板中设置它的"旋转"参数，如图 3-5 所示。同"实例1"一样，"实例2"和"实例3"也可在"变形"面板和"属性"面板中进行相应的设置，具体设置如图 3-6 所示。

属性设计完成后，分别选择这 3 个"实例"，观察它们的"属性"面板。我们可以发现，它们虽然大小、颜色有所改变，但它们还都是"元件1"的"实例"。这是 Flash 一个极其重要的特性，大家一定要掌握并运用好这个特性。

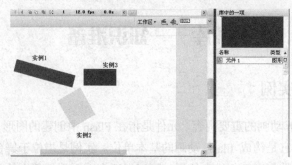

图 3-3

图 3-4

图 3-5

图 3-6

3.1.2 图形元件

我们把"元件"比作是"舞台"的"基本演员",要想实现自己的"动画剧本",就得组建"演出班子"。这个"演出班子"有哪些"演员"呢?在 Flash 中,主要有"图形"、"按钮"、"影片剪辑"3 种。

"图形"元件好比"群众演员"。到处都有它的身影,能力却有限。

"按钮"元件是个"个别演员"。它无可替代的优点在于使观众与动画更贴近,也就是说利用它可以实现交互动画。

"影片剪辑"元件是个"万能演员",它能创建出丰富的动画效果,能使"导演"想到的任何灵感变为现实。

能创建"图形"元件的元素可以是导入的位图图像、矢量图形、文本对象以及用 Flash 工具创建的线条、色块等。

选择相关元素,按键盘上的【F8】键,弹出"转换为元件"对话框,在"名称"文本框中可输入元件的名称,在"类型"中选择"图形",如图 3-7 所示,单击"确定"按钮。这时在库中生成相应的"元件",在舞台中,元素变成了"元件"的一个"实例"。

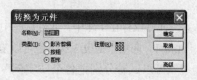

图 3-7

"图形"元件中可包含图形元素或者其他图形元件,它接受 Flash 中大部分变化操作,如大小、位置、方向、颜色设置以及动作变形等。

实例练习——制作图形元件

(1)新建一个 Flash 文档,执行"文件">"导入">"导入到舞台"命令,如图 3-8 所示。

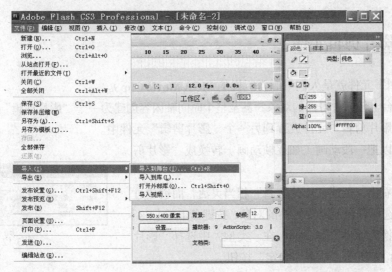

图 3-8

（2）在弹出的对话框中选择导入的素材，单击"打开"按钮，如图 3-9 所示。

图 3-9

（3）选中舞台上的图片，执行"修改">"转换为元件"命令，在弹出的对话框中选择"图形元件"，将"名称"改为"女孩"，如图 3-10 所示。

（4）在"库"面板中可以查看到转换成的图形元件，如图 3-11 所示。

图 3-10

图 3-11

3.1.3　影片剪辑元件

"影片剪辑"元件就是人们平时常听说的 MC（Movie Clip）。

可以把舞台上任何看得到的对象，甚至整个时间轴内容创建为一个"影片剪辑"元件，而且，还可把一个"影片剪辑"元件放置到另一个"影片剪辑"元件中。

用户还可以把一段动画（如逐帧动画）转换成"影片剪辑"元件。

由此可以看出，创建"影片剪辑"相当灵活，而创建过程非常简单：选择舞台上需要转换的对象，按键盘上的【F8】键，弹出"转换为元件"对话框，在"类型"中选择"影片剪辑"，如图 3-12 所示，单击"确定"按钮。

图 3-12

实例练习——制作跳动的心

（1）新建一个 Flash 文档，执行"插入" > "新建元件" > "创建新元件"命令，在弹出的对话框中将"名称"改为"跳动的心"，如图 3-13 所示。

（2）在影片剪辑"跳动的心"中，选中"图层 1"的第 1 帧，使用刷子工具绘制一个心形，在第 2 帧中调节心形的尺寸，制作逐帧动画。此时，在"库"面板中出现一个名称为"跳动的心"的影片剪辑，如图 3-14 所示。

图 3-13

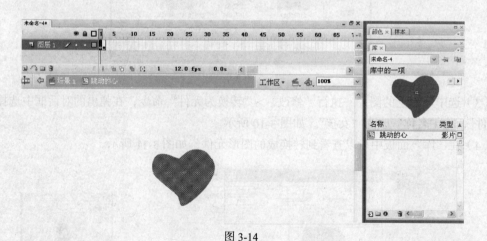

图 3-14

3.1.4　按钮元件

按钮元件是一种特殊的交互式影片剪辑，它只包含 4 个帧。当新建一个按钮元件时，Flash 自动创建一个含有 4 个帧的时间轴，它们分别是"弹起"、"指针经过"、"按下"和"点击"。按钮元件时间轴上的每一帧都具有特殊的含义。

● "弹起"帧：表示按钮的原始状态，即鼠标指针没有对此按钮产生任何动作时按钮表现出
的状态。
● "指针经过"帧：表示鼠标指针位于该按钮上时的按钮外观状态。
● "按下"帧：表示单击该按钮时按钮的外观状态。
● "点击"帧：用于定义响应鼠标单击时的相应区域，该帧上的区域在影片中是不可见的。

实例练习——制作按钮

（1）新建一个 Flash 文档，执行"插入">"新建元件">"创建新元件"命令，在弹出的对
话框中将"名称"改为"按钮"，设置"类型"为"按钮"，如图 3-15 所示。单击"确定"按钮后，
弹出按钮界面，如图 3-16 所示。

图 3-15

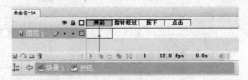

图 3-16

（2）单击"弹起"帧，在舞台上绘制圆形，作为按钮的弹起状态，效果如图 3-17 所示。

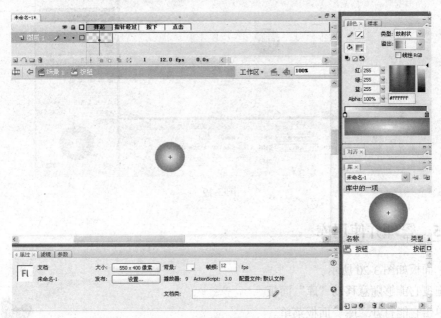

图 3-17

（3）单击"指针经过"帧，用鼠标右键单击并选择"插入关键帧"命令，编辑圆形（调整大
小、改变颜色）并输入文字"PLAY"，如图 3-18 所示。
（4）用鼠标右键单击"弹起"帧，选择"复制帧"命令，用鼠标右键单击"按下"帧，选择
"粘贴帧"命令，编辑圆形的颜色并输入文字"PLAY"，效果如图 3-19 所示。
（5）用鼠标右键单击"点击"帧，选择"插入帧"命令，完成按钮的制作。

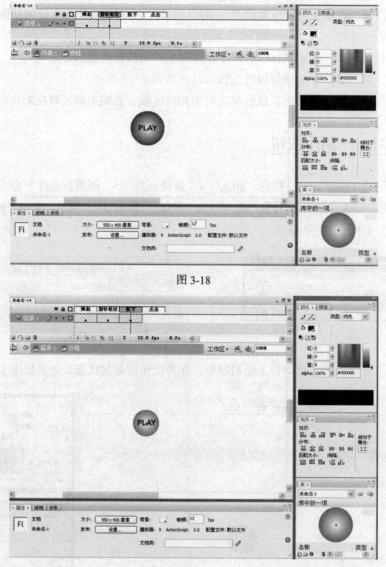

图 3-18

图 3-19

3.1.5 管理并使用库

"库"面板如图 3-20 所示。

① 拖曳它能够随意移动"库"面板。

② 单击它能打开"库"面板菜单。

③ 当前"库"模板所属的文件。

④ 当前选中的元件。

⑤ 这是元件项目列表的"排序"切换按钮。

⑥ 单击它能够切换到"宽"模式,"库"面板将以最大化显示。

⑦ 单击它能够切换到"窄"模式,它是默认的"库"面板宽度。

⑧ 单击可以更改元件属性。

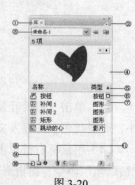

图 3-20

⑨ 单击可在库中添加新的文件夹。

⑩ 单击可在库中添加新的元件。

⑪ 单击可删除当前选择的元件。

利用"库"面板上的各种按钮及"库"面板菜单，能够进行元件管理与编辑的大部分操作。

3.2　任务一——制作成长照片

3.2.1　案例效果

利用图形元件制作宝宝的简单电子相册，可爱小宝宝的成长过程记录在电子相册中，如图 3-21 所示。

图 3-21

3.2.2　设计思路

上网搜集可爱宝宝的图片，利用 Flash 中的图形元件与帧动画结合，制作简单精美的成长相册。

3.2.3　相关知识和技能点

执行"修改" > "转换为元件"命令将位图转化成图形元件，使用"对齐"面板将图形元件与舞台对齐。

3.2.4　任务实施

（1）执行"文件" > "新建"命令，在弹出的"新建文档"对话框中选择"Flash 文件"选项，单击"确定"按钮，进入新建文档窗口。按【Ctrl+F3】快捷键，弹出文档"属性"面板，单击"大小"选项后面的按钮，在弹出的对话框中将窗口的宽度设为 310 像素，高度设为 410 像素，将背景颜色设为白色（#FFFFFF），单击"确定"按钮。

（2）执行"文件" > "导入" > "导入到库"命令，依次将图片素材 baby1、baby2、baby3、baby4 导入到"库"面板中，如图 3-22 所示。观察"库"面板中的素材类型，发现导入的素材为"位图"，此时依次将位图素材拖曳到舞台上，执行"修改" > "转换为元件"命令，在弹出的"转换为元件"对话框中选择"类

图 3-22

型"为"图形",修改元件名称,如图 3-23 所示。全部转换完成后的效果如图 3-24 所示。

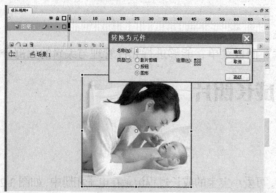

图 3-23

图 3-24

（3）接下来开始制作成长相册。首先,将"库"面板中的图形元件 1 拖曳到舞台中央,打开"对齐"面板,选中"相对于舞台"选项,单击"水平居中"和"垂直居中"按钮,效果如图 3-25 所示。单击"图层 1"的第 10 帧,用鼠标右键单击并选择"插入关键帧"命令,效果如图 3-26 所示。

（4）用鼠标右键单击"图层 1"的第 11 帧,选择"插入关键帧"命令,将舞台中的元件 1 删除,从"库"面板中拖曳出元件 2,使用"对齐"面板让它在舞台中央。用鼠标右键单击"图层 1"的第 21 帧,选择"插入关键帧"命令,效果如图 3-27 所示。

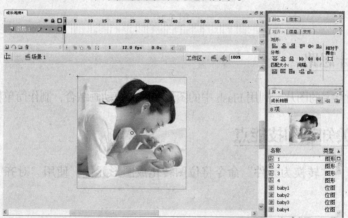

图 3-25

图 3-26

图 3-27

（5）用同样的方法制作元件 3 和元件 4，制作完成后的效果如图 3-28 所示。

图 3-28

（6）执行"文件"＞"导出"＞"导出影片"命令，如图 3-29 所示，在弹出的对话框中选择保存的名称和类型（类型为 SWF），如图 3-30 所示。

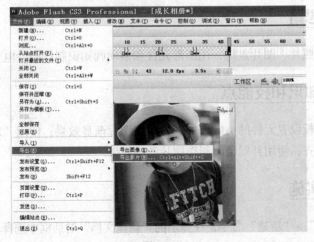

图 3-29

图 3-30

3.3 任务二——制作婚礼相册

3.3.1 案例效果

利用 Flash 的帧动画制作出绚美的切换效果，从而烘托出婚礼相册的华美，如图 3-31 所示。

图 3-31

3.3.2 设计思路

搜集相关的结婚照片、图片素材，用图形元件和帧动画知识制作婚纱电子相册。

3.3.3 相关知识和技能点

使用"属性"面板设置元件的 Alpha 属性，制作图片渐显效果；使用"对齐"面板使实例相对于舞台水平居中对齐；使用补间动画制作照片动画效果。

3.3.4 任务实施

（1）执行"文件" > "新建"命令，在弹出的"新建文档"对话框中选择"Flash 文件"选项，单击"确定"按钮，进入新建文档窗口。按【Ctrl + F3】快捷键，弹出文档"属性"面板，单击"大小"选项后面的按钮,在弹出的对话框中将窗口的宽度设为 400 像素、高度设为 520 像素,将背景颜色设为黑色(#000000),单击"确定"按钮。

(2)执行"文件">"导入">"导入到库"命令,依次将图片素材"新娘 1"、"新娘 2"、"新娘 3"、"新娘 4"导入到"库"面板中,如图 3-32 所示。观察"库"面板中的素材类型,发现导入的素材为"位图",此时依次将位图素材拖曳到舞台上,执行"修改">"转换为元件"命令,在弹出的"转换为元件"对话框中选择"类型"为"图形",修改元件名称。全部转换完成后的效果如图 3-33 所示。

图 3-32   图 3-33

(3)将元件 1 拖曳至舞台,用鼠标右键单击"图层 1"的第 15 帧,选择"插入关键帧"命令,选择"图层 1"的第 1 帧,在"属性"面板中设置元件属性,如图 3-34 所示。在"变形"面板中设置元件大小为原始尺寸的 40%,如图 3-35 所示。设置完成后在第 1 帧和第 15 帧之间用鼠标右键单击任一帧,选择"创建补间动画"命令,效果如图 3-36 所示。

图 3-34   图 3-35

(4)用鼠标右键单击第 15 帧,选择"插入帧"命令(按【F5】快捷键),完成相册第 1 页的制作,效果如图 3-37 所示。

图 3-36   图 3-37

(5)新建"图层 2",制作相册的第 2 页,用鼠标右键单击"图层 2"的第 26 帧,选择"插入关键帧"命令,从"库"面板中把元件 2 拖曳到舞台上,使用"对齐"面板使实例相对于舞台水平居中对齐,效果如图 3-38 所示。

图 3-38

(6)用鼠标右键单击"图层 2"的第 41 帧,选择"插入关键帧"命令,单击第 41 帧,在"属性"面板中,设置"颜色"为 Alpha、10%,在"变形"面板中,设置"水平"和"垂直"均为 10%,如图 3-39 所示。

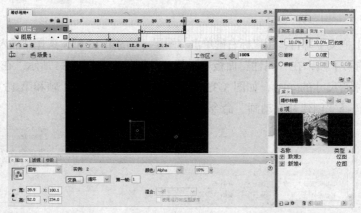

图 3-39

(7)用鼠标右键单击"图层 2"的第 26 帧与第 41 帧之间的任一帧,选择"创建补间动画"命令,在"属性"面板中设置"缓动"为-20,"旋转"为"顺时针"3 次,完成相册第 2 张照片的制作,效果如图 3-40 所示。

(8)新建"图层 3",制作相册第 3 张相片效果。用鼠标右键单击"图层 3"的第 42 帧,选择"插入关键帧"命令。将"库"面板中的元件 3 拖曳至舞台,将其移动到舞台左侧,使用"对齐"面板设置相对于舞台顶端对齐,效果如图 3-41 所示。

(9)用鼠标右键单击"图层 3"的第 57 帧,

图 3-40

选择"插入关键帧"命令,将元件移动到舞台右侧,设置"对齐"面板相对于舞台底端对齐。用鼠标右键单击第 42 帧和第 57 帧之间的任一帧,选择"创建补间动画"命令,完成相册第 3 张照片的制作，效果如图 3-42 所示。

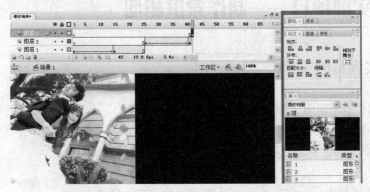

图 3-41

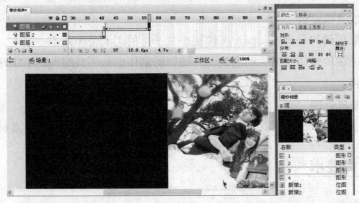

图 3-42

（10）创建"图层 4"，制作相册的最后一张相片。用鼠标右键单击"图层 4"的第 58 帧，选择"插入关键帧"命令，将"库"面板中的元件 4 拖曳至舞台中央，使用"对齐"面板让实例相对于舞台水平垂直居中对齐。用鼠标右键单击"图层 4"的第 73 帧，选择"插入关键帧"命令，使用"变形"面板，设置"水平"和"垂直"均为 40%，将第 58 帧和第 73 帧上的元件实例打散为矢量图形，创建形状补间动画，效果如图 3-43 所示。

（11）添加形状提示，完成最后一张相片的制作，效果如图 3-44 所示。导出影片，完成婚纱相册的制作。

图 3-43

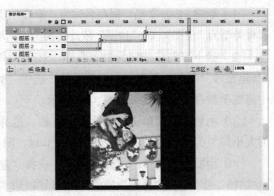

图 3-44

3.4 实训项目——制作家庭相册

3.4.1 实训目的

本实例的制作效果如图 3-45 所示。

1．制作动画的目的与主题

制作本项目的目的在于强化元件的使用、"库"面板的使用以及"动作"面板的引入。

项目的主题是制作一个家庭相册，体现和谐的家庭，增进亲人的感情。

图 3-45

2．动画整体风格设计

本项目的选取用到的是日本动画片《樱桃小丸子》的主人公小丸子一家人。因为是以漫画人物为原型，所以动画的整体风格生动活泼，连按钮的制作也是一只淘气的小猫咪，同时给按钮配上相应的猫咪叫声。

3．素材搜集与处理

素材的搜集主要包括图片素材，以《樱桃小丸子》为主题的图片。声音素材为猫咪的叫声。

3.4.2 实训要求

1．故事情节设计

小丸子的家庭合影，以及与主要家庭成员的合影。

2．造型设计

以动画剧情原型为基础设计。

3．场景设计

以动画剧情原型为基础设计。

3.4.3 实训步骤

（1）新建 Flash 文档，保存名称为"家庭相册.fla"。将素材图片依此导入到"库"面板。导入的素材类型为"位图"，将"位图"依此转换为"图形"元件，转换完成后的"库"面板如图 3-46 所示。

（2）接下来制作按钮元件，在这个按钮元件中我们会介绍给按钮添加声音。执行"插入">"新建元件"命令，新建一个按钮元件，选中"弹起"帧，将图形元件"按钮图片"从"库"面板中拖曳至舞台中心，效果如图 3-47 所示。

（3）用鼠标右键单击"指针经过"帧，选择"插入关键帧"命令，在"变形"面板中将实例的大小调整为原始大小的 150%，如图 3-48、图 3-49 所示。

（4）用鼠标右键单击"弹起"帧，选择"复制帧"命令，用鼠标右键单击"按下"帧，选择"粘贴帧"命令，把"弹起"帧中的内容复制到"按下"帧，用鼠标右键单击"点击"帧，选择"插入帧"命令，完成按钮的制作。

图 3-46   图 3-47

图 3-48   图 3-49

（5）新建"图层2"，用鼠标右键单击"弹起"帧，选择"插入关键帧"命令，从工具箱中选择文字工具，输入文字"PLAY"，如图3-50、图3-51所示。

图 3-50   图 3-51

（6）执行"文件"＞"导入"＞"导入到库"命令，选择素材中的"喵喵.wav"，将声音文件导入到"库"面板，如图3-52所示。

（7）新建"图层3"，选择"指针经过"帧，用鼠标右键单击，选择"插入关键帧"命令，将元件"喵喵.wav"从"库"面板中拖曳至舞台，如图3-53所示。注意：按钮的声音要想显示，"属性"面板中的"同步"属性一定要设置为"事件"，如图3-54所示。至此，按钮的制作完成了。

（8）回到场景1中，制作几张相片间的切换，利用所学的帧动画知识制作各种美观的效果。在这里不进行规定，大家可以展开思维自己制作。本例制作中使用的是简单的动画补间变化的颜色透明度，制作完成的效果如图3-55所示。

图 3-52

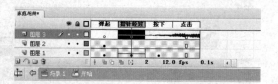

图 3-53

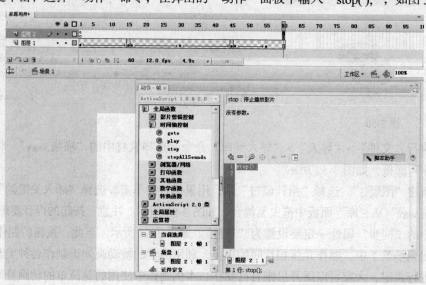

图 3-54   图 3-55

（9）接下来给相册添加动作，实现单击按钮开始播放的效果。新建"图层 2"，查看"帧"面板，我们看到"图层 2"的帧数被自动添加到与"图层 1"相同的数目第 60 帧。选择图层 2 的第 60 帧，用鼠标右键单击，选择"动作"命令，在弹出的"动作"面板中输入"stop( );"，如图 3-56 所示。

图 3-56

（10）测试影片，可以发现影片没有自动播放，而是静止的，接下来添加开始按钮。新建"图层3"，选中第1帧，将"开始按钮"元件从"库"面板拖曳到舞台，摆放在合适的位置上。用鼠标右键单击"图层3"的第2帧，选择"插入空白关键帧"命令，将第3~60帧删除，效果如图3-57所示。

（11）选中舞台上的小猫"按钮"实例，用鼠标右键单击，选择"动作"命令，在弹出的"动作"面板中输入以下代码：

```
on (release) {
    play();
}
```

输入的代码如图3-58所示。

图 3-57

图 3-58

（12）发布并导出影片，就可以查看我们制作的家庭相册了。

3.4.4 评价考核

表 3–1 　　　　　　　　　　　　　任务评价考核表

能力类型	考核内容		评价		
	学习目标	评价项目	3	2	1
职业能力	掌握图形元件、按钮元件和影片剪辑元件的制作。会使用"库"面板，会运用Flash制作电子相册	能够制作图形元件			
		能够制作按钮元件			
		能够制作影片剪辑元件			
		能够使用"库"面板			
		能够使用Flash制作电子相册			
通用能力	造型能力				
	审美能力				
	组织能力				
	解决问题能力				
	自主学习能力				
	创新能力				
综合评价					

3.5 学生课外拓展——制作动漫相册

3.5.1 参考制作效果

本课外拓展训练的完成效果如图 3-59 所示。

图 3-59　动漫相册

3.5.2 知识要点

1. 按钮元件的使用。
2. 补间动画的使用。
3. 简单动作与行为的添加。

3.5.3 参考制作过程

（1）将素材依次导入"库"面板，在"库"面板中新建"素材图"文件夹，把导入的图片素材拖曳到"素材图"文件夹下，如图 3-60 所示。

（2）对应位图素材依次建立按钮元件，如图 3-61 所示。具体举一个例子，如 3-62 所示。

图 3-60　　　　　　　　　　　　图 3-61　　　　　　　　　　　　图 3-62

（3）新建图层 1，改名为"背景"，导入图片素材 1.jpg，效果如图 3-63 所示。

（4）新建图层 2，重命名为"灰照片"，选择第 1 帧，在舞台上摆好图片（htl、lyy、myy、nyy、xhh），位置如图 3-64 所示。分别在第 2 帧、16 帧、28 帧、45 帧、62 帧插入关键帧，在第 2 帧、16 帧、28 帧、45 帧、62 帧处依次删除图片 htl、lyy、myy、nyy、xhh，同时调整图片的大小，效果如图 3-65 所示。

图 3-63

图 3-64

（5）选择"灰照片"图层的第 1 帧后，依次选中每一个按钮元件，添加如图 3-66 所示的动作。

图 3-65

图 3-66

（6）新建"文字"层，输入文字"喜羊羊与灰太狼"，效果如图 3-67 所示。

（7）新建图层 4，重名为"灰太狼"，在这一层实现灰太狼图片的预览。在第 1 帧处插入空白关键帧，选择第 2 帧，插入关键帧，此时使用绘图纸工具实现有色的灰太狼图片，与原来无色图片的位置对应。在第 15 帧处插入关键帧，在第 8 帧处插入关键帧后，调整图片的大小和位置，使其位于舞台中央。在第 9 帧处插入关键帧，在第 2～8 帧和 9～15 帧之间建立补间动画，如图 3-68 所示。

（8）在该层的第 8 帧上建立动作，如图 3-69 所示。同时，在按钮元件上建立动作，如图 3-70 所示。

（9）用同样的方法依次建立"懒羊羊""美羊羊""暖羊羊"和"小灰灰"图层，建立完成后的图层效果如图 3-71 所示。

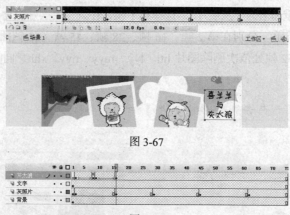

图 3-67

图 3-68

图 3-69

图 3-70

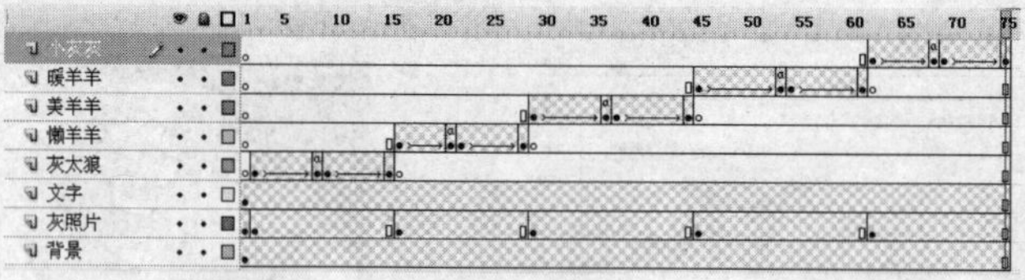

图 3-71

（10）最后建立"动作 1"图层和"动作 2"图层，用来实现单击自动播放，如图 3-72 和 3-73 所示。

图 3-72

图 3-73

（11）保存并发布动画，完成相册的制作。

第4章

广告制作

本章简介：

　　广告是进行宣传的有效手段。从广告牌、宣传单到电视广告，很多产品因为广告而家喻户晓。随着 Internet 的发展，网络的宣传效果得到了更多人的认可，网络广告迅猛发展，Flash 广告正是通过网络快速发展起来的。

　　本章将详细介绍 Flash CS3 中时间轴特效、滤镜及混合模式的实际应用，并通过 3 个应用范例，讲解 Flash CS3 在广告制作中的应用。通过本章内容的学习，读者应掌握时间轴特效、滤镜的使用方法和技能，掌握用 Flash 进行广告制作的方法和技巧。

学习目标：

- 时间轴特效
- 滤镜
- 混合模式
- 宣传广告、公益广告、产品广告的制作

4.1 时间轴特效、滤镜和混合模式

4.1.1 时间轴特效

时间轴特效可以应用于文本、图形（包括形状、组以及图形元件）、位图图像、按钮元件以及影片剪辑元件。将时间轴特效应用于影片剪辑时，特效将嵌套在该影片剪辑中。

Flash 中预设的时间轴特效有三大类共 8 个，分别为变形/转换（变形、转换）、帮助（分散式直接复制、复制到网格）、效果（分离、展开、投影和模糊）。通过设置不同的参数，可以获得不同的效果。通过单击"更新预览"按钮，可以快速预览修改参数后的效果。

1. 变形

变形特效的作用是通过调整选定对象的位置、缩放比例、旋转、Alpha 和颜色，从而产生淡入/淡出、放大/缩小以及左旋/右旋等特效。变形特效可应用单一特效或特效组合。

选定要添加变形效果的对象，执行"插入" > "时间轴特效" > "变形/转换" > "变形"命令，打开"变形"对话框，如图 4-1 所示。

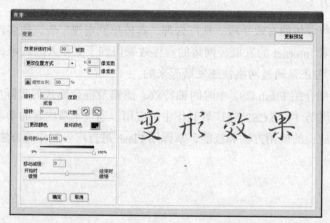

图 4-1

> **提示** 用鼠标右键单击对象，在弹出的快捷菜单中选择"时间轴特效"命令的级联菜单项，也可添加时间轴特效。

主要参数说明如下。

- 效果持续时间：用于设置变形特效持续的帧数，默认为 30 帧。
- 移动位置：设置的 X 和 Y 是目标位置的坐标值，变形对象会从原位置移动到目标位置。
- 更改位置方式：X 为正值向右移动，X 为负值向左移动；Y 为正值向下移动，Y 为负值向上移动。
- 缩放比例：锁定时，文本框中的数值是对 X 轴和 Y 轴同时起作用的，实现的是成比例缩放。解锁时，有 X 和 Y 两个文本框，可以对 X 轴和 Y 轴设置不同的缩放比例。
- 旋转：用于设置对象的旋转角度、旋转次数和旋转方向。旋转角度和旋转次数只要输入

一个即可，旋转一次相当于旋转 360°。

- 更改颜色：选择此复选框将改变对象的颜色。
- 最终颜色：单击此按钮，可以指定对象变形到最后的颜色。
- 最终的 Alpha：设置对象最后的 Alpha 透明度百分数。
- 移动减慢：可在文本框中直接输入，也可通过拖曳滑块进行调整，可以设置开始时慢速然后逐渐变快；或开始时快速然后逐渐变慢。数值的有效范围为 -100～100。

实例练习——制作变形效果

（1）新建一个大小为 400 像素 × 400 像素的 Flash 文件。

（2）选择文本工具，设置文本的字体、字号，在舞台中输入"变形效果"4 个文字，如图 4-2 所示。

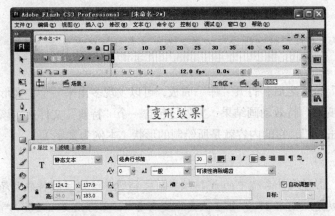

图 4-2

（3）执行"插入" > "时间轴特效" > "变形/转换" > "变形"命令，打开"变形"对话框，各参数设置如图 4-3 所示。

图 4-3

（4）单击"确定"按钮，返回主场景，此时文件界面如图 4-4 所示。

　仔细观察，可以发现有一个"变形 1"图层，此层共有 25 帧（和用户设置的效果持续时间相同）。该层有一个图形元件"变形 1"的实例。从"属性"面板上可以看出，该实例使用了变形特效，单击"编辑"按钮，可重新打开"变形"对话框。

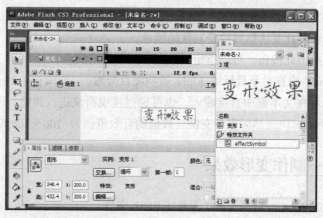

图 4-4

重新打开"变形"对话框后，不论是否更改参数，只要单击"确定"按钮，变形后的数字就会增加。

添加完"变形"特效之后，打开"库"面板，可以发现多出来一个"变形 n"图形元件，这个图形元件就是"变形"特效动画结果，另外还包含一个"特效"文件夹，该文件夹中包含一个图形元件"effectSymbol"，它的内容就是所绘制的形状（本例为文字）。

"变形 n"图形元件名称中的 n 将按当前文档所曾经建立的特效顺序命名。例如，第 1次建立特效，命名就是"变形 1"，第 2 次是"变形 2"，第 3 次是"变形 3"，……依此类推。

（5）测试动画效果，将该 Flash 文件保存为"变形效果.fla"。

2．转换

转换特效的作用是对选定对象进行擦除和淡入/淡出处理，或两者组合处理，产生逐渐过渡的特效。

选定要添加转换效果的对象，执行"插入" > "时间轴特效" > "变形/转换" > "转换"命令，打开"转换"对话框，如图 4-5 所示。

图 4-5

主要参数说明如下。

● 效果持续时间：用于设置转换特效持续的帧数，默认为 30 帧。

- 方向：用于设置转换的方向。
  - 入：从无到有，转换结果是对象显示在屏幕上。
  - 出：从有到无，转换结果是对象从屏幕上消失。
  - 淡化：选择时，具有颜色逐渐变化的效果；不选择时，颜色不会变化。
  - 涂抹：选择时，具有擦除效果。
  - ：设置转换效果的方向，可单击 4 个小三角形中的任意一个进行设置。
- 移动减慢：可以在文本框中直接输入数值，也可以通过拖曳滑块进行调整，可以设置开始时慢速然后逐渐变快；或开始时快速然后逐渐变慢。

实例练习——制作转换（图片切换）效果

（1）新建一个大小为 800 像素 × 400 像素的 Flash 文件。

（2）执行"文件" > "导入" > "导入到库"命令，打开"导入到库"对话框，如图 4-6 所示。选择"转换素材 1"和"转换素材 2"，单击"打开"按钮。

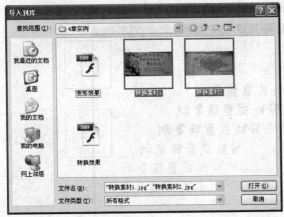

图 4-6

图 4-7

（3）将"转换素材 1"从"库"面板中拖曳至舞台，在"属性"面板中设置位图的 X 和 Y 坐标均为 0，如图 4-7 所示。

（4）在"图层 1"的第 30 帧处插入帧，锁定该层。

（5）单击"插入图层"按钮，出现"图层 2"。将"转换素材 2"从"库"面板中拖曳至舞台，设置它的 X 和 Y 坐标也均为 0。

（6）在"图层 2"的第 31 帧处插入关键帧，在第 60 帧处插入帧。

（7）选择"图层 2"第 1 帧中的"转换素材 2"，执行"插入" > "时间轴特效" > "变形/转换" > "转换"命令，打开"转换"对话框，各参数设置如图 4-8 所示。单击"确定"按钮，返回主场景。

（8）单击"插入图层"按钮，出现"图层 3"。在"图层 3"的第 31 帧处插入关键帧，将"转换素材 1"从"库"面板中拖曳至舞台，设置它的 X 和 Y 坐标均为 0。

（9）选择"图层 3"第 31 帧中的"转换素材 1"，执行"插入" > "时间轴特效" > "变形/转换" > "转换"命令，打开"转换"对话框，各参数设置如图 4-9 所示。单击"确定"按钮，返回主场景。

（10）测试动画效果，将该 Flash 文件保存为"转换效果.fla"。

图 4-8   图 4-9

提示 设置不同的转换方向会有不同的效果，大家可以在本实例的基础上继续制作出多张图片的切换效果。

3. 分散式直接复制

分散式直接复制特效的作用是复制选定对象。第一个对象是原始对象的副本，对象将按一定增量发生改变，直至最终对象反映设置中输入的参数为止。

选定要添加分散式直接复制效果的对象，执行"插入">"时间轴特效">"帮助">"分散式直接复制"命令，打开"分散式直接复制"对话框，如图 4-10 所示。

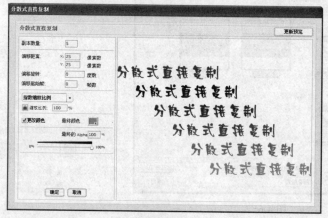

图 4-10

主要参数说明如下。

- 副本数量：用于设置要复制的副本数，默认为 5。
- 偏移距离：X 用于设置 X 轴方向的偏移量；Y 用于设置 Y 轴方向的偏移量，以像素为单位。
- 偏移旋转：设置偏移旋转的角度，以度为单位。
- 偏移起始帧：设置偏移开始的帧数量。

提示 只有通过"偏移起始帧"文本框的设置才可实现动态效果。

- 缩放：设置缩放的方式和百分比。
  - 指数缩放比例：按 X、Y 缩放比例进行指数级缩放，以增量百分比为单位。
  - 线性缩放比例：按 X、Y 缩放比例进行线性缩放，以增量百分比为单位。
- 更改颜色：选择此复选框将改变副本的颜色。
- 最终颜色：RGB 十六进制值，最终副本具有此颜色值，中间副本向该值逐渐过渡。通过单击按钮进行颜色的选择。

● 最终的 Alpha：设置最终副本的 Alpha 透明度百分数。可以在其右边的文本框中直接输入百分数，也可以左右拖曳其下面的滑块进行调整。

实例练习——制作刻度尺

（1）新建一个大小为 900 像素 × 300 像素的 Flash 文件。

（2）使用直线工具在舞台中绘制一条垂直的线段。选择该线段。执行"插入" > "时间轴特效" > "帮助" > "分散式直接复制"命令，各参数设置如图 4-11 所示。单击"确定"按钮，返回主场景。

（3）选择场景中的"分散式直接复制 1"元件，按【Ctrl+B】快捷键进行分离，结果如图 4-12 所示。

（4）只选择最左边的那条线，按【Ctrl+B】快捷键再次分离，设置属性值如图 4-13 所示。

图 4-11

图 4-12

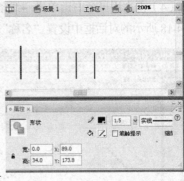
图 4-13

（5）选择所有对象，再次使用"分散式直接复制"命令，各参数设置如图 4-14 所示。单击"确定"按钮，返回主场景。

提示 只设置 X 轴方向的偏移距离，产生在一行的效果，第二次设置的 X 轴偏移距离是第一次设置的倍数。

（6）单击"插入图层"按钮，出现"图层 2"。使用文本工具输入刻度文字，调整后的效果如图 4-15 所示。

图 4-14

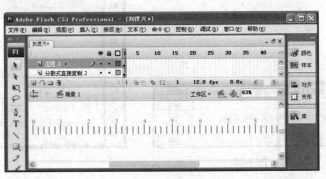
图 4-15

可使用"对齐"面板调整刻度文字的对齐效果。大家也可制作直尺、各种仪器的刻度尺等。

（7）测试效果，将该 Flash 文件保存为"刻度尺.fla"。

实例练习——制作旋转的七彩线条

（1）新建一个大小为 600 像素×600 像素的 Flash 文件。

（2）选择钢笔工具，在"属性"面板中设置钢笔工具的属性，然后在舞台中绘制一条弯曲的七彩线条，效果如图 4-16 所示。

（3）用鼠标右键单击七彩线条，在弹出的快捷菜单中选择"转换为元件"命令，在如图 4-17 所示的对话框中设置"名称"为"线条"、"类型"为"图形"，单击"确定"按钮。

（4）再次用鼠标右键单击"线条"元件，在弹出的快捷菜单中选择"转换为元件"命令，在如图 4-18 所示的对话框中设置"名称"为"线条旋转"、"类型"为"影片剪辑"，单击"确定"按钮。

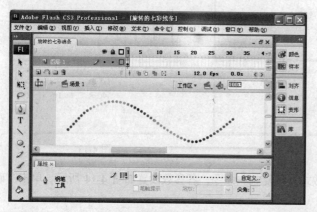

图 4-16

图 4-17

（5）双击舞台中的"线条旋转"实例，打开"线条旋转"影片剪辑的编辑窗口。在第 60 帧处插入关键帧，并在两个关键帧之间创建补间动画，属性设置如图 4-19 所示。

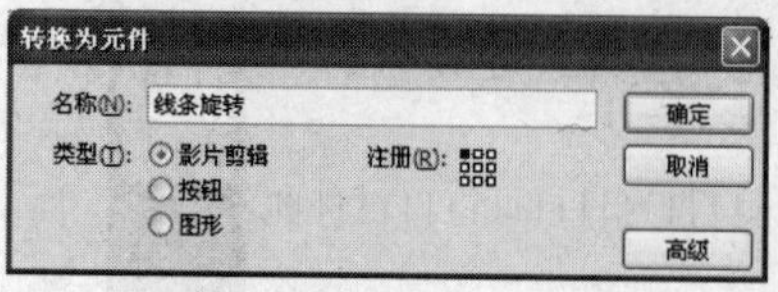

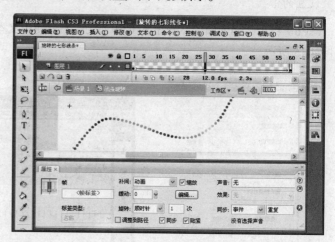

图 4-18

图 4-19

（6）返回"场景 1"，为"线条旋转"影片剪辑实例执行"分散式直接复制"命令，各参数设置如图 4-20 所示。单击"确定"按钮，返回主场景。

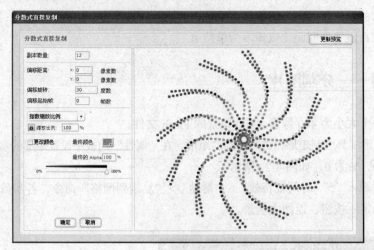

图 4-20

（7）测试效果，将该 Flash 文件保存为"旋转的七彩线条.fla"。

提示　　如果偏移距离设置为（0，0），则中心不动旋转。如果偏移距离不为 0，同时设置了偏移旋转的度数和偏移的起始帧数，则效果更丰富。

4．复制到网格

复制到网格特效的作用是按列数直接复制选定对象，然后乘以行数，以便创建元素的网格。

选定要添加复制到网格效果的对象，执行"插入">"时间轴特效">"帮助">"复制到网格"命令，打开"复制到网格"对话框，如图 4-21 所示。

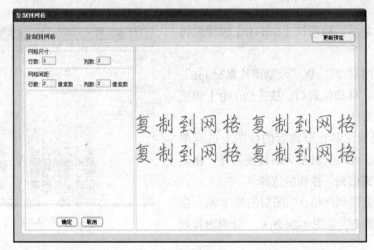

图 4-21

主要参数说明如下。

● 网格尺寸：设置网格的行数和列数。
　　■ 行数：设置网格的行数。
　　■ 列数：设置网格的列数。

- 网格间距：设置行或列的间距。
  - 行数：设置行间距（以像素为单位）。
  - 列数：设置列间距（以像素为单位）。

实例练习——分割图片

（1）新建一个大小为 400 像素 × 400 像素的 Flash 文件。

（2）使用矩形工具绘制矩形，选择绘制的矩形，在"属性"面板中设置矩形的参数：宽为 60，高为 60，X 为 0，Y 为 0，如图 4-22 所示。

（3）执行"插入"＞"时间轴特效"＞"帮助"＞"复制到网格"命令，各参数设置如图 4-23 所示。单击"确定"按钮，返回主场景。

图 4-22

图 4-23

（4）全选对象后，按两次【Ctrl+B】快捷键将对象分离为形状。

（5）新建"图层 2"，将"分割图片素材.jpg"文件导入舞台中，移动位置后，按【Ctrl+B】快捷键将位图分离为形状。

（6）使用滴管工具在分离后的位图上进行单击，吸取填充色，此时工具变为颜料桶工具，在工具箱中取消"锁定填充"按钮的选择。

（7）单击"复制到网格 1"图层的第 1 帧，在舞台中矩形块上单击，如图 4-24 所示，分割图片效果完成。

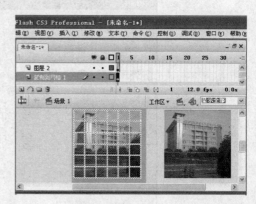

图 4-24

提示 应选择所有的小矩形对象后进行填充。如果不选择，则需逐个填充，还要选择"锁定填充"按钮，甚至需改变图片的位置，重新取样后进行填充，效果不是很好。图片素材的大小和整个矩形区域的大小应一致。

5．分离

分离特效的作用是将对象打散、旋转和向外抛撒，产生类似于爆炸的效果。

选定要添加分离效果的对象，执行"插入">"时间轴特效">"效果">"分离"命令，打开
"分离"对话框，如图 4-25 所示。

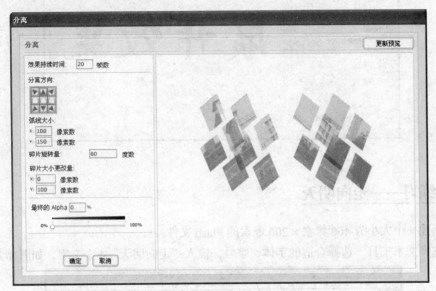

图 4-25

主要参数说明如下。

- 效果持续时间：用于设置分离特效持续的帧数，默认为 20 帧。
- 分离方向：设置分离效果的方向，可单击 6 个小三角形中的任意一个进行设置。
- 弧线大小：设置 X、Y 方向的偏移量。
- 碎片旋转量：设置碎片的旋转角度。
- 碎片大小更改量：设置碎片大小。
- 最终的 Alpha：设置分离效果最后的 Alpha 透明度百分数。可以在其右边的文本框中直接
输入百分数，也可以左右拖曳其下面的滑块进行调整。

6．展开

展开特效的作用是在一段时间内对指定的对象进行放大或缩小。

选定要添加展开效果的对象，执行"插入">"时间轴特效">"效果">"展开"命令，打
开"展开"对话框，如图 4-26 所示。

主要参数说明如下。

- 效果持续时间：用于设置展开特效持续的帧数，默认为 20 帧。
- 展开、压缩、两者皆是：设置特效的运动形式。
- 移动方向：单击此图标中的方向按钮，可设置展开特效的运动方向。
- 组中心转换方式：设置运动在 X 和 Y 方向的偏移量（以像素为单位）。
- 碎片偏移：设置碎片的偏移量。
- 碎片大小更改量：通过改变高度和宽度值来改变碎片的大小。

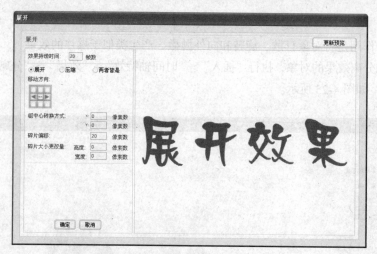

图 4-26

实例练习——走向明天

（1）新建一个大小为 400 像素×200 像素的 Flash 文件。

（2）选择文本工具，选择合适的字体、字号，输入"走向明天"4 个文字，如图 4-27 所示。

图 4-27

（3）执行"插入">"时间轴特效">"效果">"展开"命令，各参数设置如图 4-28 所示。单击"确定"按钮，返回主场景。

（4）测试效果，将该 Flash 文件保存为"走向明天.fla"。

7. 投影

投影特效的作用是为选定的对象添加阴影效果。

选定要添加投影效果的对象，执行"插入">"时间轴特效">"效果">"投影"命令，打开"投影"对话框，如图 4-29 所示。

主要参数说明如下。

- 颜色：用于设置阴影的颜色。

- Alpha 透明度：设置阴影的 Alpha 透明度百分数。可以在其右边的文本框中直接输入数值，也可以通过拖曳其下面的滑块进行调整。

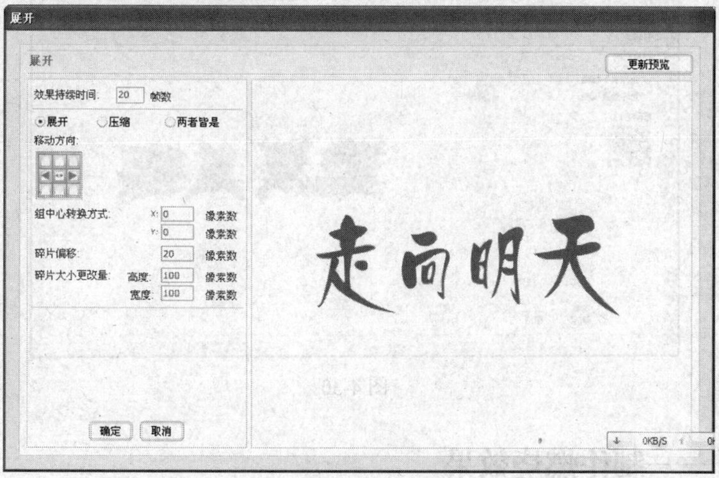

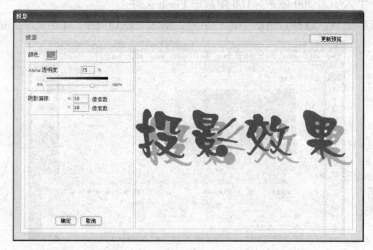

图 4-28

图 4-29

- 阴影偏移：设置阴影在 X 和 Y 轴方向的偏移量。

8．模糊

模糊特效的作用是通过更改对象的 Alpha 值、位置或缩放比例来产生运动模糊效果。

选定要添加模糊效果的对象，执行"插入">"时间轴特效">"效果">"模糊"命令，打开"模糊"对话框，如图 4-30 所示。

主要参数说明如下。

- 效果持续时间：用于设置模糊特效持续的帧数，默认为 16 帧。
- 分辨率：用于设置各帧的步进数。
- 缩放比例：设置对象的起始缩放比例。
- 允许水平模糊：选择此复选框，对象会在水平方向产生模糊效果。
- 允许垂直模糊：选择此复选框，对象会在垂直方向产生模糊效果。
- 移动方向：可以设置运动模糊的方向。

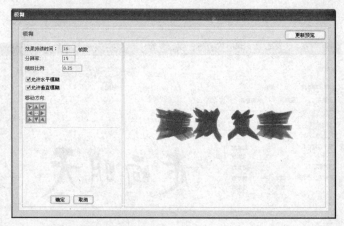

图 4-30

实例练习——制作燃烧效果

（1）新建一个大小为 300 像素 × 160 像素的 Flash 文件。

（2）选择文本工具，选择合适的字体、字号，输入"燃烧效果"4 个文字，如图 4-31 所示。

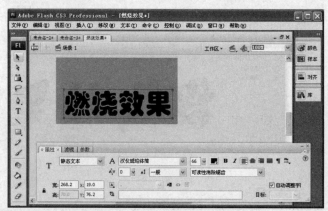

图 4-31

（3）按两次【Ctrl+B】快捷键，将文字分离为形状。

（4）设置填充颜色为红到黄的线性渐变，填充效果如图 4-32 所示。

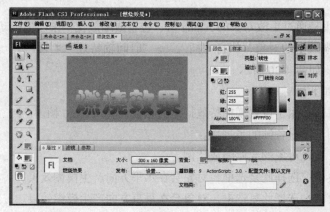

图 4-32

（5）执行"插入">"时间轴特效">"效果">"模糊"命令，各参数设置如图 4-33 所示。
单击"确定"按钮，返回主场景。

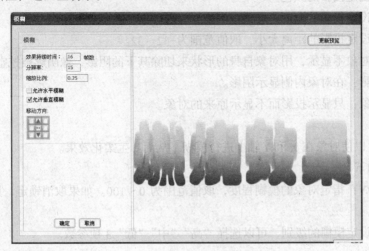

图 4-33

（6）测试效果，将该 Flash 文件保存为"燃烧效果.fla"。

4.1.2　滤镜

使用 Flash CS3 中的滤镜，可以为文本、按钮和影片剪辑增添有趣的视觉效果。Flash 所独有
的一个功能是可以使用补间动画让应用的滤镜动起来。

使用"滤镜"面板可进行滤镜的添加、参数的设置及滤镜的删除等操作。

首先保证选中的对象是文本、按钮或影片剪辑，然后在"滤镜"面板中单击"+"号按钮，
在弹出的滤镜菜单中选择要使用的滤镜。共有 7 种：投影、模糊、发光、斜角、渐变发光、渐变
斜角和调整颜色，如图 4-34 所示。对一个对象可以添加多种滤镜效果。下面分别介绍各个滤镜。

1. 投影

投影滤镜包括的参数有模糊、强度、品质、颜色、角度、距离、挖空、内侧阴影和隐藏对象
等，如图 4-35 所示。

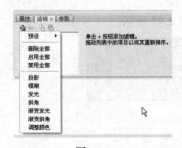

图 4-34

图 4-35

参数说明如下。

● 模糊 X/Y：指定投影的模糊程度，取值范围为 0～100。如果取消锁定，则可设置不同的
模糊数值。

● 强度：设定投影的清晰程度，取值范围为 0%～1000%。数值越大，投影显示得越清晰。

- 品质：设定投影的质量，可以选择"高""中""低" 3 项参数。质量越高，过渡越流畅。
- 颜色：设定投影的颜色。
- 角度：设定投影的角度，取值范围为 0～360。
- 距离：设定投影的距离大小，取值范围为-32～32。
- 挖空：对象不显示，用对象自身的形状来切除其下的阴影，像阴影被挖空一样。
- 内侧阴影：在对象内侧显示阴影。
- 隐藏对象：只显示投影而不显示原来的对象。

2．模糊

模糊滤镜可以使对象在 X 和 Y 轴上进行模糊，从而产生柔化效果。

参数说明如下。

- 模糊 X/Y：指定对象的模糊程度，取值范围为 0～100。如果取消锁定，则可设置不同的模糊数值。
- 品质：设定模糊的级别，可以选择"高""中""低" 3 项参数。

实例练习——制作逐渐清晰的风景画

（1）新建一个大小为 300 像素×152 像素的 Flash 文件。

（2）将"风景画.jpg"图片导入到舞台中，并转换为影片剪辑元件。

（3）添加"模糊"滤镜效果，设置模糊 X/Y 值均为 70。

（4）在第 20 帧处插入关键帧，调整其模糊 X/Y 值均为 0。在第 1～20 帧之间创建补间动画。

（5）在第 27 帧处插入帧，测试影片，其中两个画面如图 4-36 所示。

图 4-36

（6）将该 Flash 文件保存为"模糊滤镜——逐渐清晰的风景画.fla"。

3．发光

发光滤镜的作用是在对象的周围产生光芒，其参数如图 4-37 所示。

图 4-37

参数说明如下。

- 模糊 X/Y：指定发光的模糊程度。
- 强度：设定发光的清晰程度。
- 品质：设定发光的级别。
- 颜色：设定发光的颜色。
- 挖空：在挖空对象上只显示发光。

● 内侧发光：在对象内侧应用发光。

4．斜角

斜角滤镜的作用是产生立体的浮雕效果，其参数如图 4-38 所示。

图 4-38

参数说明如下。

● 模糊 X/Y：指定斜角的模糊程度。

● 强度：设定斜角的强烈程度。

● 品质：设定斜角倾斜的级别。

● 阴影：设置斜角的阴影颜色。可以在调色板中选择颜色。

● 挖空：将斜角效果作为背景，然后挖空对象部分的显示。

● 类型：设置斜角的应用位置，可以是"内侧"、"外侧"和"整个"。如果选择"整个"，则在内侧和外侧同时应用斜角效果。

5．渐变发光

渐变发光滤镜的效果和发光滤镜的效果基本一样，只是用户可以调节发光的颜色为渐变颜色，还可以设置角度、距离和类型，如图 4-39 所示。

图 4-39

参数说明如下。

● 模糊 X/Y：指定渐变发光的模糊程度。

● 强度：设定渐变发光的强烈程度。

● 品质：设定渐变发光的级别。

● 挖空：将渐变发光效果作为背景，然后挖空对象部分的显示。

● 角度：设定渐变发光的角度。

● 距离：设定渐变发光的距离大小。

● 渐变色：默认情况下为白色到黑色的渐变。将鼠标指针移动到色条上，单击即可添加新的颜色控制点。如果要删除颜色控制点，只需将它向下面拖曳即可。单击控制点上的颜色块，会弹出调色板，可设置颜色。

● 类型：设置渐变发光的应用位置，可以是"内侧"、"外侧"和"整个"。

实例练习——制作萤光字

（1）新建一个大小为 300 像素 × 152 像素的 Flash 文件。

（2）输入文本"发光字"，如图 4-40 所示。

图 4-40

（3）添加"渐变发光"滤镜效果，设置参数如图 4-41 所示。

图 4-41

（4）在第 26 帧处插入关键帧，调整"渐变发光"参数，如图 4-42 所示。

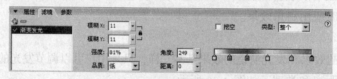

图 4-42

（5）在第 1~26 帧之间创建补间动画。

（6）测试效果，将该 Flash 文件保存为"渐变发光滤镜—萤光字.fla"。

6．渐变斜角

渐变斜角滤镜的效果和斜角滤镜的效果基本一样，只是用户可以调节斜角的颜色为渐变颜色，还可以设置角度、距离和类型，如图 4-43 所示。

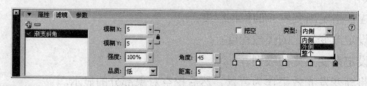

图 4-43

参数说明如下。

- 模糊 X/Y：指定渐变斜角的模糊程度。
- 强度：设定渐变斜角的强烈程度。
- 品质：设定渐变斜角倾斜的级别。
- 阴影：设置渐变斜角的阴影颜色。可以在调色板中选择颜色。
- 挖空：将渐变斜角效果作为背景，然后挖空对象部分的显示。
- 渐变色：设置渐变的颜色。
- 类型：设置渐变斜角的应用位置，可以是"内侧"、"外侧"和"整个"。

7．调整颜色

调整颜色滤镜可调整对象的亮度、对比度、饱和度和色相，如图 4-44 所示。

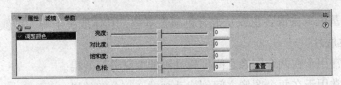

图 4-44

参数说明如下。

- 亮度：调整对象的亮度，取值范围为-100～100。
- 对比度：调整对象的对比度，取值范围为-100～100。
- 饱和度：设定色彩的饱和程度，取值范围为-100～100。
- 色相：调整对象的颜色，取值范围为-180～180。需说明的是，只用两个关键帧，利用调整颜色滤镜即可产生多个颜色的变化效果。
- "重置"按钮：将各个值还原为初始值 0。

实例练习——制作变色画

（1）新建一个大小为 300 像素×152 像素的 Flash 文件。

（2）将"风景画.jpg"图片导入到舞台中，并转换为影片剪辑元件。

（3）添加"调整颜色"滤镜效果，设置"色相"值为-180。

（4）在第 26 帧处插入关键帧，调整"色相"值为 180。在第 1～26 帧之间创建补间动画。

（5）测试效果，将该 Flash 文件保存为"调整颜色滤镜—变色画.fla"。

4.1.3　混合模式

使用混合模式可以创建复合图像。复合是改变两个或两个以上重叠对象的透明度或者颜色相互关系的过程。使用混合，可以混合重叠影片剪辑中的颜色，从而创造独特的效果。

混合模式包含以下元素。

- 混合颜色：应用于混合模式的颜色。
- 不透明度：应用于混合模式的透明度。
- 基准颜色：混合颜色下面的像素颜色。
- 结果颜色：基准颜色上混合效果的结果。

混合模式不仅取决于要应用混合的对象的颜色，还取决于基准颜色。Adobe 建议试验不同的混合模式，以取得所需效果。混合模式主要有以下几种。

- 正常：正常应用颜色，不与基准颜色发生交互。
- 图层：可以层叠各个影片剪辑，而不影响其颜色。
- 变暗：只替换比混合颜色亮的区域。比混合颜色暗的区域将保持不变。
- 色彩增殖：将基准颜色与混合颜色复合，从而产生较暗的颜色。
- 变亮：只替换比混合颜色暗的像素。比混合颜色亮的区域将保持不变。
- 滤色：将混合颜色的反色与基准颜色复合，从而产生漂白效果。
- 叠加：复合或过滤颜色，具体操作需取决于基准颜色。
- 强光：复合或过滤颜色，具体操作需取决于混合模式颜色。该效果类似于用点光源照射对象。

- 差异：从基色减去混合色或从混合色减去基色，具体取决于哪一种颜色的亮度值较大。该效果类似于彩色底片。
- 加色：通常用于在两个图像之间创建动画的变亮分解效果。
- 减色：通常用于在两个图像之间创建动画的变暗分解效果。
- 反色：反转基准颜色。
- Alpha：应用 Alpha 遮罩层。
- 擦除：删除所有基准颜色像素，包括背景图像中的基准颜色像素。

说明 混合的对象是影片剪辑元件或按钮元件。

实例练习——应用混合模式

（1）新建一个大小为 550 像素 × 400 像素的 Flash 文件。

（2）将"植物.jpg"图片导入到舞台中，在第 61 帧插入帧。

（3）新建图层，将"花.jpg"图片导入到舞台中，并转换为影片剪辑元件。分别在第 11 帧、21 帧、31 帧、41 帧、51 帧、61 帧处插入关键帧。设置第 11 帧中的混合模式为"变暗"；第 21 帧中的混合模式为"变亮"；第 31 帧中的混合模式为"减去"；第 41 帧中的混合模式为"萤幕"；第 51 帧中的混合模式为"强光"。

（4）测试效果，将该 Flash 文件保存为"混合模式.fla"。

4.2 任务一——宣传广告

4.2.1 案例效果分析

本案例设计的是平职学院十年校庆的宣传广告，通过学院图片颜色的变化，展示十年的辉煌历程；通过时间的展开，让人知道十年的时间，逐渐出现并升起的校徽图片，寓示学院的发展如初升太阳；从小变大的文字，体现学院的逐渐壮大；从左到右展开的文字，给人期待。完成效果如图 4-45 所示。

图 4-45

4.2.2　设计思路

1. 使用"调整颜色"滤镜实现图片的变色效果。
2. 使用时间轴特效的"转换"类型实现文字从左右到的展开效果。
3. 使用"投影"、"模糊"、"发光"等滤镜实现文字的立体效果，通过补间动画的创建，实现动态效果。

4.2.3　相关知识和技能点

1. 滤镜的使用。
2. 时间轴特效的使用。
3. 使用补间动画使滤镜效果动起来。

4.2.4　任务实施

（1）新建一个大小为 550 像素×400 像素的 Flash 文件，将图片"学院图片.jpg"和"校徽.png"导入到库中。

（2）将"学院图片.jpg"拖曳至舞台，设置其坐标值为（0，0），按【F8】键将其转换为影片剪辑元件"学院图片 1"。

（3）新建一个影片剪辑元件"学院图片变色效果"，将影片剪辑元件"学院图片 1"拖曳至舞台，利用"对齐"面板将其放置在舞台中央。选择第 1 帧中的"学院图片 1"元件，展开"滤镜"面板，单击"+"号，添加"调整颜色"滤镜，参数为默认值。分别在第 6 帧、第 11 帧、第 16 帧处添加关键帧。改变第 6 帧中的"色相"值为–180；改变第 11 帧中的"色相"值为180；其他为默认值。在各关键帧中间创建补间动画，完成后的时间轴效果如图 4-46 所示。

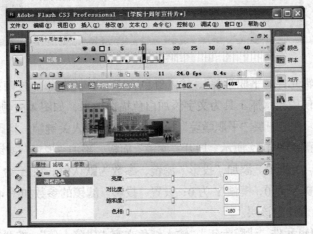

图 4-46

（4）返回场景 1，在图层 1 的第 1 帧，将"学院图片变色效果"元件放置到舞台中央，添加"调整颜色"滤镜，设置其"亮度"、"对比度"、"饱和度"的值均为–100。在第 6 帧处添加关键帧，对"调整颜色"滤镜单击"重置"按钮。在第 1～6 帧间创建补间动画。在第 90 帧处插入帧，锁定图层 1。

（5）新建图层 2，在第 6 帧处添加关键帧，将"校徽.png"图形元件拖曳至舞台，设置其参数为宽 12.8、高 12.8、X 471.6、Y 219。在"颜色"下拉列表中选择"Alpha"、0%，如图 4-47 所示。在第 11 帧处添加关键帧，在"颜色"下拉列表中选择"无"。在第 6～11 帧间创建补间动画，锁定图层 2。

图 4-47

（6）新建图层 3，复制图层 2 的第 11 帧，粘贴至图层 3 的第 21 帧。在图层 3 的第 30 帧处添加关键帧，设置参数为宽 60.6，高 60.6，X 468，Y 10，如图 4-48 所示。在第 21～30 帧间创建补间动画，锁定图层 3。

图 4-48

（7）新建图层 4，在第 1 帧输入文字"2001 年 6 月 14 日——2011 年 6 月 14 日"，在第 31 帧处插入关键帧，如图 4-49 所示。选择第 1 帧中的文本，添加时间轴特效中的"转换"效果，参数设置如图 4-50 所示。单击"确定"按钮，返回场景 1，此时图层名变为"转换 1"，锁定该层。

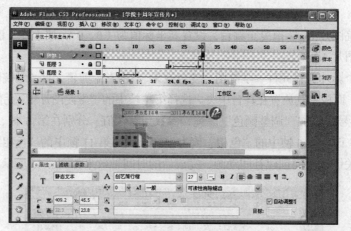

图 4-49

（8）新建影片剪辑元件"平职学院"，输入红色文字"平职学院"，按两次【Ctrl+B】快捷键，将文字分离为形状，使用墨水瓶工具为文字添加白色描边效果，如图 4-51 所示。

（9）返回场景 1，新建图层"平职学院"，在第 29 帧处插入关键帧，将影片剪辑"平职学院"拖曳至舞台，属性设置如图 4-52 所示。展开"滤镜"面板，添加"模糊"滤镜，设置模糊 X 为 0，模糊 Y 为 54，如图 4-53 所示。添加"投影"滤镜，参数为默认值。在第 35 帧处添加关键帧，调整"模糊"滤镜的模糊 X 为 0，模糊 Y 为 0；设置"投影"滤镜的参数如图 4-54 所示。在第 29～35 帧间创建补间动画，锁定该层。

（10）新建影片剪辑元件"建院十年"，输入红色文字"建院十年"，按两次【Ctrl+B】快捷键，将文字分离为形状，使用墨水瓶工具为文字添加白色描边效果，如图 4-55 所示。

（11）新建图层"建院十年"，在第 35 帧处插入关键帧，将影片剪辑"建院十年"拖曳至舞台，参数设置如图 4-56 所示。在第 41 帧处插入关键帧，参数设置如图 4-57 所示。在第 35～41 帧间创建补间动画，锁定该层。

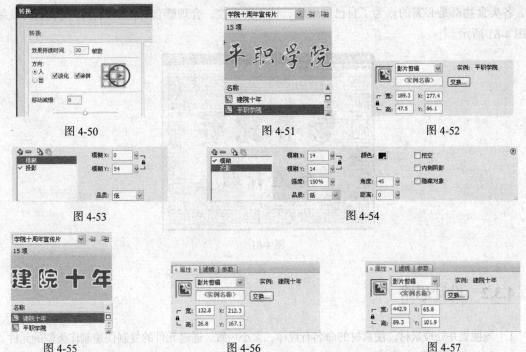

图 4-50   图 4-51   图 4-52

图 4-53   图 4-54

图 4-55   图 4-56   图 4-57

（12）新建影片剪辑元件"盛大庆典　敬请期待"，输入黄色文字"盛大庆典　敬请期待"，效果如图 4-58 所示。

（13）新建图层"盛大庆典"，在第 62 帧处插入关键帧，将影片剪辑"盛大庆典 敬请期待"拖曳至舞台，参数设置如图 4-59 所示。复制该帧。

（14）新建图层，在第 42 帧处粘贴帧。添加"投影"、"发光"滤镜，参数默认。添加时间轴特效中的转换效果，参数设置如图 4-60 所示（效果持续时间为 20，方向为向右三角）。单击"确定"按钮，返回场景 1，此时图层名变为"转换 2"，在第 62 帧插入空白关键帧后锁定该层。

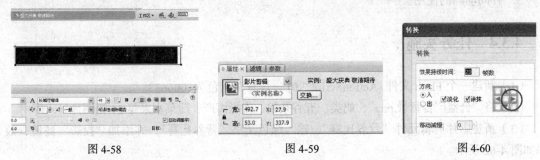

图 4-58   图 4-59   图 4-60

（15）测试影片，发现动画太慢了，重新设置帧频为 24fps，再测试影片，效果可以，将该 Flash 文件保存为"学院十周年宣传片.fla"。

4.3　任务二——公益广告

4.3.1　案例效果分析

本案例设计的是合理膳食的公益广告，通过营养比赛，将各类食物的益处展示出来，告诉大家，各类食物都是必需的。为了自己的健康，请不要偏食，合理膳食，注重营养。完成后的效果如图 4-61 所示。

图 4-61

4.3.2 设计思路

1. 先搜集并处理素材，使素材的命名有规律、大小一致。通过元件的复制快速制作类似的元件。
2. 制作开始场景 1、场景 2。
3. 利用场景的复制及元件的交换制作出其他类似的效果，完成其他场景的制作。

4.3.3 相关知识和技能点

1. "场景"面板，场景的新建、复制等操作。
2. 元件的交换、元件的直接复制等操作。
3. 补间动画的使用。

4.3.4 任务实施

（1）新建一个 Flash 文件 (ActionScript 2.0)，设置背景色为#006633。

（2）将"公益广告背景.png"、奶类、五谷杂粮、肉蛋海产、蔬菜水果等 21 幅图片导入库中。

（3）新建影片剪辑元件"营养比赛"，输入绿色文字"营养比赛"，并添加"投影"滤镜，效果如图 4-62 所示。

（4）使用相同的方法制作影片剪辑元件"现在开始"，输入文字"现在开始…"，并添加"投影"滤镜，效果如图 4-63 所示。

（5）直接复制"营养比赛"元件，将文字改为"比赛结果"。

（6）制作影片剪辑元件"粮食薯类"，设置字体为"汉仪立黑简"、49 号、颜色为#FFFF00（黄色），输入文字"粮食薯类"，并添加"发光"滤镜，颜色为#00FF00（绿色），效果如图 4-64 所示。

（7）直接复制"粮食薯类"元件，将文字改为"肉蛋海产"。

（8）直接复制"粮食薯类"元件，将文字改为"蔬菜水果"，文字颜色改为白色，其他不变。

（9）直接复制"蔬菜水果"元件，将文字改为"乳类食品"。

图 4-62

图 4-63

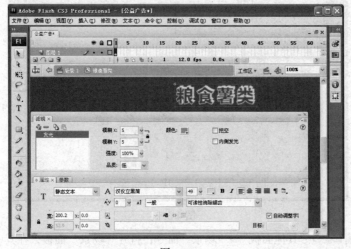

图 4-64

（10）制作影片剪辑元件"元件 1"，图层 1 上是经过调整的多角星形，图层 2 上是文字，效果如图 4-65 所示。

图 4-65

（11）直接复制"元件 1"为"元件 2"、"元件 3"、"元件 4"，并改变元件中的颜色、形状和文字，完成的效果如图 4-66 所示。

图 4-66

（12）返回"场景 1"，将"公益广告背景.png"元件放在舞台的中央，在第 20 帧处插入帧。新建"图层 2"，将"营养比赛"元件放入舞台；新建"图层 3"，将"现在开始"元件放入舞台，完成的效果如图 4-67 所示。

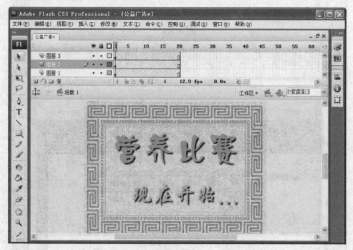

图 4-67

（13）执行"窗口" > "其他面板" > "场景"命令，打开"场景"面板，在其中添加"场景 2"，在"图层 1"中放置"粮食薯类"元件，在第 50 帧处插入帧。新建图层"图 1"，制作"五谷杂粮1.png"元件从下移入的补间动画。类似地，制作其他图片从下移入的动画。新建图层"元件"，制作"元件 1"从中部从小变大到右上部的动画。完成的效果如图 4-68 所示。

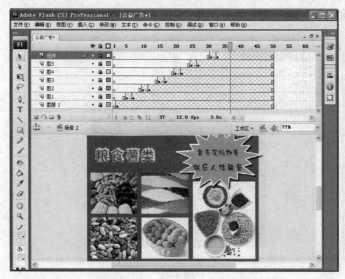

图 4-68

（14）在"场景"面板中，将"场景 2"复制为"场景 3"，在"场景 3"中，选择图层 1 中的"粮食薯类"元件，用鼠标右键单击并选择"交换元件"命令，在弹出的"交换元件"对话框中，选择"蔬菜水果"元件，单击"确定"按钮，如图 4-69 所示。类似地，将其他各个关键帧中的元件进行交换，完成"场景 3"的制作。

（15）仿照上一步，完成"场景 4"、"场景 5"的制作。

（16）复制"场景 1"为"场景 6"，并调整"场景 6"到最下层，将"开始比赛"交换为"比赛结

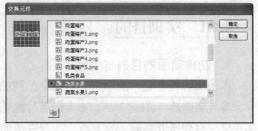

图 4-69

果"，在"图层 3"的第 5 帧处插入关键帧，输入文字"各有长短，共同发展！"，效果如图 4-70 所示。

图 4-70

（17）新建"图层 4"，在第 21 帧处插入关键帧，输入文字"为了自己的健康，请不要偏食！合理膳食，注重营养！"，如图 4-71 所示，在第 80 帧处插入帧。

（18）测试影片，将该 Flash 文件保存为"公益广告.fla"。

图 4-71

4.4 实训项目——产品广告

4.4.1 实训目的

1．制作动画的目的与主题

本次实训任务是产品广告，对某个品牌的某种产品进行宣传，体现产品的主题。

参考实例是"百丽鞋品"，本实例通过背景颜色及鞋子的动态展示，体现出"百变所以美丽"的主题，达到宣传的效果。本实例的画面效果如图 4-72 所示。

2．动画整体风格设计

利用 Flash 动画制作百丽产品广告，重在变化——颜色的变化、产品的变化、产品效果的变化，体现出"百变所以美丽"的主题。

图 4-72

3．素材收集与处理

收集百丽标志、收集百丽的鞋子图片；参照百丽标志自己制作标志，对鞋子图片进行预处理，选出鞋子、添加白边、改变图片的大小和格式，以备使用。

4.4.2 实训要求

1．熟练使用时间轴特效。
2．熟练使用滤镜。

4.4.3 实训步骤

（1）新建一个 Flash 文件（ActionScript 2.0），设置文档尺寸为 336 像素×280 像素。将图片"鞋 1.png"、"鞋 2.png"、"鞋 3.png"、"鞋 4.png"、"鞋 5.png"、"鞋 6.png"、"鞋背景.png"导入到库中（提示：将 PNG 格式的图片导入到库中时，自动出现对应的图形元件）。

（2）新建一个影片剪辑元件"背景变色"，将"鞋背景.png"拖曳至舞台，在"属性"面板中，设置 X 为-168、Y 为-140、"实例行为"为"影片剪辑"，如图 4-73 所示。

（3）在"滤镜"面板中，添加"调整颜色"滤镜，设置"饱和度"为 40，如图 4-74 所示。

图 4-73图 4-74

（4）在第 6 帧、11 帧、16 帧、21 帧、26 帧、31 帧处插入关键帧。在各关键帧中，将"调整颜色"滤镜的"色相"参数分别设置为-180、40、-70、30、-40、120。在第 35 帧处插入帧，完成影片剪辑元件"背景变色"的制作，如图 4-75 所示。

（5）新建一个影片剪辑元件"百丽标志"，输入红色文字"BeLLE"，如图 4-76 所示。

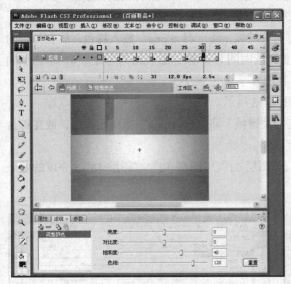

图 4-75

图 4-76

（6）输入红色文字"百丽"，并使用任意变形工具调整宽度，如图 4-77 所示。

（7）返回"场景 1"，将"背景变色"元件放入舞台，使用"对齐"面板相对于舞台水平居中对齐、垂直居中对齐，在第 70 帧处插入帧，锁定"图层 1"。

（8）新建"图层 2"，在第 1 帧将"鞋 1.png"放入舞台，使用"对齐"面板相对于舞台水平居中对齐、垂直居中对齐。添加时间轴特效中的"展开"效果，设置持续时间为 5 帧，方向选择向右三角形。单击"确定"按钮，返回"场景 1"，此时图层名变为"展开 1"，锁定该层。

（9）新建"图层 3"，在第 6 帧处插入空白关键帧，将"鞋 2.png"放入舞台，使用"对齐"面

图 4-77

板相对于舞台水平居中对齐、垂直居中对齐。添加时间轴特效中的"展开"效果，设置持续时间为 5 帧，

方向选择向左三角形。单击"确定"按钮，返回"场景 1"，此时图层名变为"展开 2"，锁定该层。

（10）新建"图层 4"，在第 11 帧处插入空白关键帧，将"鞋 3.png"放入舞台，使用"对齐"面板相对于舞台水平居中对齐、垂直居中对齐。添加时间轴特效中的"转换"效果，设置持续时间为 5 帧，取消"淡化"选择。单击"确定"按钮，返回"场景 1"，此时图层名变为"转换 3"，锁定该层。

（11）新建"图层 5"，在第 16 帧处插入空白关键帧，将"鞋 4.png"放入舞台，使用"对齐"面板相对于舞台水平居中对齐、垂直居中对齐。添加时间轴特效中的"变形"效果，设置持续时间为 5 帧，旋转 360 度。单击"确定"按钮，返回"场景 1"，此时图层名变为"变形 4"，锁定该层。

（12）新建"图层 6"，在第 21 帧处插入空白关键帧，将"鞋 5.png"放入舞台，放在舞台的中央偏左上处。添加时间轴特效中的"分散式直接复制"效果，设置副本数量为 2，偏移距离为 X 50、Y 25，偏移起始帧为 3，取消"更改颜色"的选择。单击"确定"按钮，返回"场景 1"，此时图层名变为"分散式直接复制 5"，锁定该层。

（13）新建"图层 7"，在第 27 帧处插入空白关键帧，将"鞋 6.png"放入舞台，放在舞台的中央。添加时间轴特效中的"变形"效果，设置持续时间为 5 帧，缩放比例为 150%。单击"确定"按钮，返回"场景 1"，此时图层名变为"变形 6"，锁定该层。

通过以上几步操作，完成的时间轴效果如图 4-78 所示。

（14）新建"图层 8"，在第 32 帧处插入空白关键帧，将"鞋 1.png"拖曳至舞台，放在舞台的左上方，在第 44 帧处插入空白关键帧，锁定该层。

（15）类似地，制作"图层 9"、"图层 10"、"图层 11"、"图层 12"、"图层 13"，完成的效果如图 4-79 所示。

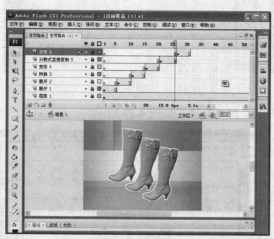

图 4-78

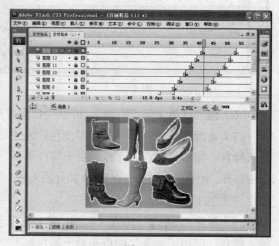

图 4-79

（16）新建"图层 14"，在第 54 帧处插入空白关键帧，将"百丽标志"拖曳至舞台，放在舞台的中间，在第 59 帧和第 62 帧处插入关键帧，调整第 62 帧中标志的位置为舞台的左上方，在第 59～62 帧间创建补间动画，锁定该层。

（17）新建"图层 15"，在第 63 帧处插入空白关键帧，在舞台中输入文字"百变所以美丽"，并添加"渐变发光"滤镜，效果如图 4-80 所示。

（18）测试影片，将该 Flash 文件保存为"百丽鞋品.fla"。

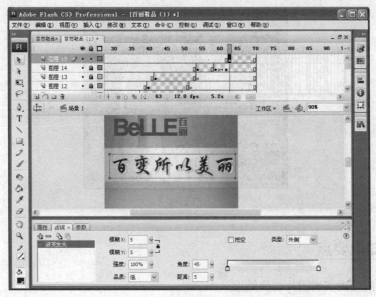

图 4-80

4.4.4 评价考核

表 4-1　　　　　　　　　　　　　　任务评价考核表

能力类型	考 核 内 容		评 价		
	学 习 目 标	评 价 项 目	3	2	1
职业能力	掌握时间轴特效、滤镜的添加设置，能够根据实际需要合理应用时间轴特效和滤镜，用 Flash 设计产品广告的能力	合理使用时间轴特效			
		合理使用滤镜			
		熟练使用"属性"、"滤镜"面板			
		能够熟练使用"对齐"面板			
		能够制作产品广告			
通用能力	造型能力				
	审美能力				
	组织能力				
	解决问题能力				
	自主学习能力				
	创新能力				
综合评价					

4.5　学生课外拓展——手机宣传

4.5.1　参考制作效果

本课外拓展训练完成的效果如图 4-81 所示。

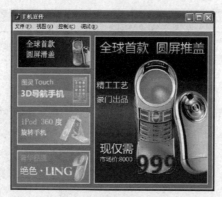

图 4-81

4.5.2　知识要点

1. 利用补间动画实现图片切换效果。
2. 调整元件实例的色调。
3. "属性"面板、"对齐"面板的使用。

4.5.3　参考制作过程

（1）新建一个 Flash 文件（ActionScript 2.0），设置文档尺寸为 490 像素×380 像素，背景色为#666666。

（2）将"手机"、"手机大"等 8 幅图片导入到库中。

（3）将"手机 1.png"拖曳至舞台，在"属性"面板设置 X 为 10、Y 为 10，如图 4-82 所示。将"手机 4.png"拖曳至舞台，在"属性"面板设置 X 为 10、Y 为 290，如图 4-83 所示。

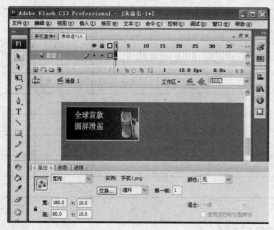

图 4-82

图 4-83

（4）将"手机 2.png"、"手机 3.png"拖曳至舞台，放在"手机 1"和"手机 4"之间，全选 4 幅图片，打开"对齐"面板，不选择"相对于舞台"，单击"左对齐"、"垂直居中分布"按钮，如图 4-84 所示，调整后的效果如图 4-85 所示。

（5）选择后 3 个对象，在"属性"面板设置"颜色"为"色调"，如图 4-86 所示。

图 4-84

图 4-85

（6）在第 12 帧处插入关键帧，重新调整颜色，设置第 2 个对象的颜色为无，为其他 3 个对象设置"颜色"为"色调"，如图 4-87 所示。类似地，在第 27 帧、42 帧、57 帧处插入关键帧，调整颜色，在第 60 帧处插入帧后锁定图层。

图 4-86

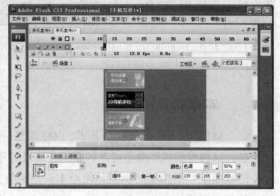

图 4-87

（7）新建影片剪辑"切换"，将"手机大 1.png"放置在舞台中，在第 15 帧处插入帧。新建"图层 2"，在第 10 帧处插入空白关键帧，将"手机大 2.png"放入舞台同一位置，在第 15 帧处插入关键帧。改变第 10 帧中的颜色为 Alpha、0。在两个关键帧间创建补间动画，在第 30 帧处插入帧。类似地，制作"图层 3"、"图层 4"、"图层 5"，效果如图 4-88 所示。

（8）返回"场景 1"，新建"图层 2"，将"切换"元件拖曳至舞台，设置属性，效果如图 4-89 所示。

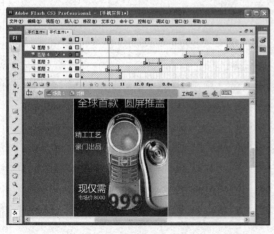

图 4-88

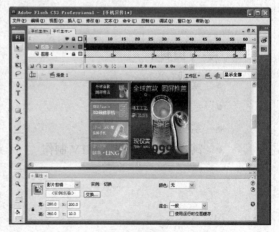

图 4-89

（9）测试影片，将该 Flash 文件保存为"手机宣传.fla"。

第5章

MTV 制作

本章简介：

　　MTV 是一种现代视频艺术，以往都是一些专业从事演唱的人才能享受的消费，而现在，这种曾经可望而不可及的娱乐方式已经逐步进入了普通百姓的生活。MTV 即用最好的歌曲配以最精美的画面，使原本只是听觉艺术的歌曲变为视觉和听觉结合的一种崭新的艺术形式。

　　本章通过 MTV 的制作，使用大家掌握位图文件、声音文件和视频文件在 Flash 中的应用方法，通过制定题目、收集素材和素材处理，并将素材导入 Flash 中，经过在舞台上的处理展现给观众的过程，掌握 MTV 的制作方法。

学习目标：

- 素材的收集、处理
- 素材的导入
- 素材的展现
- 寓言故事、诗歌、MTV 制作

5.1　位图、声音和视频——知识准备

5.1.1　位图、声音和视频的应用

对于制作 Flash 动画来说，位图、声音和视频文件的灵活应用，可以美化作品的效果。用户可以通过网络和数码相机、摄像机等来收集相关素材，利用一些现成的位图、声音来制作 Flash 作品，使作品的表现力更丰富，而且一些复杂的图形可能只有位图才能够表现清楚。因此，掌握在 Flash 中插入和处理位图是很重要的。

5.1.2　导入位图

Flash CS3 支持多种图像格式，如 JPG、BMP、GIF 等。通过将图像文件导入到库和舞台上，可以将位图文件绚丽多彩的效果展现给观众，给人以更强烈的视觉冲击。

实例练习——导入图像文件

（1）执行"文件" > "新建"命令，在弹出的"新建文档"对话框中选择"Flash 文件"选项，对背景颜色和舞台大小进行设置，单击"确定"按钮。

（2）执行"文件" > "导入" > "导入到库"命令，弹出"导入到库"对话框，选择"桌面\我的文档\图片收藏\示例图片\Water lilies.jpg"文件，单击"打开"按钮，文件被导入到"库"面板中，如图 5-1 所示。

图 5-1

（3）选择当前需要操作图层的关键帧，将导入到"库"面板中的"Water lilies.jpg"拖曳到舞台，拖曳到舞台上的图像会自动分布到场景中，用户可以根据情况进行相应的设置。另外，也可以执行"文件" > "导入" > "导入到舞台"命令，将外部文件直接导入到舞台上。

5.1.3　导入声音

Flash CS3 中声音的应用方法很多，可以让声音独立于时间轴连续播放，或使动画与声音同步播放，也可以向按钮添加声音。另外，还可以通过设置属性来实现声音的淡入、淡出效果。在影片中添加声音，需要先将声音文件导入到影片文件中，新建一个新图层，用来放置声音。选中需要加入声音的关键帧，在"库"面板中将声音文件拖曳至场景中即可。可在同一层中插入多种声音，也可以把声音放入含有其他对象的图层中。通过增加声音的效果，可以使动画更具有感染力。

实例练习——导入声音文件

（1）新建一个 Flash 文档，在"属性"面板中设置背景为蓝色（#0066FF）。

（2）将"图层 1"重新命名为"音乐"。

说明 改变图层的名称是为了在制作 MTV 的过程中图层逐渐增多能便于识别。在制作 MTV 的过程中要养成按照内容来更改图层名称的好习惯。

（3）执行"文件" > "导入" > "导入到库"命令，弹出"导入到库"对话框。选择要导入的声音文件"声音素材.mp3"，单击"打开"按钮，将声音导入到"库"面板中，如图 5-2 所示。

图 5-2

（4）选中"音乐"图层的第 1 帧，在"属性"面板中打开"声音"下拉列表，选择刚导入的"声音素材"，如图 5-3 所示。在"属性"面板选择了"声音素材"以后，音乐就被导入到场景，"音乐"图层的第 1 帧出现一条表示声波的小横线。用户也可以直接将声音对象拖曳到场景中。

图 5-3

（5）任意选择后面的某一帧，比如第 200 帧，就可以看到声音对象的波形，这说明已经将声音引用到"声音"图层上了，这时按键盘上的【Enter】键，就可以听到声音了。

5.1.4 导入视频

Flash CS3 中的视频具备创造性的技术优势，允许把视频、数据、图形、声音和交互式控制融为一体，从而创造出引人入胜的丰富体验。

如果机器上已经安装了 QuickTime 7 及以上版本，则在导入嵌入视频时支持包括 MOV（QuickTime 影片）、AVI（音频视频交叉文件）、MPG/MPEG（运动图像专家组文件）等格式的视频剪辑，如表 5-1 所示。

表 5-1　　　　　　　　　　　　　Flash CS3 支持的视频格式 1

文 件 类 型	扩 展 名
音频视频交叉	.avi
数字视频	.dv
运动图像专家组	.mpg、.mpeg
QuickTime 影片	.mov

如果系统安装了 DirectX 9 或更高版本，则在导入嵌入视频时支持以下视频文件格式，如

表 5-2 所示。

表 5–2　　　　　　　　　　Flash CS3 支持的视频格式 2

文 件 类 型	扩 展 名
音频视频交叉	.avi
运动图像专家组	.mpg、.mpeg
Windows Media 文件	.wmv、.asf

默认情况下，Flash 使用 On2 VP6 编解码器导入和导出视频。编解码器是一种压缩/解压缩算法，用于控制多媒体文件在编码期间的压缩方式和回放期间的解压缩方式。

如果导入的视频文件是系统不支持的文件格式，那么 Flash 会显示一条警告消息，表示无法完成该操作。

在有些情况下，Flash 可能只能导入文件中的视频，而无法导入音频，此时也会显示警告消息，表示无法导入该文件的音频部分，但是仍然可以导入没有声音的视频。

Flash CS3 对外部 FLV（Flash 专用视频格式）的支持，可以直接播放本地硬盘或者 Web 服务器上的 FLV 文件，这样可以用有限的内存播放很长的视频文件，而不需要从服务器下载完整的文件。

实例练习——导入视频文件

（1）新建一个 Flash 影片文档。

（2）执行"文件" > "导入" > "导入视频"命令，弹出"导入视频"向导对话框，如图 5-4 所示。

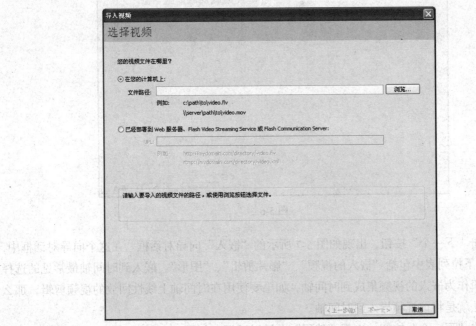

图 5-4

（3）单击"浏览"按钮，在弹出的对话框中选择要导入的视频文件，如图 5-5 所示。

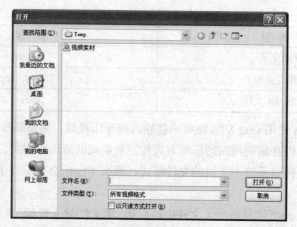

图 5-5

（4）单击"打开"按钮后，单击"下一个"按钮，出现"部署"向导对话框，如图 5-6 所示。在这里选择"在 SWF 中嵌入视频并在时间轴上播放"单选按钮。

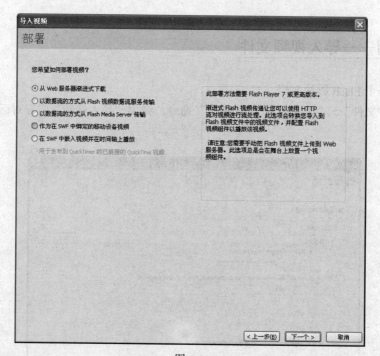

图 5-6

（5）单击"下一个"按钮，出现如图 5-7 所示的"嵌入"向导对话框。在这个向导对话框中，"符号类型"下拉列表中包括"嵌入的视频"、"影片剪辑"、"图形"。嵌入到时间轴最常见的选择是将视频剪辑作为嵌入的视频集成到时间轴，如果要使用在时间轴上线性回放的视频剪辑，那么最合适的方法就是将该视频导入到时间轴。

（6）单击"下一个"按钮，出现"编码"向导对话框，如图 5-8 所示。这个对话框中有 5 个选项卡，分别可以在其中详细设置"编码"的相关参数。这里可以保持默认设置。

图 5-7

图 5-8

　　（7）单击"下一个"按钮，出现如图 5-9 所示的"完成视频导入"向导对话框。这里会显示一些提示信息，直接单击"完成"按钮，将会出现如图 5-10 所示的导入进度对话框。当进度完成以后，视频就被导入到舞台上，按【Enter】键就可以播放视频了。

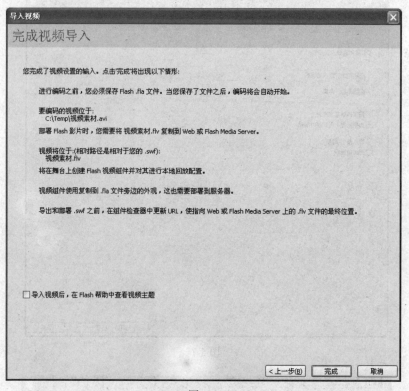

图 5-9

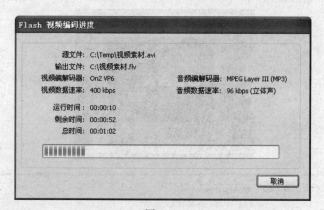

图 5-10

5.2 任务——制作寓言故事

5.2.1 案例效果分析

本案例是通过寓言故事"龟兔赛跑"制作的动画，故事的情节根据情况做了一些改编，最后以小兔胜利而告终。案例的最终效果如图 5-11 所示。

图 5-11

5.2.2　设计思路

1. 搜集素材并进行相应的处理。
2. 将位图和动画文件导入到库中。
3. 制作文本动画效果。
4. 添加补间动画效果。

5.2.3　相关知识和技能点

1. 位图文件的使用。
2. 元件的转换。
3. 动画的设置。
4. 色彩的搭配。

5.2.4　任务实施

（1）执行"文件" > "新建"命令，在弹出的"新建文档"对话框中选择"Flash 文件"选项，单击"确定"按钮，进入新建文档窗口。按【Ctrl+F3】快捷键，弹出文档"属性"面板，单击"大小"选项后面的按钮，在弹出的对话框中，将窗口的宽度设为 550 像素，高度设为 400 像素，将背景颜色设为白色，单击"确定"按钮，如图 5-12 所示。

（2）执行"文件" > "导入" > "导入到库"命令，在弹出的"导入到库"对话框中选择"第 5 章 MTV 制作\素材\背景 1.jpg"文件，单击"打开"按钮，文件被导入到"库"面板中。

（3）将"库"面板中的"背景 1.jpg"拖曳到舞台，然后将 X、Y 轴坐标设置为零，宽为 550，高为 400，把文件和舞台对齐，如图 5-13 所示。接着将图层 1 改名为"背景 1"，并在第 560 帧的位置插入普通帧，如图 5-14 所示。

图 5-12

137

图 5-13　　　　　　　　　　　　　　　　图 5-14

（4）新建图层 2，并将其改名为"文字"，将"背景 1"图层锁定，选择文本工具，根据情况设置字体样式、字体颜色和字体大小，参考"属性"面板中的设置，如图 5-15 所示，输入"龟兔赛跑"4 个字。

图 5-15

（5）执行"修改">"转换为元件"命令，在对话框的"类型"选项中选择"图形"，如图 5-16 所示，将"龟兔赛跑"4 个字转换为元件，在库中出现"元件 1"。

（6）选择"文字"图层，对"元件 1"进行相应的设置，在"属性"面板中，将 X 和 Y 值分别设置为 590 和 80。选择"颜色"中的 Alpha 选项，并将其值设置为 30%，如图 5-17 所示。

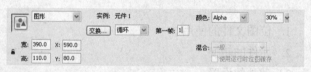

图 5-16　　　　　　　　　　　　　　　　图 5-17

（7）选择"文字"图层，在第 50 帧的位置插入关键帧。选择此关键帧，然后对"元件 1"进行相应的设置，在"属性"面板中，将 X 的值设置为 80，其他值不变。选择"颜色"中的 Alpha 选项，并将其值设置为 100%，最后在第 1～50 帧之间加上补间动画。

（8）分别在第 75 帧、100 帧的位置插入关键帧，选择第 100 帧，在"属性"面板中，将 X 的值设置为-390，其他值不变。选择"颜色"中的 Alpha 选项，并将其值设置为 30%，最后在第 75～100 帧之间加上补间动画。

（9）新建图层 3，并将其改名为"作者"，可根据第（4）步~第（8）步的操作方法，制作出作者的动画信息。

（10）选择"文字"图层，在第 101 帧的位置插入空白关键帧，选择文本工具，设置字体样式为楷体、字体颜色为#3333FF、字体大小为 30，输入"在这个阳光明媚的早晨，小动物们相互传递着一个消息，小兔和乌龟要进行跑步比赛了！"这段文字，并在"属性"面板中进行相应的设置，如图 5-18 所示。

图 5-18

（11）选择"背景 1"图层，新建图层 3 和图层 4，并将其改名为"小鸟"和"鸽子"。执行"文件" > "导入" > "导入到库"命令，在弹出的"导入到库"对话框中分别选择"Ch05\素材\小鸟.gif"和"Ch05\素材\鸽子.gif"文件，单击"打开"按钮，将文件导入到"库"面板中，如图 5-19 所示。

（12）选择"小鸟"图层，在第 90 帧的位置插入关键帧，将"小鸟"元件拖曳到舞台上，然后对"小鸟"元件进行相应的设置，在"属性"面板中，将 X 和 Y 值分别设置为-140 和 220、宽为 140、高为 140。

（13）在第 130 帧、160 帧、190 帧的位置插入关键帧，选择第 130 帧和 160 帧，在"属性"面板中，将 X 和 Y 值分别设置为 290 和 110、宽为 90、高为 90。选择第 190 帧，在"属性"面板中，将 X 和 Y 值分别设置为 550 和 10、宽为 50、高为 50。最后在第 90～130 帧之间、第 160～190 帧之间加上补间动画。

图 5-19

（14）选择"鸽子"图层，在第 100 帧的位置插入关键帧，将"鸽子"元件拖曳到舞台上，然后对"鸽子"元件进行相应的设置，在"属性"面板中，将 X 和 Y 值分别设置为 550 和 40、宽为 48、高为 55。

（15）在第 130 帧、160 帧、200 帧的位置插入关键帧，选择第 130 帧和 160 帧，在"属性"面板中，将 X 和 Y 值分别设置为 380 和 100、宽为 68、高为 75。选择第 200 帧，在"属性"面板中，将 X 和 Y 值分别设置为-50 和 10、宽为 48、高为 55。最后在第 90～130 帧之间、第 160～200 帧之间加上补间动画，如图 5-20 所示。

（16）执行"文件" > "导入" > "导入到库"命令，在弹出的"导入到库"对话框中选择"Ch05\素材\背景 2.jpg"文件，单击"打开"按钮，文件被导入到"库"面板中。

（17）选择"背景 1"图层，新建图层 6，将其改名为"背景 2"，在第 200 帧的位置插入关键帧，将"库"面板中的"背景 2.jpg"拖曳到舞台，然后将 X、Y 值设置为 560 和 0、宽为 550、高为 400，效果如图 5-21 所示。

图 5-20

图 5-21

（18）在第 240 帧的位置插入关键帧，选择第 240 帧，在"属性"面板中将 X、Y 值设置为 0 和 0、宽为 550、高为 400，选择第 340 帧，在"属性"面板中将 X、Y 值设置为-550 和 0、宽为 550、高为 400，在第 200～240 帧之间加上补间动画。

（19）选择"文字"图层，在第 200 帧、第 230 帧的位置插入关键帧，在第 231 帧的位置插入空白关键帧。选择第 230 帧，在"属性"面板中将 X、Y 值设置为 405 和 270，在第 200～230

帧之间加上补间动画，如图 5-22 所示。

图 5-22

（20）选择第 231 帧，选择文本工具，设置字体样式为楷体、字体颜色为#3333FF、字体大小为 30，输入"龟兔赛跑开始了，只见小兔一马当先，把乌龟甩得远远的，看着乌龟慢腾腾的样子，跑得十分得意。"这段文字。在"属性"面板中，将 X、Y 值设置为 45 和 410。在第 250 帧的位置插入关键帧，在"属性"面板中，将 X、Y 值设置为 45 和 270。在第 231～250 帧之间加上补间动画，如图 5-23 所示。

（21）执行"文件"＞"打开"命令，在弹出的对话框中选择"Ch05\素材\龟兔赛跑素材.fla"文件，单击"打开"按钮，在"库"面板中分别选择"兔子"和"乌龟"两个文件夹，将其复制到"龟兔赛跑"的"库"面板中，如图 5-24 所示。

图 5-23

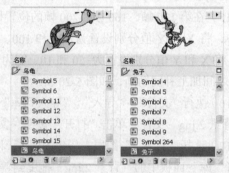

图 5-24

（22）选择"背景 2"图层，新建图层 7 和图层 8，并将其改名为"小兔"和"乌龟"。选择"小兔"图层，在第 250 帧的位置插入关键帧，将小兔元件拖曳到舞台上，然后对"小兔"元件进行相应的设置，在"属性"面板中，将 X 和 Y 值分别设置为-70 和 280、宽为 160、高为 164。

（23）在第 280 帧的位置插入关键帧，在"属性"面板中，将 X 和 Y 值设置为 295 和 245、宽为 80、高为 82，在第 250～280 帧之间加上补间动画。

（24）在第 300 帧的位置插入关键帧，在"属性"面板中，将 X 和 Y 值设置为 250 和 220、宽为 30、高为 32，选择"颜色"中的 Alpha 选项，并将其值设置为 50%，如图 5-25 所示，在第 280～300 帧之间加上补间动画。

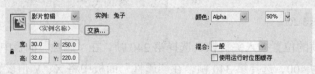

图 5-25

（25）在第 310 帧的位置插入关键帧，在"属性"面板中，将 X 和 Y 值设置为 350 和 220、宽为 10、高为 12，选择"颜色"中的 Alpha 选项，并将其值设置为 0%，在第 300～310 帧之间加上补间动画，如图 5-26 所示。

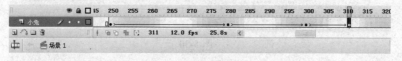

图 5-26

（26）选择"乌龟"图层，在第 270 帧的位置插入关键帧，将"乌龟"元件拖曳到舞台上，然后对"乌龟"元件进行相应的设置，在"属性"面板中，将 X 和 Y 值分别设置为−60 和 270、宽为 120、高为 80。

（27）在第 320 帧、第 340 帧的位置插入关键帧，选择第 320 帧，在"属性"面板中，将 X 和 Y 值设置为 310 和 240、宽为 80、高为 50。选择第 340 帧，在"属性"面板中，将 X 和 Y 值设置为 280 和 210、宽为 40、高为 25，选择"颜色"中的 Alpha 选项，并将其值设置为 0%。在第 270～320 帧和 320～340 帧之间加上补间动画，如图 5-27 所示。

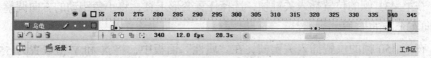

图 5-27

（28）执行"文件">"导入">"导入到库"命令，在弹出的"导入到库"对话框中选择"Ch05\素材\背景 3.jpg"文件，单击"打开"按钮，文件被导入到"库"面板中。

（29）选择"背景 2"图层，新建图层 9，改名为"背景 3"。选择"背景 3"图层，在第 340 帧的位置插入空白关键帧，将"库"面板中的"背景 3.jpg"拖曳到舞台，然后将 X 和 Y 值设置为 560 和 0、宽为 550、高为 400，效果如图 5-28 所示。

（30）在第 380 帧的位置插入关键帧，选择第 380 帧，在"属性"面板中，将 X 和 Y 值设置为 0 和 0、宽为 550、高为 400，在第 340～380 帧之间加上补间动画。

（31）选择"文字"图层，在第 340 帧和第 370 帧的位置插入关键帧，在第 371 帧的位置插入空白关键帧。选择第 370 帧，在"属性"面板中，将 X、Y 值设置为−460 和 270。在第 340～370 帧之间加上补间动画。

（32）选择第 371 帧，选择文本工具，设置字体样式为楷体、字体颜色为#3333FF、字体大小为 30，输入

图 5-28

"小兔发扬不怕苦、不怕累的精神，虽然浑身是汗，但是坚持跑到了终点，得到了第一名。"这段文字。在"属性"面板中，将 X 和 Y 值设置为 70 和 400、宽为 400、高为 98，如图 5-29 所示。

图 5-29

（33）在第 390 帧的位置插入关键帧，在"属性"面板中，将 X 和 Y 值设置为 70 和 270、宽为 400、高为 98。在第 371～390 帧之间加上补间动画，如图 5-30 所示。

图 5-30

（34）选择"小兔"图层，在第 390 帧的位置插入空白关键帧，将"小兔"元件拖曳到舞台上，然后对"小兔"元件进行相应的设置，在"属性"面板中，将 X 和 Y 值分别设置为–165 和 215、宽为 160、高为 165。

（35）在第 410 帧的位置插入关键帧，在"属性"面板中，将 X 和 Y 值分别设置为 545 和 215、宽为 120、高为 125，在第 390～410 帧之间加上补间动画。

（36）在第 411 帧的位置插入关键帧，选择任意变形工具，将小兔跑动的方向调整一下，使其变成从右向左奔跑的样子，如图 5-31 所示。在第 430 帧的位置插入关键帧，在"属性"面板中，将 X 和 Y 值设置为–80 和 180、宽为 80、高为 85，在第 411～430 帧之间加上补间动画。

（37）在第 431 帧的位置插入关键帧，选择任意变形工具，将小兔跑动的方向调整一下，使其变成从左向右奔跑的样子。

（38）在第 450 帧的位置插入关键帧，在"属性"面板中，将 X 和 Y 值设置为 554 和 150、宽为 40、高为 45；选择"颜色"中的 Alpha 选项，并将其值设置为 40%，在第 431～450 帧之间加上补间动画。

（39）选择"乌龟"图层，在第 400 帧的位置插入空白关键帧，将"乌龟"元件拖曳到舞台上，然后对"乌龟"元件进行相应的设置，在"属性"面板中，将 X 和 Y 值分别设置为–165 和 275、宽为 160、高为 100。

（40）在第 430 帧的位置插入关键帧，在"属性"面板中，将 X 和 Y 值分别设置为 550 和 258、宽为 130、高为 80，在第 400～430 帧之间加上补间动画。

（41）在第 431 帧的位置插入关键帧，选择任意变形工具，将乌龟跑动的方向调整一下，使其变成从右向左奔跑的样子，如图 5-32 所示。

图 5-31

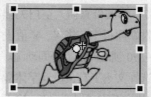

图 5-32

（42）在第 460 帧的位置插入关键帧，在"属性"面板中，将 X 和 Y 轴分别设置为–100 和 180、宽为 100、高为 60，在第 431～460 帧之间加上补间动画，效果如图 5-33 所示。

（43）执行"文件">"导入">"导入到库"命令，在弹出的"导入到库"对话框中选择"Ch05\素材\背景 4.jpg"文件，单击"打开"按钮，文件被导入到"库"面板中，效果如图 5-34 所示。

（44）选择"背景 3"图层，新建图层 10，改名为"背景 4"，如图 5-35 所示。在第 460 帧的位置插入关键帧，将"库"面板中的"背景 4.jpg"拖曳到舞台，然后将 X 和 Y 值坐标设置为 550 和 0、宽为 550、高为 400。

图 5-33

图 5-34

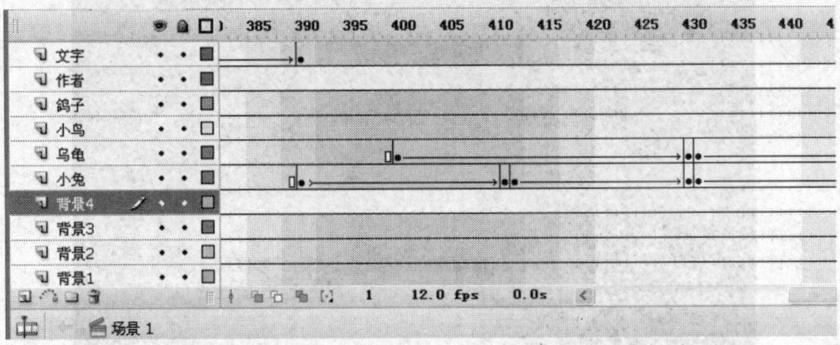

图 5-35

（45）在第 500 帧的位置插入关键帧，在"属性"面板中，将 X 和 Y 值分别设置为 0 和 0、宽为 550、高为 400，在第 460～500 帧之间加上补间动画。

（46）选择"文字"图层，在第 460 帧和第 490 帧的位置插入关键帧，选择第 490 帧，在"属性"面板中，将 X 和 Y 值分别设置为-400 和 270，在第 460～490 帧之间加上补间动画。

（47）在第 500 帧的位置插入空白关键帧，选择文本工具，设置字体样式为黑体、字体颜色为 #ff9900、字体大小为 50，将文字改为竖排样式，输入"谢谢欣赏，再见"这段文字。在"属性"面板中，将 X 和 Y 值设置为 110 和 400、宽为 54、高为 348。

（48）在第 530 帧的位置插入关键帧，在"属性"面板中，将 X 和 Y 值设置为 110 和 20、宽为 54、高为 348。在第 500～530 帧之间加上补间动画。

（49）执行"文件"＞"导入"＞"导入到库"命令，在弹出的"导入到库"对话框中选择"Ch05\素材\小兔样式.jpg"文件，单击"打开"按钮，文件被导入到"库"面板中。

（50）选择"小兔"图层，在第 500 帧的位置插入空白关键帧，将"小兔样式.jpg"文件拖曳到舞台上，使用套索工具将小兔的白色背景去掉，然后对小兔的样式进行相应的设置，在"属性"面板中，将 X 和 Y 值分别设置为 280 和-170、宽为 110、高为 160。

（51）选择第 500 帧，将其转换为元件。在第 530 帧的位置插入关键帧，在"属性"面板中，将 X、Y 值设置为 260 和 30、宽为 210、高为 250。在第 500～530 帧之间加上补间动画。完成动画制作，测试动画效果，如图 5-36 所示。

图 5-36

5.3 任务二——制作诗歌

5.3.1 案例效果分析

本案例是通过制作一首诗词的动画效果，并配上朗读的声音，给人以视觉和听觉享受，效果如图 5-37 所示。

图 5-37

5.3.2 设计思路

1. 搜集素材并进行相应的处理。
2. 位图和动画文件的应用。
3. 文本动画效果的制作。
4. 元件、补间、遮罩动画的应用。
5. 声音的插入。

5.3.3 相关知识和技能点

1. 动画的相关设置。
2. 遮罩层的应用。
3. 声音的处理。
4. 声音的播放和文字显示的同步问题。

5.3.4 任务实施

（1）执行"文件">"新建"命令，在弹出的"新建文档"对话框中选择"Flash 文件"选项，单击"确定"按钮，进入新建文档窗口。按【Ctrl+F3】快捷键，弹出文档"属性"面板，单击"大小"

选项后面的按钮，在弹出的对话框中将窗口的宽度设为 630、高度设为 420，将背景颜色设为白色，单击"确定"按钮。

（2）执行"文件">"导入">"导入到库"命令，在弹出的"导入到库"对话框中选择"Ch05\素材\背景.gif"文件，单击"打开"按钮，文件被导入到"库"面板中，如图 5-38 所示。

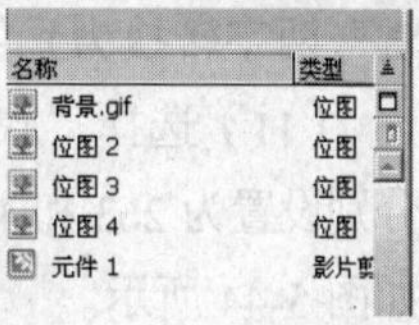

图 5-38

（3）将"库"面板中的"元件 1"拖曳到舞台，然后将 X、Y 值设置为 0，把元件和舞台对齐，如图 5-39 所示。接着将图层 1 改名为"背景"，并在第 560 帧的位置插入普通帧，如图 5-40 所示。

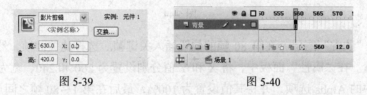

图 5-39　　　　　　　　　　　　　　　图 5-40

（4）新建图层 2，并将其改名为"唐诗宋词"，将"背景"图层锁定。选择文本工具，设置字体样式为黑体、字体颜色为#ff0000、字体大小为 40，输入"唐诗宋词"4 个字。

（5）执行"修改">"转换为元件"命令，在对话框的"类型"选项中选择"图形"，如图 5-41 所示，将"唐诗宋词"4 个字转换为元件，在库中出现"元件 2"。

（6）选择"唐诗宋词"图层，对"元件 2"进行相应的设置，在"属性"面板中，将 X 和 Y 值分别设置为 218 和-56、宽为 210、高为 44。选择"颜色"中的 Alpha 选项，并将其值设置为 30%，如图 5-42 所示。

图 5-41　　　　　　　　　　　　　　　图 5-42

（7）选择"唐诗宋词"图层，在第 80 帧的位置插入关键帧。选择此关键帧，然后对"元件 2"进行相应的设置，在"属性"面板中，将 X 和 Y 值分别设置为 135 和 45、宽为 323、高为 134。选择"颜色"中的 Alpha 选项，并将其值设置为 100%，最后在第 1～80 帧之间加上补间动画。

（8）分别在第 100 帧、120 帧、160 帧的位置插入关键帧，选择第 100 帧，在"属性"面板的"颜色"下拉列表中选择"色调"选项，选择一种颜色改变其样式。然后选择第 160 帧，在"属性"面板中，将 X 和 Y 值分别设置为-121 和 92、宽为 114、高为 40。选择"颜色"中的 Alpha 选项，并将其值设置为 30%。最后分别在第 100～120 帧、120～160 帧的位置加上补间动画，如图 5-43 所示。

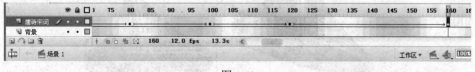

图 5-43

（9）新建图层 3，并将其改为"欣赏"，将"背景"图层和"唐诗宋词"图层锁定。选择文本工具，可自行设置字体样式、字体颜色和字体大小，输入"欣赏"两字。

（10）执行"修改">"转换为元件"命令，在对话框的"类型"选项中选择"图形"，将"欣赏"两字转换为元件，在库中出现"元件 3"。

（11）选择"欣赏"图层，对"元件 3"进行相应的设置；在"属性"面板中，将 X 和 Y 值分别设置为 263 和 433、宽为 122、高为 52。选择"颜色"中的 Alpha 选项，并将其值设置为 30%，如图 5-44 所示。

图 5-44

（12）选择"欣赏"图层，在第 80 帧的位置插入关键帧。选择此关键帧，然后对"元件 3"进行相应的设置。在"属性"面板中，将 X 和 Y 值分别设置为 200 和 240、宽为 248、高为 100。选择"颜色"中的 Alpha 选项，并将其值设置为 100%，最后在第 1～80 帧之间加上补间动画。

（13）分别在第 100 帧、120 帧、160 帧的位置插入关键帧，选择第 100 帧，在"属性"面板的"颜色"下拉列表中选择"色调"选项，选择一种颜色改变其样式。然后选择第 160 帧，在"属性"面板中，将 X 和 Y 值分别设置为 640 和 260、宽为 114、高为 40。选择"颜色"中的 Alpha 选项，并将其值设置为 30%。最后分别在第 100～120 帧、120～160 帧的位置加上补间动画，如图 5-45 所示。

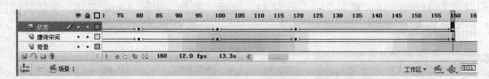

图 5-45

（14）新建图层 4，并将其改名为"小船"，将其他图层锁定。执行"文件">"导入">"导入到库"命令，在弹出的"导入到库"对话框中选择"Ch05\素材\小船.jpg"文件，单击"打开"按钮，文件被导入到"库"面板中。

（15）在第 330 帧的位置插入关键帧。选择此关键帧，在库中将"小船.jpg"拖曳到舞台上。执行"修改">"分离"命令，然后使用魔棒工具将其背景去掉，再使用任意变形工具对小船进行调整，如图 5-46 所示。

图 5-46

（16）执行"修改">"转换为元件"命令，在对话框的"类型"选项中选择"图形"，将"小船.jpg"转换为元件，在库中出现"元件 4"。

（17）对"元件 4"进行相应的设置，在"属性"面板中，将 X 和 Y 值分别设置为 640 和 220、宽为 90、高为 68。选择"颜色"中的 Alpha 选项，并将其值设置为 20%，如图 5-47 所示。

图 5-47

（18）在第 520 帧的位置插入关键帧，将 X 和 Y 值分别设置为 370 和 220、宽为 90、高为 68。选择"颜色"中的 Alpha 选项，并将其值设置为 100%，最后加上补间动画。

（19）新建图层 5，并将其改名为"忆江南"，在第 160 帧处加入关键帧，选择文本工具，输入"忆江南"3 个字，可自行设置字体样式、字体颜色和字体大小。

（20）执行"修改">"转换为元件"命令，在对话框的"类型"选项中选择"图形"，将"忆江南"3 个字转换为元件，在库中出现"元件 5"。

（21）选择第 160 帧，在"属性"面板中，将 X 和 Y 值分别设置为 320 和 210、宽为 29、高为 8。在第 220 帧、第 240 帧、第 250 帧、第 280 帧的位置插入关键帧，在第 220 帧位置将 X 和 Y 值分别设置为 135 和 110、宽为 405、高为 205；在第 240 帧的位置改变字体颜色，在第 280 帧的位置将 X 和 Y 值分别设置为 45 和 35、宽为 190、高为 45，然后加上补间动画，如图 5-48 所示。

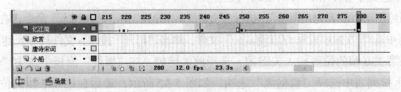

图 5-48

（22）新建图层 6，并将其改名为"白居易"，在第 280 帧处加入关键帧，选择文本工具，输入"白居易"3 个字，可自行设置字体样式、字体颜色和字体大小。

（23）执行"修改">"转换为元件"命令，在对话框的"类型"选项中选择"图形"，将"白居易"3 个字转换为元件，在库中出现"元件 6"。

（24）选择第 280 帧，在"属性"面板中，将 X 和 Y 值分别设置为 640 和 88、宽为 58、高为 22。在第 330 帧的位置插入关键帧，在第 220 帧的位置将 X 和 Y 轴分别设置为 105 和 88、宽为 58、高为 22，然后加上补间动画。

（25）新建图层 6，并将其改名为"第一句诗词"，在第 340 帧处加入关键帧，选择文本工具，输入"江南好，"文字，设置字体样式为仿宋、字体颜色为#33FF00、字体大小为 25，如图 5-49 所示。

图 5-49

（26）在"属性"面板中，将 X 和 Y 值分别设置为 85 和 132、宽为 140、高为 29。

（27）在"第一句"图层上新建图层 7，在图层 7 上用鼠标右键单击，在弹出的快捷菜单中选择"遮罩层"命令，如图 5-50 所示，为"第一句"图层添加遮罩层。

（28）插入遮罩层后，两个图层会自动锁定，将遮罩层"图层 7"上的锁定打开，在第 340 帧的位置插入关键帧，选择矩形工具，画一个和比"江南好，"文字稍大一点的矩形，在"属性"面板中，将 X 和 Y 值分别设置为−118 和 130、宽为 116、高为 32。

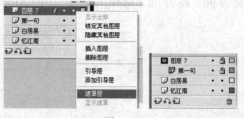

图 5-50

（29）在第 380 帧的位置插入关键帧，在"属性"面板中，将 X 和 Y 值分别设置为 85 和 130、宽为 116、高为 32，最后插入补间动画，如图 5-51 所示。

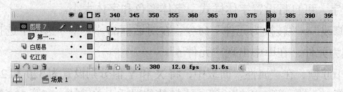

图 5-51

（30）重复（24）～（28）步骤的操作方法，将后面的诗句做出来（注意：如果后面要加入朗诵声音，要注意文字显示和声音同步的问题）。

（31）新建图层，改名为"声音"，执行"文件"＞"导入"＞"导入到库"命令，在弹出的"导入到库"对话框中选择"Ch05\素材\忆江南.wav"文件，单击"打开"按钮，文件被导入到"库"面板中。

（32）在第 330 帧的位置插入关键帧，选择此关键帧，在"属性"面板中选中"忆江南.wav"，在"同步"下拉列表中选择"数据流"选项，如图 5-52 所示，最后在第 490 帧的位置插入帧。

图 5-52

（33）按【Ctrl+Enter】快捷键播放动画，测试效果，看声音和文字播放是否同步，如果不同步，进一步进行调整。

5.4 实训项目——制作 MTV

5.4.1 实训目的

1．制作动画的目的与主题
制作一个 MTV，掌握声音在动画里的应用。

2．动画整体风格设计
简单明了，通过动画表现出歌曲想要表达的效果。

3．素材搜集与处理

通过网络和自己绘制，使用 Photoshop 进行相应的处理。

5.4.2 实训要求

1．故事情节设计，通过山水风景的图片达到歌曲所要表达的效果。

2．造型设计。

3．场景设计。

4．分镜头设计。

5.4.3 实训步骤

（1）执行"文件" > "新建" 命令，在弹出的"新建文档"对话框中选择"Flash 文件"选项，
单击"确定"按钮，进入新建文档窗口，按【Ctrl+F3】快捷
键，弹出文档"属性"面板，单击"大小"选项后面的按钮，
在弹出的对话框中将窗口的宽度设为 550、高度设为 400，将
背景颜色设为白色，单击"确定"按钮，如图 5-53 所示。

（2）执行"文件" > "导入" > "导入到库"命令，在弹出
的"导入到库"对话框中选择"Ch05\素材\万水千山总是情.mp3"
文件，单击"打开"按钮，文件被导入到"库"面板中。

（3）将图层 1 重新命名为"声音"，选择第 1 帧，然后将
"库"面板中的声音对象拖曳到场景中，在"属性"面板中将
"同步"选项设为"数据流"，如图 5-54 所示。选择第 1 帧，
打开"动作"面板，输入代码"stop();"，在第 1165 帧的位置插入普通帧。

图 5-53

图 5-54

（4）新建图层 2 和图层 3，分别命名为"下屏幕"和"上屏幕"。

（5）设置前景色为黑色，选择"下屏幕"图层，在第 1 帧，选择矩形工具，画一个矩形，在
"属性"面板中，将 X 和 Y 值分别设置为 0 和 200、宽为 550、高为 200，如图 5-55 所示。

图 5-55

（6）复制"下屏幕"图层中的矩形，选择"上屏幕"图层，在第 1 帧处粘贴，在"属性"面
板中，将 X 和 Y 值分别设置为 0 和 0、宽为 550、高为 200。

（7）选择"下屏幕"图层，在第 80 帧、第 160 帧和第 190 帧处插入关键帧，选择第 80 帧，在"属性"面板中，将 X 和 Y 值分别设置为 0 和 350、宽为 550、高为 50，选择第 1 帧，在"属性"面板中，选择"补间"为"形状"，添加补间动画，如图 5-56 所示。选择第 190 帧，将其 Y 值改为 400，在第 160～190 帧之间添加补间动画。

图 5-56

（8）选择"上屏幕"图层，在第 80 帧、第 160 帧和第 190 帧处插入关键帧，选择第 80 帧，在"属性"面板中，将 X 和 Y 值分别设置为 0 和 0、宽为 550、高为 50，选择第 1 帧，在"属性"面板中，选择"补间"为"形状"，添加补间动画。选择第 190 帧，将其 Y 值改为−50，在第 160～190 帧之间添加补间动画，如图 5-57 所示。

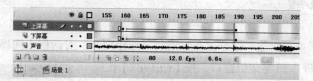

图 5-57

（9）新建图层 4，将其改名为"按钮"，执行"窗口">"公共库">"按钮"命令，打开"按钮"库，从中选择一个按钮，拖曳到场景中。将按钮放在场景的中间位置，自行调整按钮大小，然后在"动作"面板中输入如下代码：

```
on (release) {
        play();
    }
```

（10）在"按钮"图层第 40 帧的位置插入一个关键帧，在"属性"面板中，将 X 和 Y 值分别设置为−20 和 200、宽为 590、高为 5，选择"颜色"中的 Alpha 选项，并将其值设置为 0%，最后添加补间动画，做一个按钮渐隐的效果。

（11）新建图层 5，将其命名为"片名"；选择文本工具，在图层第 40 帧的位置插入一个关键帧，输入"万水千山总是情"，颜色设置为#FF6600、字体为黑体、字号为 25。

（12）执行"修改">"转换为元件"命令，在"类型"选项中选择"图形"，将其转换为元件，在库中出现"元件 1"。在"属性"面板中，将 X 和 Y 值分别设置为 174 和 270、宽为 180、高为 29，选择"颜色"中的 Alpha 选项，并将其值设置为 20%，如图 5-58 所示。

图 5-58

（13）在第 80 帧、第 160 帧和第 190 帧位置插入关键帧，选择第 80 帧，在"属性"面板中，将 X 和 Y 值分别设置为 62 和 82、宽为 418、高为 98，选择"颜色"中的 Alpha 选项，并将其值设置为 100%，在第 40～80 帧之间添加补间动画。

（14）选择第 190 帧，选择"颜色"中的 Alpha 选项，并将其值设置为 0%，在第 160～190 帧之间添加补间动画。

（15）新建图层 6，将其改名为"词曲作者"，在图层第 40 帧的位置插入一个关键帧，选择文本工具，输入"词：邓伟雄　曲：顾嘉辉"，颜色设置为#006600、字体为楷体、字号为 20。

（16）执行"修改">"转换为元件"命令，在"类型"选项中选择"图形"，将其转换为元件，在库中出现"元件 2"。在"属性"面板中，将 X 和 Y 值分别设置为 160 和 100、宽为 214、高为 24，选择"颜色"中的 Alpha 选项，并将其值设置为 20%，如图 5-59 所示。

图 5-59

（17）在第 90 帧位置插入关键帧，在"属性"面板中，将 X 和 Y 值分别设置为 120 和 235、宽为 294、高为 54，选择"颜色"中的 Alpha 选项，并将其值设置为 100%，最后添加补间动画。

（18）在第 110 帧和第 150 帧的位置插入关键帧。选择第 150 帧，在"属性"面板中，将 X 和 Y 值分别设置为−300 和 235、宽为 294、高为 54，最后添加补间动画，如图 5-60 所示。

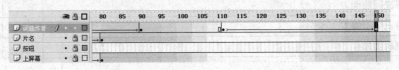

图 5-60

（19）新建图层 7，将其改名为"演唱者"，在第 110 帧的位置插入一个关键帧，选择文本工具，输入"演唱：汪明荃"，颜色设置为#FF0000、字体为楷体、字号为 46，将 X 和 Y 值分别设置为 543 和 235、宽为 294、高为 54。

（20）在第 150 帧、第 165 帧和第 190 帧的位置插入关键帧。选择第 150 帧，在"属性"面板中，将 X 和 Y 值分别设置为 130 和 235、宽为 294、高为 54，在第 110～150 帧之间添加补间动画。

（21）选择第 190 帧，在"属性"面板中，将 X 和 Y 值分别设置为−300 和 235、宽为 294、高为 54，在第 165～190 帧之间添加补间动画。

（22）新建图层 8，将其命名为"歌词"，通过仔细听歌，在第 199 帧、第 145 帧、第 251 帧、第 296 帧、第 302 帧、第 380 帧等插入关键帧，输入相应的歌词，歌词素材在"万水千山总是情.txt"文件中，中间没有歌词的地方，可插入空白关键帧，如图 5-61 所示。在"属性"面板中，将 X 和 Y 值分别设置为 138 和 328、宽为 258、高为 40。

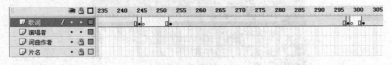

图 5-61

（23）至此，MTV 歌曲的框架已经设计完成，同学们可以在"歌词"图层下建立新的图层，将搜集的图片和动画素材展现在舞台上，给人更加强烈的视觉效果，最后可以根据以前学过的知识做一个结束的画面。

（24）按【Ctrl+Enter】快捷键播放动画，观察声音和文字是否同步，动画播放的速度是否合适等，做最后的的处理和修改。

5.4.4 评价考核

表 5-3   任务评价考核表

能力类型	考核内容		评价
	学习目标	评价项目	
职业能力	掌握位图、声音、视频的使用；掌握 MTV 的制作过程和构思，能够设计出故事的发展并进行场景的布置；掌握文字和音乐同步播放的方法	能够对位图和声音文件进行相应的处理	
		能够使用工具箱中的各种工具	
		能够使用"库"、"属性"面板	
		能够使用"变形"面板	
		能够使用 Flash 设计音乐 MTV	
通用能力	造型能力		
	审美能力		
	组织能力		
	解决问题能力		
	自主学习能力		
	创新能力		
综合评价			

5.5 学生课外拓展——制作"春天在哪里"MTV

5.5.1 参考制作效果

这是一首儿童歌曲的 MTV，为了适应儿童的特点，在 MTV 中用了一些卡通动画效果，并加上背景图片，将春天的景色展现在大家面前。

图 5-62

5.5.2 知识要点

1. 位图的应用。

2.　声音的应用。

3.　文本工具的使用。

4.　动画的设置。

5.5.3　参考制作过程

（1）执行"文件">"新建"命令，在弹出的"新建文档"对话框中选择"Flash 文件"选项，单击"确定"按钮，进入新建文档窗口，按【Ctrl+F3】快捷键，弹出文档"属性"面板，单击"大小"选项后面的按钮，在弹出的对话框中将窗口的宽度设为 550、高度设为 400，将背景颜色设为白色，单击"确定"按钮。

（2）执行"文件">"导入">"导入到库"命令，在弹出的"导入到库"对话框中选择"Ch05\素材\春天在哪里.mp3"文件，单击"打开"按钮，文件被导入到"库"面板中。

（3）将图层 1 重新命名为"声音"，选择第 1 帧，然后将"库"面板中的声音对象拖曳到场景中，在"属性"面板中将"同步"选项设为"数据流"，如图 5-63 所示。在第 1200 帧的位置插入普通帧。

图 5-63

（4）执行"文件">"导入">"导入到库"命令，在弹出的"导入到库"对话框中选择"Ch05\素材\BJ1.jpg"文件，单击"打开"按钮，文件被导入到"库"面板中。

（5）新建图层 2，将其改名为"背景 1"，将"库"面板中的 BJ1.jpg 拖曳到舞台，然后将 X、Y 值设置为 0、宽为 550、高为 400，将文件和舞台对齐。

（6）新建图层 3，将其改名为"儿童歌曲"，选择文本工具，输入"儿童歌曲 MTV"，将"儿童歌曲"颜色设置为绿色，"MTV"颜色设置为橘黄色、字体为黑体、字号为 40。在"属性"面板中，将 X 和 Y 值分别设置为–260 和 50，如图 5-64 所示。

图 5-64

（7）在第 40 帧、第 60 帧和第 100 帧位置插入关键帧，选择第 40 帧，在"属性"面板中，将 X 和 Y 值分别设置为 70 和 50；选择第 100 帧，在"属性"面板中，将 X 和 Y 值分别设置为 550 和 50；最后在第 40~60 帧、第 60~100 帧之间添加补间动画。

（8）新建图层 4，将其改名为"片名"，选择文本工具，输入"春天在哪里"，字体颜色设置为绿色、字体为楷体、字号为 80。在"属性"面板中，将 X 和 Y 值分别设置为 550 和 140。

（9）在第 40 帧、第 60 帧和第 100 帧位置插入关键帧，选择第 40 帧，在"属性"面板中，将 X 和 Y 值分别设置为 75 和 140；选择第 100 帧，在"属性"面板中，将 X 和 Y 值分别设置为–400 和 140；最后在第 40~60 帧、第 60~100 帧之间添加补间动画。

（10）新建图层 5，将其改名为"制作人"，选择文本工具，输入"多媒体工作室"，字体颜色设置为蓝色、字体为楷体、字号为 40。在"属性"面板中，将 X 和 Y 值分别设置为 150 和 400。

（11）在第 40 帧、第 60 帧和第 100 帧位置插入关键帧，选择第 40 帧，在"属性"面板中，将 X 和 Y 值分别设置为 150 和 260；选择第 100 帧，在"属性"面板中，将 X 和 Y 值分别设置为 150 和−50；最后在第 40～60 帧、第 60～100 帧之间添加补间动画。

（12）新建图层 6，将其改名为"歌词"，通过仔细听歌，在第 109 帧、第 130 帧、第 155 帧、第 205 帧、第 230 帧、第 255 帧等插入关键帧，输入相应的歌词，歌词素材在"春天在哪里.txt"文件中，中间没有歌词的地方，可插入空白关键帧，如图 5-65 所示。在"属性"面板中，将 X 和 Y 值分别设置为 170 和 320、宽为 258、高为 40。

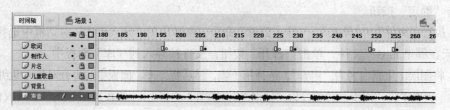

图 5-65

（13）至此，MTV 歌曲的框架已经设计完成，同学们可以在"歌词"图层下建立新的图层，将搜集的图片和动画素材展现在舞台上，给人更加强烈的视觉效果，最后可以根据以前学过的知识做一个结束的画面。

（14）按【Ctrl+Enter】快捷键播放动画，观察声音和文字是否同步，动画播放的速度是否合适等，做最后的的处理和修改。

第 6 章

电子阅读物制作

本章简介：

　　网络阅读已获得越来越多读者的青睐，用 Flash 制作的电子图书已成为网络应用最多、最流行的网络阅读物。要想制作出生动的电子产品杂志、书籍、书籍封面、菜谱等电子阅读物，必须掌握 Flash 强大的文本输入、编辑和处理功能。

　　本章主要介绍 3 类文本的编辑方法及使用 Flash 文本编辑功能制作各类电子书的方法。通过本章内容的学习，读者可以学会在设计制作电子阅读物中正确、合理地用好文本的技巧。

学习目标：

- 静态文本
- 动态文本
- 输入文本
- 教程翻书效果、集邮杂志、产品介绍杂志、菜谱的制作

6.1 Flash 文本——知识准备

6.1.1 静态文本

选择文本工具,执行"窗口">"属性"命令,弹出文本工具的"属性"面板,如图 6-1 所示。

1.创建文本

在工具箱中选择文本工具,在"属性"面板中选择"静态文本"选项,选择字体、字号。

(1)将鼠标放置在场景中,在场景中单击鼠标,出现文本输入光标,直接输入文字即可,如图 6-2 所示。

图 6-1

图 6-2

(2)用鼠标在场景中单击并按住鼠标,向右下角方向拖曳出一个文本框,松开鼠标,出现文本输入光标,在文本框中输入文字,文字被限定在文本框中。如果输入的文字较多,会自动转到下一行显示,如图 6-3 所示。

2.设置文本样式

利用文本工具"属性"面板,可设置文本的字体、字体大小、样式和颜色,设置字符与段落,设置文本超链接等。

设置文字的样式要通过文本类型的"属性"面板完成。可以在选择文本工具后,先设置它的样式,然后在场景上输入文字;也可以输入文字后再设置它们的样式,这两种方式最终效果都是一样的。

3."滤镜"面板

滤镜是可以应用到对象的图形效果。用滤镜可以实现投影、斜角、发光、模糊、渐变发光、渐变模糊、调整颜色等多种效果。应用滤镜后,可以随时改变其选项。通过"滤镜"面板可对文字做多种特效。

使用文字滤镜的方法如下。

(1)用文本工具在场景中拖曳出一个文本框,选择该文本框,在"属性"面板中选择"静态文本",在文本框内输入文字。

(2)在"滤镜"面板中单击+号按钮,弹出滤镜菜单,其中包括"投影"、"模糊"、"发光"、"斜角"、"渐变发光"、"渐变斜角"、"调整颜色"等,如图 6-4 所示。

所有的滤镜效果都可以配合起来使用,并且可以对每一种滤镜效果进行单独的设置。应用滤镜后,可以改变其选项,或者重新调整滤镜的顺序,以试验组合的效果。

在"属性"面板中可以启用、禁用或者删除滤镜,删除滤镜时,对象可以恢复原来的外观。通过选择对象,可以查看该对象已应用的滤镜效果。该操作会自动地更新"属性"面板中所选对象的滤镜列表。

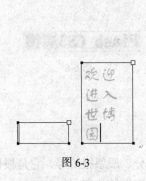

图 6-3

图 6-4

以下是几种常用的滤镜。

（1）投影滤镜。投影滤镜可以模拟对象向一个表面投影的效果，或者在背景中剪出一个形似对象的洞来模拟对象的外观。

（2）模糊滤镜。模糊的效果比较简单，使用模糊滤镜可以柔化对象的边缘和细节。将模糊应用于对象，可以使其看起来好像位于其他对象的后面，或者对象看起来好像是运动的。

（3）发光滤镜。使用发光滤镜可以为对象的整个边缘应用颜色。

（4）斜角滤镜。应用斜角滤镜就是向对象应用加亮效果，使其看起来凸出于背景表面，有浮雕字效果。从"类型"下拉列表中可以选择要应用到对象的斜角类型，包括"内斜角"、"外斜角"以及"完全斜角"等几种。

（5）渐变发光滤镜。可以在发光表面产生带渐变颜色的发光效果。渐变发光要求选择一种颜色作为渐变开始的颜色。用户无法移动该颜色的位置，但可以改变颜色。

（6）渐变斜角滤镜。可以产生一种凸起效果，使对象看起来好像从背景上凸起，且斜角表面有渐变颜色。渐变斜角要求渐变的中间有一个颜色，无法移动该颜色的位置，但可以改变该颜色。

（7）调整颜色滤镜。可以调整所选影片剪辑、按钮或者文本对象的亮度、对比度、色相和饱和度。通过拖曳"亮度"、"对比度"、"饱和度"和"色相"旁边的滑块或修改文本框中的数字，可以对对应的颜色值进行修改。使用"重置"按钮可以将所有文本框的数值归零。

实例练习——制作 Flash CS3 的文字滤镜效果

（1）新建一个 Flash CS3 影片文档，文档属性保持默认设置。

（2）选择文本工具，在"属性"面板中设置文本类型为"静态文本"、字体为黑体、字体大小为 36、字体颜色为蓝色。在舞台上单击，输入"Flash CS3 滤镜"文字。

（3）保持文字处在选择状态，展开"滤镜"面板，单击+号按钮，在弹出的菜单中选择"发光"滤镜，设置模糊为 10 × 10、强度为 100%、"品质"为"中"、颜色为黑色，如图 6-5 所示。舞台上的文字产生了发光效果，如图 6-6 所示。

（4）对文字应用了滤镜效果以后，文字还能继续编辑，用鼠标双击舞台上的特效文字，进入到文字编辑状态，将原来的文字删除，重新输入"新文字滤镜"。完成以后，新的文字继续保持原

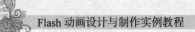

来的发光滤镜效果，如图 6-7 所示。

图 6-5

Flash CS3滤镜　　新文字滤镜

图 6-6　　　　　图 6-7

6.1.2　动态文本

动态文本就是可以动态更新的文本，如体育得分、股票报价等，它是根据情况动态改变的文本，常用在游戏和课件作品中，用来实时显示操作运行的状态。

1．创建动态文本

在工具箱中选择文本工具，在"属性"面板中的"文本类型"下拉列表中选择"动态文本"，如图 6-8 所示。在场景中拖曳出一个文本框，这样就创建了一个动态文本对象，如图 6-9 所示。

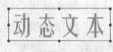

图 6-8　　　　　　　　　　　　　　　　　图 6-9

在"属性"面板中还可以进一步设置动态文本的属性。在"实例名称"文本框中可以定义动态文本对象的实例名，在"线条类型"下拉列表中可以选择"单行"还是"多行"显示文本。

"可选"按钮决定了是否可以对动态文本框中的文本执行"选择"、"复制"、"剪切"等操作，按下表示可选。

"将文本呈现为 HTML"按钮决定了动态文本框中的文本是否可以使用 HTML 格式，即使用 HTML 语言为文本设置格式。

"在文本周围显示边框"按钮决定了是否在动态文本框周围显示边框。

在"变量"文本框中可以定义动态文本的变量名，用这个变量可以控制动态文本框中显示的内容。

2．为动态文本赋值

为动态文本赋值的方法有两种，一种是使用变量赋值，另一种是通过动态文本对象的 text 属性进行赋值。

实例练习——使用变量为动态文本赋值

（1）用文本工具在场景中拖曳出一个文本框，用选择工具选择该文本框，在"属性"面板中选择"动态文本"类型，定义变量名为"yhm"，如图 6-10 所示。

（2）在"动作"面板中，设置第 1 帧上的程序代码如下：

```
yhm="杨阳";
```

（3）按【Ctrl+Enter】快捷键测试影片，效果如图 6-11 所示，文本"杨阳"显示在动态文本框中。

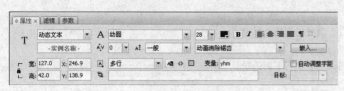

图 6-10　　　　　　　　　　　　　　　　　图 6-11

实例练习——通过动态文本对象的 text 属性进行赋值

（1）用文本工具在场景中拖曳出一个文本框，用选择工具选择该文本框，在"属性"面板中选择"动态文本"类型，并为这个动态文本起一个实例名"ma"，如图 6-12 所示。

（2）在"动作"面板中，设置第 1 帧上的程序代码如下：

```
ma.text="yy123456";
```

（3）测试影片，效果如图 6-13 所示。

图 6-12　　　　　　　　　　　　　　　　　图 6-13

实例练习——制作数字倒计时效果

利用动态文本制作一个简单的 10s 倒计时器，影片中的数字自动从 10 变为 9、8…，当变到 0 的时候停止，数字变化间隔 1s，效果如图 6-14 所示。

（1）新建一个 Flash CS3 影片文档，设置舞台尺寸为 250 像素×200 像素，其他参数保持默认，保存影片文档为"动态文本.fla"。

（2）在时间轴上创建 3 个图层，分别重新命名为"背景"、"文本显示"、"as"。

（3）在"背景"图层上创建一个背景图层效果，如图 6-15 所示。

（4）在"文本显示"图层创建一个静态文本和一个动态文本对象，效果如图 6-16 所示。

（5）在"属性"面板中定义动态文本的"变量"为"mytime"。

选择"as"图层的第 1 帧，在"动作"面板中输入程序代码如下：

```
mytime=10;//将动态文本的变量赋值为 10
```

在"as"图层的第 13 帧插入空白关键帧，在"动作"面板中输入程序代码如下：

```
if(mytime=0){
        //判断变量 mytime 是否等于 0
    gotoAndStop(2);
        //如果变量 mytime 等于 0，就跳转到第 2 帧停止
}else{
        //如果变量 mytime 不等于 0，就执行下面语句
    mytime= mytime-1;
        //变量 mytime 自动减 1
    gotoAndPlay(2);
        //跳转到第 2 帧继续播放
    }
```

至此，本范例制作完成，完成以后的图层结构如图 6-17 所示。

图 6-15　　　　　　　　　　　图 6-16　　　　　　　　　　　图 6-17

6.1.3　输入文本

"输入文本"是可以接受用户输入的文本，可以响应键盘事件，是一种人机交互的工具。和动态文本一样，使用文本工具可以创建输入文本框。

用文本工具在场景中拖曳出一个文本框，用选择工具选择该文本框，在"属性"面板的"文本类型"下拉列表中选择"输入文本"选项。

输入文本最重要的是变量名，在"属性"面板的"变量"文本框中输入"myInputText"，定义该输入文本的变量名，如图 6-18 所示。

图 6-18

"输入文本"变量和其他变量类似，变量的值会呈现在输入文本框中，输入文本框中的值同时也作为输入文本变量的值，它们之间是等价的。

输入文本对象也具有 text 属性，这个属性的使用方法和动态文本对象类似。

实例练习——制作加法程序

（1）新建一个 Flash CS3 影片文档，设置舞台尺寸为 400 像素 × 300 像素，其他参数保存默认，保存影片文档为"输入文本.fla"。

（2）在时间轴上创建两个图层，分别重新命名为"背景"、"文本"。

（3）在"背景"图层上创建一个背景图层效果，如图 6-19 所示。

（4）在"文本"的第 1 帧建立两个输入文本，变量名分别设置为"yss1"和"yss2"，用来输入数字。建立一个动态文本，变量名设置为"jg"，用来显示运算的结果。建立两个静态文本，分别输入"+"和"="，并排列好 5 个文本的位置。制作一个"计算"按钮，放在右下方，如图 6-20 所示。

（5）选择"计算"按钮，按【F9】键打开"动作"面板，输入下列代码：

```
on(release){
    var jg=Number(yss1)+Number(yss2);
    //指定变量 a 和 b 的类型为数字，并把相加的结果赋给变量 c
}
    //当释放按钮时，进行加法运算
```

（6）按【Ctrl+Enter】快捷键测试影片，在两个输入文本中输入任意数字，单击"计算"按钮，在动态文本框中能显示结果，如图 6-21 所示。

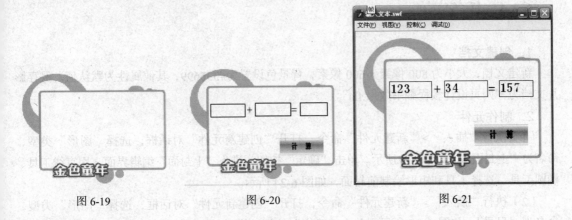

图 6-19　　　　　　　　图 6-20　　　　　　　　图 6-21

6.2　任务一——制作网页设计教程翻书效果

6.2.1　案例效果分析

本案例是用 Flash 模仿教科书的制作和书本自动翻开、翻页功能。书由封面、前言、简介、目录组成，书的厚度用书边图形实现，如图 6-22 所示。

图 6-22

6.2.2 设计思路

1. 制作封面图形、封面文字、前言、简介、目录图形元件。
2. 制作封面、简介、目录动作补间动画。
3. 制作封面边、左页面、左边、翻页形状补间动画。

6.2.3 相关知识和技能点

结合形状补间和动画补间制作翻书动画效果；使用文本工具添加文本；使用任意变形工具调整图形的大小和位置。

6.2.4 任务实施

1. 创建文档

新建文档，大小为 800 像素 × 600 像素，背景色设置为#336699，其他属性为默认值。保存影片文档为"网页设计教程翻书效果.fla"。

2. 制作元件

（1）执行"插入"＞"新建元件"命令，打开"创建新元件"对话框，选择"图形"类型，命名为"上封面"，如图 6-23 所示。单击"确定"按钮，进入"上封面"编辑界面，用直线工具、椭圆工具、选择工具和矩形绘制前封面，如图 6-24 所示。

（2）执行"插入"＞"新建元件"命令，打开"创建新元件"对话框，选择"图形"类型，命名为"目录"，如图 6-25 所示。单击"确定"按钮，进入"目录"编辑界面，用文本工具输入目录，如图 6-26 所示。

图 6-23　　　　　　　　　　图 6-24　　　　　　　　　　图 6-25

（3）执行"插入"＞"新建元件"命令，打开"创建新元件"对话框，选择"图形"类型，命名为"目录 1"，如图 6-27 所示。单击"确定"按钮，进入"目录 1"编辑界面，用文本工具输入目录 1，如图 6-28 所示。

（4）执行"插入"＞"新建元件"命令，打开"创建新元件"对话框，选择"图形"类型，命名为"前言"，如图 6-29 所示。单击"确定"按钮，进入"前言"编辑界面，用文本工具输入前言，如图 6-30 所示。

图 6-26

图 6-27

图 6-28

（5）执行"插入"＞"新建元件"命令，打开"创建新元件"对话框，选择"图形"类型，命名为"图书简介"，如图 6-31 所示。单击"确定"按钮，进入"图书简介"编辑界面，用文本工具输入图书简介，如图 6-32 所示。

图 6-29

图 6-30

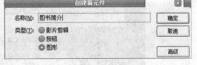
图 6-31

（6）执行"插入"＞"新建元件"命令，打开"创建新元件"对话框，选择"图形"类型，命名为"字"，如图 6-33 所示。单击"确定"按钮进入"字"编辑界面，用文本工具输入文字，如图 6-34 所示。

图 6-32

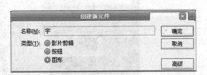
图 6-33

图 6-34

3．制作动画

（1）将图层 1 重命名为"上封面"，从库中将图形元件"上封面"拖曳到场景中，放到合适的位置，如图 6-35 所示。新建图层并命名为"文字"，从库中将图形元件"字"拖曳到场景中，放到合适的位置，如图 6-36 所示。

图 6-35　　　　　　　　　　　　　　　　图 6-36

（2）新建图层并命名为"右边"，将此图层放置在"上封面"图层下方，用直线工具绘制长方形，并用渐变色填充，放在合适的位置，如图 6-37 所示。新建图层并命名为"右页面"，将此图层放置在"右边"图层的下方，用直线工具绘制长方形，并用渐变色填充，将"上封面"层和"文字"层隐藏，如图 6-38 所示。

图 6-37　　　　　　　　　　　　　　　　图 6-38

（3）新建图层并命名为"下封面"，将此图层放置在"右页面"图层下方，用直线工具绘制长方形，用选择工具进行修改，并用紫色进行填充，如图 6-39 所示。取消各个图层的隐藏，如图 6-40 所示。

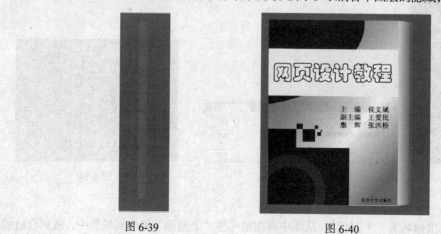

图 6-39　　　　　　　　　　　　　　　　图 6-40

（4）分别选择"文字"层和"上封面"层的第 11 帧和第 25 帧，将其转换为关键帧，选择这两层的第 25 帧，选择舞台中的"字"和"上封面"实例，用任意变形工具对其进行变形，如图 6-41 所示。分别用鼠标右键单击"文字"图层和"上封面"图层的第 11 帧，在弹出的快捷菜单中选择"创建补间动画"命令，生成动作补间动画。分别选择"文字"层和"上封面"层的第 26 帧，将其转换为空白关键帧，如图 6-42 所示。

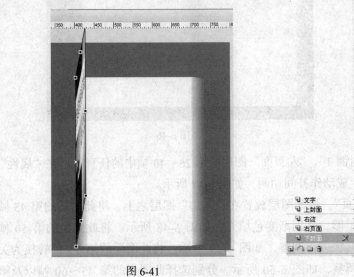

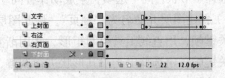

图 6-41　　　　　　　　　　　　　　图 6-42

（5）新建图层并命名为"上封面 1"，将此图层放置在"上封面"下方，将此图层的第 26 帧转换为关键帧，用直线工具绘制矩形，并用紫到白再到紫色进行填充，如图 6-43 所示。

（6）新建图层并命名为"左页面"，将此图层放置在"上封面 1"上方，将此图层的第 26 帧转换为关键帧，用直线工具绘制矩形，并用白色进行填充，如图 6-44 所示。

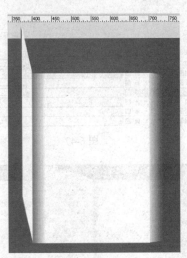

图 6-43　　　　　　　　　　　　　　图 6-44

（7）新建图层并命名为"左边"，将此图层放置在"上封面"上方，将此图层的第 26 帧转换为关键帧，用直线工具绘制图形，并用渐变色进行填充，如图 6-45 所示。

（8）分别选择"左边"、"上封面 1"、"左页面"的第 40 帧，将其转化为关键帧，用选择工具对舞台中的"左边"、"上封面"、"左页面"实例进行形状改变，最终效果如图 6-46 所示。

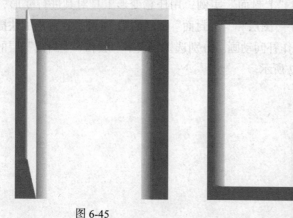

图 6-45　　　　　　　　　　　　　　图 6-46

（9）分别选择"左边"、"上封面 1"、"左页面"图层的第 26～40 帧中的任意帧，在"属性"面板中选择"形状补间"选项，生成动作补间动画，如图 6-47 所示。

（10）新建图层并命名为"翻页"，将此图层放置在"左边"图层之上，将此图层的第 45 帧转换为关键帧，用直线工具绘制矩形，并用渐变色填充，如图 6-48 所示。将此图层的第 50 帧转化为关键帧，用选择工具对其形状进行调整，如图 6-49 所示。将此图层的第 75 帧转换为关键帧，用选择工具对其形状进行调整，如图 6-50 所示。分别选择此图层的第 45～60 帧以及第 60～75 帧中的任意帧，在"属性"面板中选择"形状补间"选项，生成动作补间动画，如图 6-51 所示。

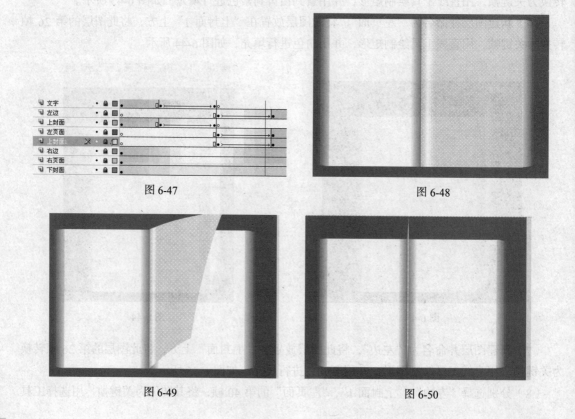

图 6-47　　　　　　　　　　　　　　图 6-48

图 6-49　　　　　　　　　　　　　　图 6-50

（11）将"翻页"图层的第 76 帧转换为关键帧，用选择工具对其形状进行调整，如图 6-52 所示。将此图层的第 90 帧转化为关键帧，用选择工具对其形状进行调整，如图 6-53 所示。将此图层的第 105 帧转化为关键帧，用选择工具对其形状进行调整，如图 6-54 所示。分别选择此图层的第 76～90 帧以及第 90～105 帧中的任意帧，在"属性"面板中选择"形状补间"选项，生成动作补间动画，如图 6-55 所示。

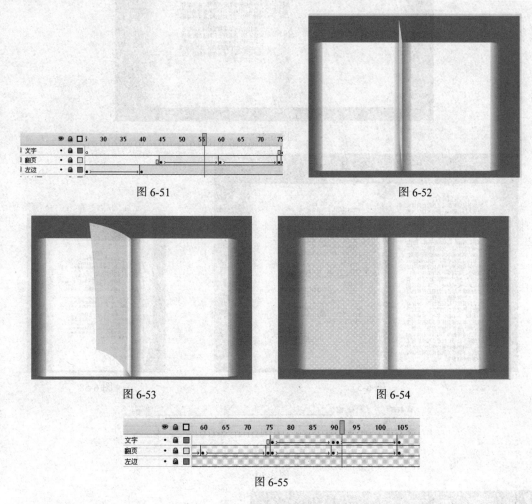

图 6-51　　　　　　　　　　　　　　　　　　图 6-52

图 6-53　　　　　　　　　　　　　　　　　　图 6-54

图 6-55

（12）新建图层并命名为"前言"，将此图层放置在"上封面"图层下方，从库中将图形元件"前言"拖曳到舞台中，放置在合适的位置，如图 6-56 所示。将此图层的第 45 帧转换为空白关键帧。

（13）新建图层并命名为"简介"，将此图层放置在"左边"图层上方，从库中将图形元件"图书简介"拖曳到舞台中，放置在合适的位置，如图 6-57 所示。将此图层的第 40 帧转换为关键帧，选择第 26 帧，选择舞台中的"简介"实例，用任意变形工具对其进行变形，如图 6-58 所示。用鼠标右键单击"简介"图层的第 26 帧，在弹出的快捷菜单中选择"创建补间动画"命令，生成动作补间动画，如图 6-59 所示。

（14）新建图层并命名为"目录 1"，将此图层放置在"简介"图层上方，从库中将图形元件"目录 1"拖曳到舞台中，放置在合适的位置，如图 6-60 和图 6-61 所示。

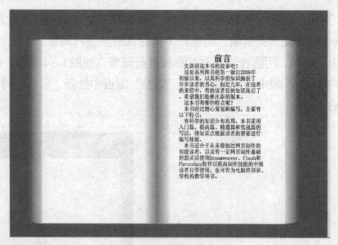

图 6-56

图 6-57

图 6-58

图 6-59

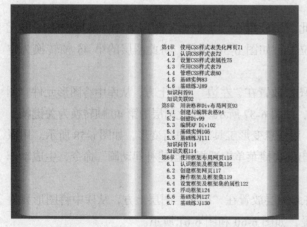

图 6-60

图 6-61

（15）将"文字"图层的第 76 帧转换为关键帧，从库中将图形元件"目录"拖曳到舞台中，放置在合适的位置，如图 6-62 所示。分别将此图层的第 90 帧和第 105 帧转换为关键帧，选择第 76 帧，选择舞台中的"目录"实例，用任意变形工具对其进行变形，如图 6-63 所示。选择第 90 帧，选择舞台中的"目录"实例，用任意变形工具对其进行变形，如图 6-64 所示。用鼠标右键单击"文字"图层的第 76 帧和第 90 帧，在弹出的快捷菜单中选择"创建补间动画"命令，生成动作补间动画，将所有图层的帧延长到第 119 帧，如图 6-65 所示。

图 6-62

图 6-63

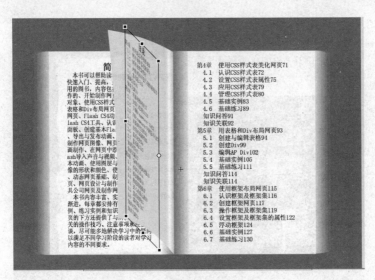

图 6-64

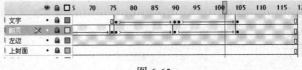

图 6-65

（16）时间轴上的各帧情况如图 6-66 所示。

（17）调试并输出影片。

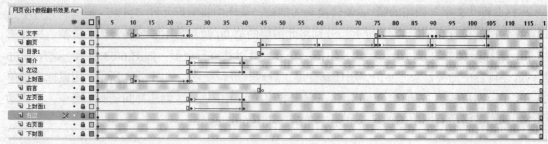

图 6-66

6.3 任务二——制作产品介绍杂志

6.3.1 案例效果分析

本案例设计的是高压电器开关企业的隔离开关产品介绍杂志。左页面为产品的图片，右页面是隔离开关产品的性能和参数简介，通过自动翻页功能，使客户生动、直观地了解隔离开关产品，如图 6-67 所示。

图 6-67

6.3.2 设计思路

1. 制作前封面、封面背面翻页动画。
2. 制作产品文字图形元件。
3. 制作1，3，5，7，9，11页翻页动画。
4. 制作2，4，6，8，10页翻页动画。

5. 添加页面"滤镜"效果。

6.3.3　相关知识和技能点

使用任意变形工具改变图像的大小，创建补间动画，制作翻书动画效果；使用文本工具添加文本，运用影片剪辑将页面组合；使用滤镜给页面添加发光、投影、渐变发光效果。

6.3.4　任务实施

（1）新建文档，舞台尺寸为 800 像素 × 600 像素，背景颜色为白色，其他值为默认值。保存影片文档为"产品介绍杂志.fla"。

（2）执行"文件">"导入">"导入到库"命令，将产品介绍杂志素材文件夹中的 1、2、3、4、5、底图、前封面、后封面、背景导入到库中。

（3）单击"新建元件"按钮，新建影片剪辑元件"翻动"，将"图层 1"命名为"前封面"，将"库"面板中的图形"前封面"拖曳到舞台窗口中。选择图形，按【F8】键弹出"转换为元件"对话框，名称为"前封面"，类型为"图形"，如图 6-68 所示。

（4）分别选择"前封面"的第 12 帧、第 21 帧，按【F6】键，在选择的帧上插入关键帧，选择"前封面"图层的第 21 帧，利用任意变形工具在舞台中选择"前封面"实例，按住【Alt】键的同时，选择右侧中间的控制手柄向左拖曳到适当的位置，如图 6-69 所示。用鼠标右键单击"封面"图层的第 12 帧，在弹出的快捷菜单中选择"创建补间动画"命令，生成动作补间。

（5）单击"时间轴"面板下方的"插入图层"按钮，创建新图层并命名为"封面背面"，选择"封面背面"图层的第 21 帧，按【F6】键，在该帧上插入关键帧，将"库"面板中的图形"后封面"拖曳到舞台中，按步骤（3）中相同的方法将此图形转换为"后封面"元件，并放置到合适位置，与"前封面"实例保持同一高度，如图 6-70 所示。

（6）选择"封面背面"图层第 31 帧，在该帧上插入关键帧，选择任意变形工具，选择"封面背景"图层的第 21 帧，在舞台中选择图形，按住【Alt】键的同时选择左侧的控制点，将图形向右变形至最小，高度保持不变，如图 6-71 所示。用鼠标右键单击"封面背面"图层的第 21 帧，在弹出的快捷菜单中选择"创建补间动画"命令，生成补间动画。

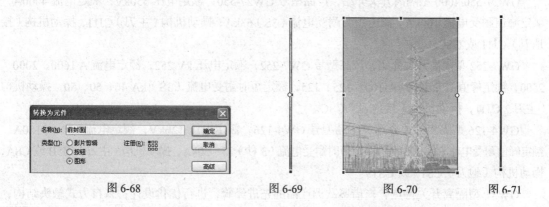

图 6-68　　　　　　　　　　图 6-69　　　　　　图 6-70　　　　图 6-71

（7）按【Ctrl+F8】快捷键打开"创建新元件"对话框，命名为"第一页"，类型为"图形"，单击"确定"按钮，将底图从库中拖曳至舞台，新建一个图层，用文本工具输入"我公司隔离开关的发展史，由建厂初期只生产 GW5-35、110，GW4-110 和 GW7-220 发展到涵盖 9 个电压 1100、800、550、363、252、145、126、72.5、40.5kV 的几十个品种。81 年依据法国 MG 公司 GWh-550 和 GWi-550 型隔离开关，开始研制 GW16-550 和 GW17-550 型隔离开关。该隔离开关的生产使我公司隔离开关的制造技术有了第一次飞跃。目前 1100kV 隔离开关代表了我公司隔离开关的制造技术。我公司隔离开关目前可达到的最大电流参数是：额定电流 4000A，额定短时耐受电流 63kA，额定峰值耐受电流 160kA。"，如图 6-72 所示。

（8）用步骤（7）相同的方法制作元件第三页、第五页、第七页、第九页和第十一页，分别如图 6-73、图 6-74、图 6-75、图 6-76 和图 6-77 所示。其文字内容分别如下：

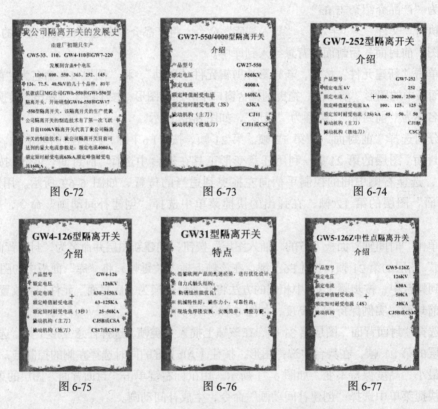

图 6-72　　　　　　　　图 6-73　　　　　　　　图 6-74

图 6-75　　　　　　　　图 6-76　　　　　　　　图 6-77

GW27-550/4000 型隔离开关介绍，产品型号 GW27-550，额定电压 550kV，额定电流 4000A，额定峰值耐受电流 160kA，额定短时耐受电流（3S）63kA，操动机构（主刀）CJ11，操动机构（接地刀）CJ11 或 CSC。

GW7-252 型隔离开关介绍，产品型号 GW7-252，额定电压 kV 252，额定电流 A 1600、2000、2500，额定峰值耐受电流 kA 100、125、125，额定短时耐受电流（3S）kA 40、50、50，操动机构（主刀）CJ11，操动机构（接地刀）CSC。

GW4-126 型隔离开关介绍，产品型号 GW4-126，额定电压 126kV，额定电流 630～3150A，额定峰值耐受电流 63～125kA，额定短时耐受电流（3 秒）25～50kA，操动机构（主刀）CJ5B 或 CSA，操动机构（地刀）CS17 或 CS19。

GW31 型隔离开关特点，※借鉴欧洲产品的先进经验，进行优化设计；※自力式触头结构；

※防锈蚀性能优良；※机械特性好，操作力小，可靠性高；※现场免焊接安装，安装简单，调整方便。

GW5-126Z 中性点隔离开关介绍，产品型号 GW5-126Z，额定电压 126kV，额定电流 630A，额定峰值耐受电流 50kA，额定短时耐受电流（4S）20kA，操动机构 CJ5B 或 CS17。

（9）双击库中的"翻动"影片剪辑，进入"翻动"页面。单击"时间轴"面板下方的"插入图层"按钮，创建新图层并命名为"第一页"。将此图层拖曳到"前封面"图层的下方，选择"第一页"图层的第 12 帧，按【F6】键，在该帧上插入关键帧。将"库"面板中的图形"1"拖曳到舞台中，按步骤（3）中相同的方法将此图形转换为"1"元件，并放置到合适位置，与"前封面"图形重合，如图 6-78 所示。在此图层的第 41 帧处插入关键帧，在第 51 帧处插入关键帧，用任意变形工具按住【Alt】键的同时，选择左侧中间的控制手柄向左拖曳到适当的位置，如图 6-79 所示。用鼠标右键单击"第一页"图层的第 41 帧，在弹出的快捷菜单中选择"创建补间动画"命令，生成补间动画。

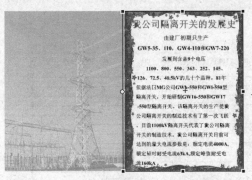

图 6-78

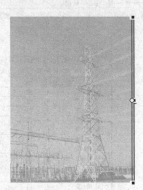

图 6-79

（10）新建图层并命名为"第二页"，放在"封面背面"图层的上方，选择"第二页"图层的第 51 帧，按【F6】键，在该帧上插入关键帧。将"库"面板中的图形"2"拖曳到舞台中，按步骤（3）中相同的方法将此图形转换为"2"元件，并放置到合适位置，与"封面背面"实例保持同一高度，如图 6-80 所示。

（11）选择"第二页"图层的第 61 帧，在该帧上插入关键帧，选择任意变形工具，选择"第二页"图层的第 51 帧，在舞台中选择图形，按住【Alt】键的同时选择右侧的控制点，将图形向左变形至最小，高度保持不变，如图 6-81 所示。用鼠标右键单击"第二页"图层的第 51 帧，在弹出的快捷菜单中选择"创建补间动画"命令，生成补间动画。

图 6-80

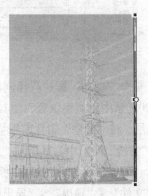

图 6-81

（12）用制作"第一页"的方法，制作"第三页"、"第五页"、"第七页"、"第九页"和"第十一页"，用制作"第二页"的方法制作"第四页"、"第六页"、"第八页"、"第十页"和"后封页"，最后时间轴上的内容分别如图 6-82、图 6-83 和图 6-84 所示。

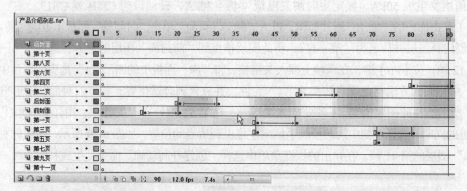

图 6-82

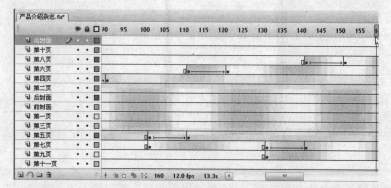

图 6-83

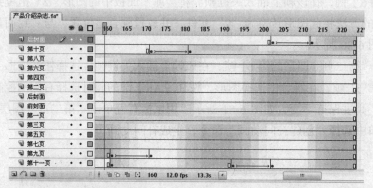

图 6-84

（13）至此，整个"翻动"影片剪辑制作完成。回到场景，将图层 1 命名为"背景"，从库中将背景图片拖曳到场景中，调整位置，使其铺满整个场景，如图 6-85 所示。

（14）新建图层，将"翻动"影片剪辑拖曳到场景中，用任意变形工具调整其大小和位置。选择影片剪辑，在"滤镜"面板中为其添加"发光"、"投影"、"渐变发光"效果，"投影"和"渐变"发光均为默认值，"发光"参数如图 6-86 所示。至此，整个动画制作完成。

（15）执行"文件" > "导出" > "导出影片"命令，将影片导出，效果如图 6-87 所示。

图 6-85

图 6-86

图 6-87

6.4　实训项目——制作集邮杂志

6.4.1　实训目的

实例效果如图 6-88 所示。

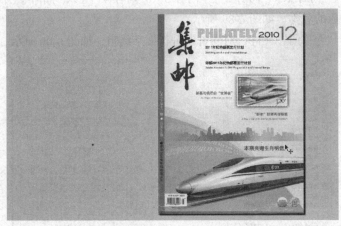
图 6-88

1．制作动画的目的与主题

目的在于强化对于图形元件的使用、"变形"面板的使用、"gotoAndPlay();"脚本的使用及电子杂志的制作流程。

主题是通过用 Flash 作品模拟"集邮"杂志，表现杂志所要介绍的内容，使杂志的视觉效果更有层次感、空间感，从而吸引更多的集邮爱好者。

2．动画整体风格设计

作品的形式是电子杂志，以 Flash 动画模式制作，主要以图片为主，然后对图片和帧进行一些简单的脚本设置，达到控制手动翻页效果。

3．素材搜集与处理

素材搜集：搜集《集邮》杂志封面、封底和卷首语、目录文字及部分内容文字，经过 Photoshop 处理的封面、封底、目录等图片，对封面、封底、目录、卷首语进行适当修改，使其风格统一、主题突出。

6.4.2　实训要求

1. 使用"变形"面板实现每一页面大小一致。
2. 使用滤镜给封面、封底、目录、卷首语等添加"投影"效果。
3. 使用"gotoAndPlay();"实现翻页效果。
4. 使用图形元件和动作补间制作杂志的简单动画效果，增加"缓动"值，以添加缓动效果。

6.4.3　实训步骤

1. 创建文档

新建文档，将背景色设置为#cccc66、舞台尺寸为 1500 像素×800 像素，其他属性为默认值。保存影片文档为"集邮杂志.fla"。

2. 导入素材并处理元件

（1）执行"文件">"导入">"导入到库"命令，将素材文件夹中的"前封面"、"后封面"、"目录"、"卷首语"、"内容 1"、"内容 2"、"内容 3"、"内容 4"导入到库中，并在库中将元件名称改为与之图片相对应的名称，如图 6-89 所示。

（2）双击打开"卷首语"元件，对卷首语进行文字编辑，如图 6-90 所示。

图 6-89

图 6-90

（3）用同样的方法分别对"目录"和"后封面"进行文字编辑，如图 6-91 和图 6-92 所示。

图 6-91

图 6-92

3．制作动画

（1）新建 8 个图层，从上到下依次命名为"内容 4"、"内容 2"、"目录"、"前封面"、"卷首语"、"内容 1"、"内容 3"、"后封面"，如图 6-93 所示。

（2）选择"前封面"图层，从库中将元件"前封面 1"拖曳到场景中，放到合适的位置，如图 6-94 所示。设置"变形"面板如图 6-95 所示，设置"属性"面板如图 6-96 所示，设置滤镜参数如图 6-97 所示。

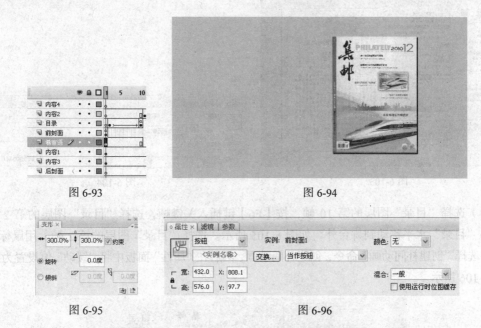

图 6-93　　　　　　　　　　　　　　图 6-94

图 6-95　　　　　　　　　　　　　　图 6-96

（3）选择"卷首语"图层，从库中将元件"卷首语"拖曳到场景中，选择"卷首语"图层的第 10 帧，按【F5】键延长帧，在右侧的"变形"面板中，将其参数设置为如图 6-98 所示。设置属性参数如图 6-99 所示，设置滤镜参数如图 6-100 所示。将修改过的"卷首语"元件放到"前封面"元件的下方，使"前封面"元件完全覆盖"卷首语"元件。

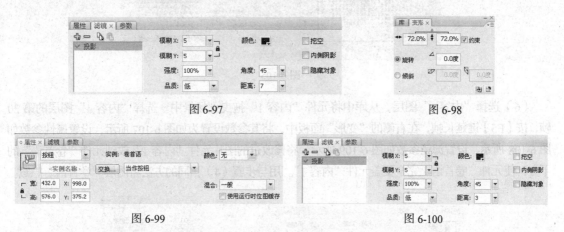

图 6-97　　　　　　　　　　　　　　图 6-98

图 6-99　　　　　　　　　　　　　　图 6-100

（4）隐藏"前封面"图层，如图 6-101 所示。选择"目录"图层的第 2 帧，按【F6】键插入关键帧，从库中将元件"目录"拖曳到场景，在右侧的"变形"面板中，将其参数设置为如图 6-102 所示，将修改过的图片放在元件"卷首语"左边，如图 6-103 所示，设置属性参数如图 6-104 所示。

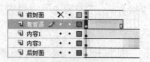

图 6-101

图 6-102

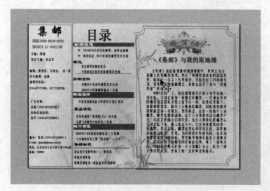

图 6-103

图 6-104

（5）选择"目录"图层的第 10 帧，按【F6】键插入关键帧，选择"目录"图层的第 2 帧，将元件"目录"水平移动到舞台外，如图 6-105 所示。选择"目录"图层的第 2 帧，用鼠标右键单击并选择"创建补间动画"命令，创建补间动画，然后在"属性"面板中将"缓动"值设置为 100，如图 6-106 所示。

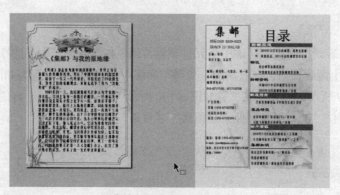

图 6-105

（6）选择"内容 1"图层，从库中将元件"内容 1"拖曳到场景中。选择"内容 1"图层的第 20 帧，按【F5】键延长帧，在右侧的"变形"面板中，将其参数设置为如图 6-107 所示，设置属性参数如图 6-108 所示，设置滤镜参数如图 6-109 所示。将修改过的图片元件"内容 1"放到元件"卷首语"的下方，使元件"卷首语"完全覆盖元件"内容 1"。用与步骤（4）相同的方法将图层"卷首语"隐藏。

图 6-106

图 6-107

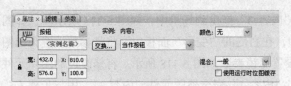

图 6-108　　　　　　　　　　　　　　图 6-109

（7）选择"内容 2"图层，从库中将元件"内容 2"拖曳到场景中。选择图层"内容 2"的第 11 帧，按【F6】键插入关键帧，在右侧的"变形"面板中，将其参数设置为如图 6-110 所示，设置属性参数如图 6-111 所示，设置滤镜参数如图 6-112 所示。将修改过的图片元件"内容 2"放到元件"内容 1"的左方，如图 6-113 所示。

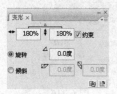

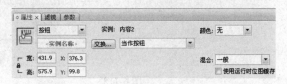

图 6-110　　　　　　　　　　　　　　图 6-111

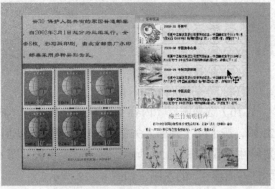

图 6-112　　　　　　　　　　　　　　图 6-113

（8）选择"内容 2"图层的第 20 帧，按【F5】键插入帧，使其延长至第 20 帧。选择图层"内容 2"的第 20 帧，按【F6】键插入关键帧。选择图层"内容 2"的第 11 帧，将元件"内容 2"水平移动到舞台外，如图 6-114 所示。选择图层"内容 2"的第 11 帧，用鼠标右键单击并选择"创建补间动画"命令，创建补间动画，然后在"属性"面板中将"缓动"值设置为 100。

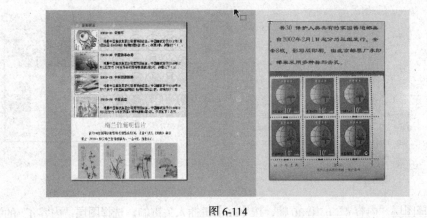

图 6-114

（9）选择图层"内容 3"，从库中将元件"内容 3"拖曳到场景中，如图 6-115 所示。选择图层"内容 3"的第 30 帧，按【F5】键延长帧，在右侧的"变形"面板中，将其参数设置为如图 6-116 所示，设置属性参数如图 6-117 所示，设置滤镜参数如图 6-118 所示。将修改过的图片元件"内容 3"放到元件"内容 1"的下方，使元件"内容 1"完全覆盖元件"内容 3"。用与步骤（5）相同的方法隐藏图层"内容 1"。

图 6-115

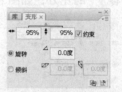

图 6-116

图 6-117

图 6-118

（10）选择图层"内容 4"，从库中将元件"内容 4"拖曳到场景中。选择图层"内容 4"的第 21 帧，按【F6】键插入关键帧，在右侧的"变形"面板中，将其参数设置为如图 6-119 所示，设置属性参数如图 6-120 所示，设置滤镜参数如图 6-121 所示。将修改过的图片元件"内容 4"放到元件"内容 3"的左侧，如图 6-122 所示。

图 6-119

图 6-120

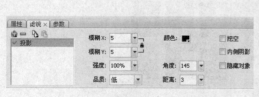

图 6-121

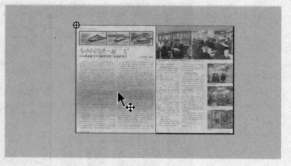

图 6-122

（11）选择图层"内容 4"的第 30 帧，按【F6】键插入关键帧。选择图层"内容 4"的第 21 帧，将元件"内容 4"水平移动到舞台外,如图 6-123 所示。选择图层"内容 4"的第 21 帧,用鼠标右键单击并选择"创建补间动画"命令,创建补间动画,然后在"属性"面板中将"缓动"值设置为 100。

（12）选择图层"后封面",在此图层的第 31 帧按【F6】键插入关键帧。从库中将元件"后封面"拖曳到场景中,在右侧的"变形"面板中,将其参数设置为如图 6-124 所示,设置属性参数如图 6-125 所示,设置滤镜参数如图 6-126 所示。

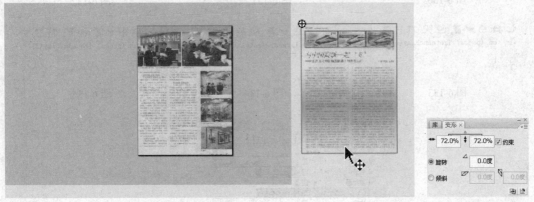

图 6-123　　　　　　　　　　　　　　　　　　　图 6-124

图 6-125　　　　　　　　　　　　　　　　　　图 6-126

4．编写代码

（1）选择图层"前封面"的第 1 帧,按【F9】键打开"动作"面板,编写如图 6-127 所示的代码。选择图层"目录"的第 10 帧、图层"内容 2"的第 20 帧、图层"内容 4"的第 30 帧、图层"后封面"的第 31 帧,按【F9】键打开"动作"面板,编写相同的代码。

（2）选择图层"前封面"的第 1 帧,然后单击舞台中的元件"前封面",按【F9】键打开"动作"面板,编写如图 6-128 所示的代码。选择图层"目录"的第 10 帧,然后单击舞台中的元件"目录",按【F9】键打开"动作"面板,编写如图 6-129 所示的代码。

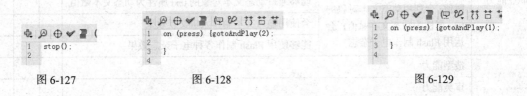

图 6-127　　　　　　　　图 6-128　　　　　　　　图 6-129

（3）选择图层"内容 2"的第 20 帧,然后单击舞台中的元件"内容 2",按【F9】键打开"动作"面板,编写如图 6-130 所示的代码。选择图层"内容 4"的第 30 帧,然后单击舞台中的元件"内容 4",按【F9】键打开"动作"面板,编写如图 6-131 所示的代码。

（4）选择图层"后封面"的第 31 帧,然后单击舞台中的元件"后封面",按【F9】键打开"动作"面板,编写如图 6-132 所示的代码。在舞台中分别选择元件"卷首语"、"内容 1"、"内容 3",

按【F9】键打开"动作"面板，编写如图 6-133、图 6-134 和图 6-135 所示的代码。至此，代码全部编写完，时间轴的所有帧情况如图 6-136 所示。

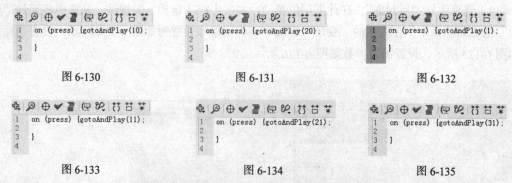

图 6-130   图 6-131   图 6-132

图 6-133   图 6-134   图 6-135

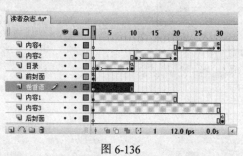

图 6-136

5．调试、测试、发布动画

按【Ctrl+Enter】快捷键发布并测试影片，对不满意之处进行修改。

6.4.4　评价考核

表 6-1　　　　　　　　　　　　　　　任务评价考核表

能力类型	考核内容		评价		
	学习目标	评价项目	3	2	1
职业能力	掌握常用文字滤镜的使用方法；掌握输入文本的使用方法；会用变量赋值为动态文本赋值；会利用动态文本对象的 text 属性为动态文本赋值；会运用 Flash 制作电子杂志	能够制作常用文字滤镜效果			
		能够使用变量赋值为动态文本赋值			
		能够通过动态文本对象的 text 属性为动态文本赋值			
		会使用输入文本制作人机交互效果			
		能够使用 Flash 制作各种电子杂志效果			
通用能力	造型能力				
	审美能力				
	组织能力				
	解决问题能力				
	自主学习能力				
	创新能力				
综合评价					

6.5　学生课外拓展——制作菜谱

6.5.1　参考制作效果

本案例设计的是韩式菜谱，如图 6-137 所示。每一个页面由美食图片和菜名两部分组成。美食图片作为媒介刺激消费，通过单击"上一页"和"下一页"按钮手动翻页，实现随心所欲地点菜效果。

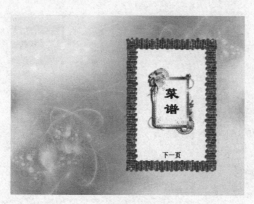

图 6-137

6.5.2　知识要点

使用文本工具添加文本；使用"变形"面板改变图像的大小；使用任意变形工具调整图形大小和位置；使用补间动画制作翻书动画效果。

6.5.3　参考制作过程

1．创建文档

新建文档，设置舞台尺寸为 800 像素 × 600 像素、背景颜色为白色，其他值为默认值。保存影片文档为"菜谱.fla"。

2．制作动画

（1）执行"文件" > "导入" > "导入到库"命令，选择"菜谱素材"文件夹中的所有图片，单击"打开"按钮，将素材导入到库中，如图 6-138 所示。

（2）将库中的所有图片转化为图形元件，如图 6-139 所示。

（3）将图层 1 重命名为"背景"，从库中将"背景"元件拖曳到场景中，用"对齐"面板使其与舞台对齐并和舞台同样大小，如图 6-140 所示。

（4）新建图层并命名为"封面"，从库中将"封面"元件拖曳到场景中，缩小封面元件，设置"变形"面板参数如图 6-141 所示，放到舞台中的合适位置，如图 6-142 所示。

图 6-138　　　　　　　　　　　　　图 6-139

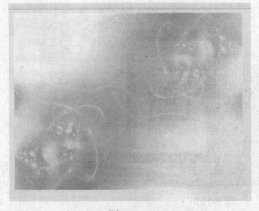

图 6-140　　　　　　　　　　　　　图 6-141

（5）分别选择"封面"图层的第 2 帧、第 12 帧，插入关键帧。选择"封面"图层的第 12 帧，选择任意变形工具，在舞台中选择"封面"实例，按住【Alt】键的同时，选择右侧的控制手柄向左拖曳到合适的位置，如图 6-143 所示。用鼠标右键单击"封面"图层的第 2 帧，在弹出的快捷菜单中选择"创建补间动画"命令，生成动作补间动画。

图 6-142　　　　　　　　　　　　　图 6-143

（6）创建新图层并命名为"封面背面"，选择"封面背面"图层的第 12 帧，插入关键帧。将库中的图形元件"封面背面"拖曳到舞台中，改变其大小，设置"变形"面板参数如图 6-144 所示，然后将其放置到合适的位置，与"封面"实例保持同一高度，如图 6-145 所示。

（7）选择"封面背面"图层的第 22 帧，插入关键帧。选择任意变形工具，选择"封面背面"图层的第 12 帧，在舞台中选择"封面背面"实

图 6-144

例，按住【Alt】键的同时，选择左侧中间的控制手柄，将图形向右变形至最小，高度保持不变，如图 6-146 所示。用鼠标右键单击"封面"图层的第 12 帧，在弹出的快捷菜单中选择"创建补间动画"命令，生成动作补间动画。

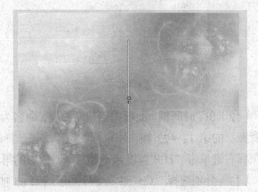

图 6-145   图 6-146

（8）分别在"时间轴"面板中创建新图层，分别命名为"韩酱烤五花肉"、"日式盖饭亲子井"、"鸡丝炒乌冬"、"呖沙米粉"、"泰式柚子虾沙拉"，并按次序拖曳到"封面"图层的下方，如图 6-147 所示。将库中的图形元件"韩酱烤五花肉"拖曳到"韩酱烤五花肉"图层的窗口中，并改变其大小，设置"变形"面板参数如图 6-148 所示。用相同的方法将"日式盖饭亲子井"、"鸡丝炒乌冬"、"呖沙米粉"、"泰式柚子虾沙拉"分别拖曳到对应图层的窗口中，并放置到与"封面"实例的同一位置。

图 6-147   图 6-148

（9）分别选择"韩酱烤五花肉"图层的第 23 帧和第 33 帧，在选中的帧上插入关键帧。选中"韩酱烤五花肉"图层的第 33 帧，选择任意变形工具，在舞台中选择"韩酱烤五花肉"实例，按住【Alt】键的同时，选择右侧的控制手柄向左拖曳到合适的位置，如图 6-149 所示。用鼠标右键单击"韩酱烤五花肉"图层的第 23 帧，在弹出的快捷菜单中选择"创建补间动画"命令，生成动作补间动画。

（10）在"时间轴"面板中创建新图层，命名为"韩酱烤五花肉背面"，并拖曳到顶层。选择"封面背面"的第 12～22 帧，用鼠标右键单击被选择的帧，在弹出的快捷菜单中选择"复制帧"命令，用鼠标右键单击"韩酱烤五花肉背面"图层的第 33 帧，在弹出的快捷菜单中选择"粘贴帧"命令。延长所有图层的帧到第 105 帧。

（11）分别选择"日式盖饭亲子井"图层的第 44 帧和第 54 帧，在选择的帧上插入关键帧。选择"日式盖饭亲子井"图层的第 54 帧，选择任意变形工具，在舞台中选择"日式盖饭亲子井"实例，按住【Alt】键的同时，选择右侧的控制手柄向左拖曳到合适的位置，如图 6-150 所示。用鼠标右键单击"日式盖饭亲子井"图层的第 44 帧，在弹出的快捷菜单中选择"创建补间动画"命令，生成动作补间动画。

图 6-149

图 6-150

（12）在"时间轴"面板中创建新图层，命名为"日式盖饭亲子井背面"，并拖曳到顶层。选择"封面背面"的第 12～22 帧，用鼠标右键单击被选择的帧，在弹出的快捷菜单中选择"复制帧"命令，用鼠标右键单击"日式盖饭亲子井背面"图层的第 54 帧，在弹出的快捷菜单中选择"粘贴帧"命令。

（13）分别选择"鸡丝炒乌冬"图层的第 65 帧和第 75 帧，在选择的帧上插入关键帧。选择"鸡丝炒乌冬"图层的第 75 帧，选择任意变形工具，在舞台中选择"日式盖饭亲子井"实例，按住【Alt】键的同时，选择右侧的控制手柄向左拖曳到合适的位置，如图 6-151 所示。用鼠标右键单击"鸡丝炒乌冬"图层的第 65 帧，在弹出的快捷菜单中选择"创建补间动画"命令，生成动作补间动画。

（14）在"时间轴"面板中创建新图层，命名为"鸡丝炒乌冬背面"，并拖曳到顶层。选择"封面背面"的第 12～22 帧，用鼠标右键单击被选择的帧，在弹出的快捷菜单中选择"复制帧"命令，用鼠标右键单击"鸡丝炒乌冬背面"图层的第 75 帧，在弹出的快捷菜单中选择"粘贴帧"命令。

（15）分别选择"呖沙米粉"图层的第 86 帧和第 96 帧，在选择的帧上插入关键帧。选择"呖沙米粉"图层的第 96 帧，选择任意变形工具，在舞台中选择"呖沙米粉"实例，按住【Alt】键的同时，选择右侧的控制手柄向左拖曳到合适的位置，如图 6-152 所示。用鼠标右键单击"呖沙米粉"图层的第 86 帧，在弹出的快捷菜单中选择"创建补间动画"命令，生成动作补间动画。

图 6-151

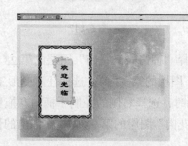

图 6-152

（16）在"时间轴"面板中创建新图层，命名为"呖沙米粉背面"，并拖曳到顶层。选择"封面背面"的第 12～22 帧，用鼠标右键单击被选择的帧，在弹出的快捷菜单中选择"复制帧"命令，用鼠标右键单击"呖沙米粉背面"图层的第 96 帧，在弹出的快捷菜单中选择"粘贴帧"命令。时间轴上帧的情况如图 6-153 所示。

3. 制作按钮元件

（1）执行"插入"＞"新建元件"命令，打开"创建新元件"对话框。选择"按钮"类型，命名为"上一页"，单击"确定"按钮，进入"上一页"编辑界面，用文本工具输入"上一页"3个字，将帧延长到"点击"，如图 6-154 所示。

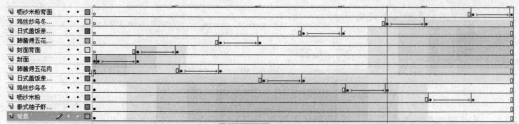

图 6-153

（2）执行"插入"＞"新建元件"命令，打开"创建新元件"对话框。选择"按钮"类型，命名为"下一页"，单击"确定"按钮，进入"下一页"编辑界面，用文本工具输入"下一页"3个字，将帧延长到"点击"，如图 6-155 所示。

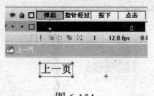

图 6-154   图 6-155

4．编写代码

（1）新建 3 个图层，从上到下依次命名为"动作"、"上一页"和"下一页"。

（2）分别选择"动作"图层的第 1 帧、第 22 帧、第 43 帧、第 64 帧、第 85 帧和第 107 帧，将这些帧转化为关键帧。选择关键帧，按【F9】键打开"动作"面板，编写相同的代码，如图 6-156 所示。

（3）选择"下一页"图层的第 1 帧，从库中将"下一页"按钮元件拖曳到舞台中，放到合适的位置，如图 6-157 所示。

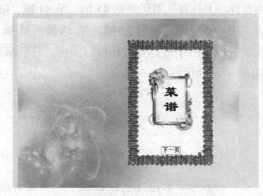

图 6-156   图 6-157

（4）分别选择"下一页"图层的第 22 帧、第 43 帧、第 64 帧、第 85 帧和第 107 帧，将这些帧转化为关键帧。分别在"下一页"图层的第 1 帧、第 22 帧、第 43 帧、第 64 帧、第 85 帧和第 107 帧处，选择"下一页"按钮实例，按【F9】键打开"动作"面板，分别编写如图 6-158、图 6-159、图 6-160、图 6-161、图 6-162 和图 6-163 所示的代码。

（5）选择"上一页"图层的第 22 帧，插入关键帧。从库中将"上一页"按钮元件拖曳到舞台中，放到合适的位置，如图 6-164 所示。

on (press) {gotoAndPlay(2);
}

图 6-158

on (press) {gotoAndPlay(23);
}

图 6-159

on (press) {gotoAndPlay(44);
}

图 6-160

on (press) {gotoAndPlay(65);
}

图 6-161

on (press) {gotoAndPlay(86);
}

图 6-162

on (press) {gotoAndPlay(1);
}

图 6-163

图 6-164

（6）分别选择"上一页"图层的第 43 帧、第 64 帧、第 85 帧和第 107 帧，将这些帧转化为关键帧。分别在"上一页"图层的第 22 帧、第 43 帧、第 64 帧、第 85 帧和第 107 帧处，选择"上一页"按钮实例，按【F9】键打开"动作"面板，分别编写如图 6-165、图 6-166、图 6-167、图 6-168 和图 6-169 所示的代码。

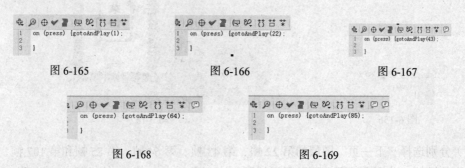

on (press) {gotoAndPlay(1);
}

图 6-165

on (press) {gotoAndPlay(22);
}

图 6-166

on (press) {gotoAndPlay(43);
}

图 6-167

on (press) {gotoAndPlay(64);
}

图 6-168

on (press) {gotoAndPlay(85);
}

图 6-169

5. 调试、测试、发布动画

按【Ctrl+Enter】快捷键发布并测试影片。

第7章
动画片制作

本章简介：

网上大量可爱的动画形象都是由 Flash 制作出来的。用 Flash 制作的动画片体积小巧、使用灵活方便，深受人们的喜爱。

本章将学习行为和模板的使用。按分镜头制作动画、将分镜头情节完全放入影片剪辑元件中、制作同一角色的不同动作、元件和动画补间的搭配使用、使用逐帧动画制作所需效果、情节的连续和分镜头的承接技巧等。通过本章内容的学习，读者可掌握用 Flash 制作动画片的技巧。

学习目标：

- 行为和模板的使用
- 鱼儿游、猫和老鼠、简单爱动画片的制作

7.1 行为和模板——知识准备

7.1.1 行为

行为是预定义的脚本，是可以附加到 FLA 文件中的对象。行为提供的功能有帧导航、加载外部 SWF 文件和 JPEG 文件、控制影片剪辑的堆叠顺序，以及影片剪辑拖曳等。执行"窗口">"行为"命令，可以打开"行为"面板，如图 7-1 所示。

含有行为的 FLA 文件和不含行为的 FLA 文件之间的主要区别，在于编辑项目时必须使用的工作流程不同。如果使用行为，则必须在舞台上选择每个实例，或选择舞台，然后打开"动作"面板或"行为"面板进行修改。行为可以实现多种效果，可以对实例使用行为，以便将其排列在帧上的堆叠顺序中，以及加载、卸载、播放、停止、直接复制或拖

图 7-1

动影片剪辑，或者链接到 URL。此外，还可以使用行为将外部图形或动画遮罩加载到影片剪辑中。

Flash 的行为有如下几种。

（1）加载图形：将外部 JPEG 文件加载到影片剪辑或屏幕中。选择 JPEG 文件的路径和输入文件名、接收图形的影片剪辑或屏幕的实例名称。

（2）加载外部影片剪辑：将外部 SWF 文件加载到目标影片剪辑或屏幕中。输入外部 SWF 文件的 URL 和接收 SWF 文件的影片剪辑或屏幕的实例名称。

（3）直接重制影片剪辑：直接重制影片剪辑或屏幕。输入要直接重制的影片剪辑的实例名称和从原本到副本的 X 轴及 Y 轴偏移像素数。

（4）转到帧或标签并在该处播放：从特定帧播放影片剪辑。输入要播放的目标剪辑的实例名称。选择要播放的帧号或标签。

（5）转到帧或标签并在该处停止：停止影片剪辑，并根据需要将播放头移到某个特定帧。输入要停止的目标剪辑的实例名称。选择要停止的帧号或标签。

（6）移到最前：将目标影片剪辑或屏幕移到堆叠顺序的顶部。输入影片剪辑或屏幕的实例名称。

（7）上移一层：将目标影片剪辑或屏幕在堆叠顺序中上移一层。输入影片剪辑或屏幕的实例名称。

（8）移到最后：将目标影片剪辑移到堆叠顺序的底部。输入影片剪辑或屏幕的实例名称。

（9）下移一层：将目标影片剪辑或屏幕在堆叠顺序中下移一层。输入影片剪辑或屏幕的实例名称。

（10）开始拖曳影片剪辑：开始拖曳影片剪辑。输入影片剪辑或屏幕的实例名称。

（11）停止拖曳影片剪辑：停止当前的拖曳操作。

（12）卸载影片剪辑：从 Flash Player 中删除通过 loadMovie()加载的影片剪辑。输入影片剪辑的实例名称。

实例练习——使用"行为"面板来加载图形

（1）新建 Flash 文档，执行"窗口">"行为"命令，打开"行为"面板。

（2）单击"行为"面板上的"+"按钮，添加行为，选择下拉菜单中的"影片剪辑">"加载

图像"命令，如图 7-2 所示。

（3）在弹出的"加载图像"对话框中输入要加载图片的路径，如图 7-3 所示。

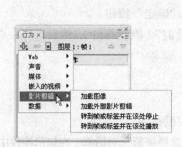

图 7-2

图 7-3

（4）回到"未命名-1"文档，按【Ctrl+Enter】快捷键测试影片，效果如图 7-4 所示。

下面列举几种行为的具体操作。

1．使用行为控制声音

通过使用声音行为可以将声音添加至文档并控制声音的回放。使用这些行为添加声音将会创建声音的实例，然后使用该实例控制声音。

● 使用行为将声音载入文件。

（1）选择要用于触发行为的对象（如按钮）。

（2）在"行为"面板（"窗口">"行为"）中，单击"增加"（+）按钮，然后选择"声音">"从库加载声音"或者"声音">"加载 MP3 流文件"命令。

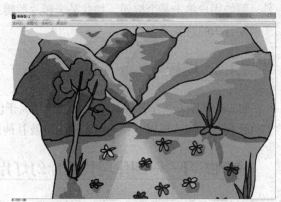

图 7-4

（3）在"加载声音"对话框中，输入"库"中声音的链接标识符或 MP3 流文件的声音位置。然后，输入这个声音实例的名称并单击"确定"按钮。

（4）在"行为"面板中的"事件"下，单击"释放时"（默认事件），然后从此菜单中选择一个鼠标事件。如要使用 On（Release）事件，不要更改此选项。

● 使用行为播放。

（1）选择要用于触发行为的对象（如按钮）。

（2）在"行为"面板（"窗口">"行为"）中，单击"增加"（+）按钮。

（3）选择"声音">"播放声音"、"声音">"停止声音"或"声音">"停止所有声音"命令。

（4）在出现的对话框中，执行以下操作之一。

ａ．输入链接标识符和要播放或要停止的声音的实例名称，然后单击"确定"按钮。

ｂ．单击"确定"按钮确认要停止所有声音。

（5）在"行为"面板中的"事件"下，单击"释放时"（默认事件），然后从此菜单中选择一个鼠标事件。

2．使用行为控制视频回放

（1）选择要触发该行为的影片剪辑。

（2）在"行为"面板（"窗口" > "行为"）中，单击"增加"（+）按钮，然后从"嵌入的视频"子菜单中选择所需的行为。

（3）选择要控制的视频。

（4）选择相对或绝对路径。

（5）若有必要，选择行为参数的设置，然后单击"确定"按钮。

（6）在"行为"面板中的"事件"下，单击"释放时"（默认事件），然后选择一个鼠标事件。

3．使用行为将控件添加到屏幕

（1）选择要触发行为的按钮、影片剪辑或屏幕。

（2）在"行为"面板中，单击"增加"（+）按钮。

（3）选择"屏幕"，然后从子菜单中选择所需的控制行为。

（4）如果行为要求用户选择目标屏幕，则会出现"选择屏幕"对话框。在树形控件中选择目标屏幕，单击"相对"以使用相对目标路径，或单击"绝对"以使用绝对目标路径，然后单击"确定"按钮。

（5）在"事件"列中单击新行为的行，然后从列表中选择一个事件。这将指定触发行为的事件，例如用户单击某个按钮、加载某个影片剪辑或某个屏幕获得焦点。可用事件的列表取决于用于触发行为的对象类型。

7.1.2　模板

Flash 模板为创作各种常见项目提供了易于使用的起点。有许多模板可供项目使用，如照片幻灯片模板、测验模板、移动内容模板以及其他许多项目模板。

实例练习——制作现代照片幻灯片放映效果

（1）选择"文件" > "新建"命令，打开"新建文档"对话框，如图 7-5 所示。

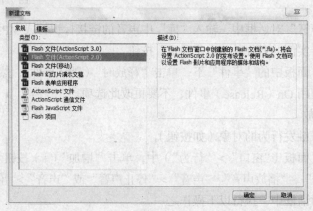

图 7-5

（2）切换到"模板"选项卡，在"类别"列表中选择"照片幻灯片放映"，然后在"模板"列表中选择"现代照片幻灯片放映"，如图 7-6 所示。

（3）单击"确定"按钮，打开 Flash 文档，时间轴如图 7-7 所示。

（4）导入若干张图片到库中，在 picture layer 图层当中选择和图片数量一样的帧数，按【F7】键插入逐帧空白关键帧。

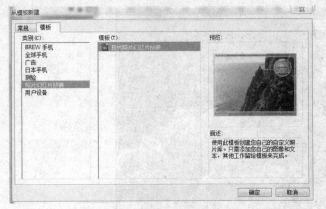

图 7-6　　　　　　　　　　　　　　　　　　　　图 7-7

（5）在每一个关键帧中从库中拖曳入一个位图，分别调整每个图片的大小和位置，宽为 640、高为 480、x 为 0、y 为 0。

（6）在每个图层上添加相应的帧数，时间轴变为图 7-8 所示。

（7）按【Ctrl+Enter】快捷键测试影片，效果如图 7-9 所示。

图 7-8　　　　　　　　　　　　　　　　　　　图 7-9

7.2　任务——鱼儿游

7.2.1　案例效果分析

本实例是一个引入实例——鱼儿游。鱼儿游是一个鱼儿在水中游来游去的小动画，主要学习了元件的应用方法。

鱼儿游使用了 5 个绘制鱼儿不同形态的图形元件，组成一个影片剪辑元件，由影片剪辑元件内部放置图形元件的顺序和帧数来控制鱼儿的动作，然后导入背景图片，并将影片剪辑元件放置在合适的位置做补间动画，这样就完成了这个引入实例。

图 7-10

7.2.2　设计思路

本例在元件的不同关键帧中改变鱼儿的形状，以形成鱼儿在水中不断穿梭、翻腾的动画效果。

7.2.3　相关知识和技能点

（1）Flash 当中的形状处于一种分散的状态，在绘制鱼儿形状时，每出现一处重叠的线条，鱼儿形状即被分割成分散的形状。在调整颜色时要注意，鱼儿身体是由多个分散的色块构成的，将颜色统一调配。

（2）将 5 个形态不同的鱼儿图形元件放置在一个影片剪辑元件当中，再对影片剪辑元件设置补间动画进行位置的改变，从而制成鱼儿游来游去的效果。

7.2.4　任务实施

（1）按【Ctrl+N】快捷键，创建一个新的 Flash 文件。

（2）按【Ctrl+F8】快捷键，弹出"创建新元件"对话框，在"名称"文本框中输入"1"，选择类型为"图形"，如图 7-11 所示。

（3）单击"确定"按钮，进入该元件的编辑窗口，选择工具箱中的铅笔工具，在舞台的中心绘制鱼儿的轮廓，如图 7-12 所示。

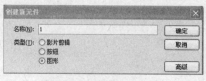
图 7-11

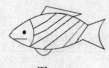
图 7-12

（4）在"属性"面板中设置填充色为#FFBA94，使用颜料桶工具填充鱼的身体部分，如图 7-13所示。

（5）更改填充色为#FF9A63，填充鱼的头部，如图 7-14 所示。

（6）更改填充色为#FF7939，填充鱼身上的花纹，如图 7-15 所示。

（7）删除鱼儿轮廓线如图 7-16 所示。至此，"1"元件完成。

| 图 7-13 | 图 7-14 | 图 7-15 | 图 7-16 |

（8）按【Ctrl+L】快捷键打开"库"面板，选中"1"元件，用鼠标右键单击，在弹出的快捷菜单中选择"直接复制"命令，弹出"直接复制元件"对话框，修改文件名为"2"，如图 7-17 所示。

（9）单击"确定"按钮，进入元件"2"的编辑窗口，选择工具箱中的任意变形工具和选择工具，调整鱼儿的形状。

图 7-17

（10）重复步骤（8）、（9）的操作，复制 3、4、5 元件，依次调整鱼儿的形状，如图 7-18 所示。

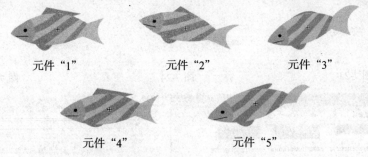

元件"1"　　　　　元件"2"　　　　　元件"3"

元件"4"　　　　　元件"5"

图 7-18

（11）按【Ctrl+F8】快捷键新建元件，命名为"鱼儿"，选择元件类型为"影片剪辑"，如图 7-19 所示。

（12）单击"确定"按钮，进入新建影片剪辑元件的编辑窗口，从"库"面板中拖曳"1"元件到如图 7-20 所示的位置。

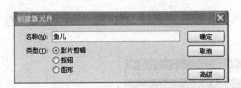

图 7-19　　　　　　　　　　　　　　　　图 7-20

（13）选中第 4 帧，按【F7】键插入空白关键帧，将元件"2"拖曳到如图 7-21 所示的位置。

（14）在第 12 帧处插入空白关键帧，从"库"面板中拖曳元件"3"到如图 7-22 所示的位置。

（15）在第 15 帧处插入空白关键帧，从"库"面板中拖曳元件"5"到如图 7-23 所示的位置。

（16）在第 18 帧处插入空白关键帧，从"库"面板中拖曳元件"4"到如图 7-24 所示的位置。

（17）选中第 27 帧，按【F5】键插入普通帧，如图 7-25 所示。

（18）单击"场景 1"图标，回到场景 1，执行"文件" > "导入" > "导入到库"命令，导入一幅图片，如图 7-26 所示，并调整大小，使之覆盖整个舞台，如图 7-27 所示。

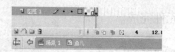

图 7-21   图 7-22

（8）按【Ctrl+L】组合键弹出"库"面板，将"鱼儿"元件从库面板拖曳到舞台，然后进行位置、 缩放样式、方向及角度调整，进而得到"鱼儿游动"效果。

（9）重新创建图层，在图层的第 4 帧、第 5 帧插入动态鱼儿图像，如图7-18所示。

图 7-23   图 7-24   图 7-25

图 7-26   图 7-27

（19）单击"时间轴"面板中"插入图层"按钮，新建"图层 2"，从"库"面板中拖曳若干个"鱼儿"元件到图层 2 中，如图 7-28 所示。

图 7-28

（20）按【Ctrl+Enter】快捷键测试影片。

7.3 任务二——猫和老鼠

7.3.1 案例效果分析

（1）故事情节：一只猫在老鼠洞边等着捉老鼠，老鼠一直不出来，猫等得睡着了，听见猫的打鼾声，老鼠纷纷跑出洞来。

（2）场景设计：应用了 3 个场景，分别 Loading 页面、字幕和故事场景。Loading 页面由线条和圆圈构成，通过按钮跳转到字幕场景；字幕场景包括线条和闪烁小星的变化，最后出现标题——猫和老鼠，通过 Enter 按钮进入故事情节场景。

（3）具体任务分解：故事情节具体分为绘制背景、绘制角色、小猫打鼾、老鼠出洞几个小任务。分别制作元件完成这些小任务，并将情节连贯起来，即构成本实例，效果如图 7-29 所示。

图 7-29

7.3.2 设计思路

实例由 3 个场景构成，按照场景可分为 3 部分。第一部分为 Loading 页面，第二部分为字幕，第三部分是故事情节：一只小花猫在老鼠洞口等老鼠出来等得睡着了，小老鼠们听到猫的打鼾声，纷纷跑了出来。

7.3.3 相关知识和技能点

（1）使用了 Loading、text 和 maohelaoshu 共 3 个场景，场景之间采用按钮连接，本实例故事情节的实现是将最后一个场景 maohelaoshu 循环播放，猫不断地打呼，老鼠不断地跑出来。

（2）使用 Flash 当中的各种元件，并通过实例使大家切实了解元件的应用：场景的连接使用按钮元件，角色——猫和老鼠是图形元件，猫打鼾的 "Z" 图形是影片剪辑元件。

7.3.4 任务实施

1. 制作 Loading 页面

本部分制作效果如图 7-30 所示。

（1）新建 Flash 文件，执行"窗口" > "其他面板" > "场景"命令，选中"场景 1"，修改名称为"Loading"，如图 7-31 所示。

（2）新建一个图形元件，命名为 circle，如图 7-32 所示。

（3）新建一个图形元件，命名为 ring，如图 7-33 所示。

（4）新建一个图形元件，命名为 backgr，作为 Loading 背景，分别拖曳多个图形元件 circle 和 ring 至舞台，并按不同大小放置，如图 7-34 所示。

（5）新建一个按钮元件，命名为 click，作为 Loading 结束后的链接，如图 7-35 所示。

（6）返回主场景 Loading，在时间轴上新建一个图层，命名为 BACK。在第 1 帧拖曳图形元件 backgr 至舞台，在时间轴第 4 帧按【F5】键插入普通帧，如图 7-36 所示。

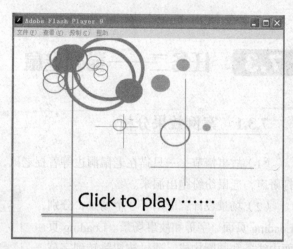

图 7-30

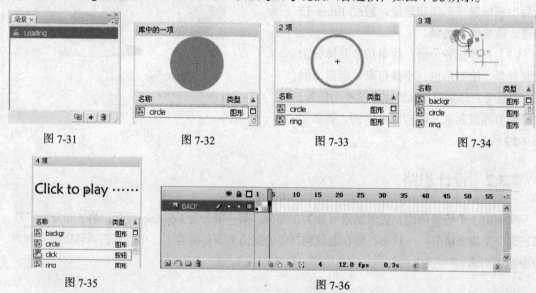

图 7-31　　　　　图 7-32　　　　　图 7-33　　　　　图 7-34

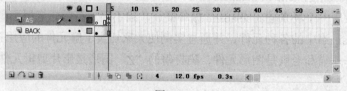

图 7-35　　　　　　　　　　　图 7-36

（7）在主场景新建一个图层，命名为 AS，在 AS 图层的第 4 帧处插入关键帧，按【F9】键打开"动作"面板，输入语句"stop();"，时间轴如图 7-37 所示。

图 7-37

（8）执行"插入"＞"场景"命令，会看到出现"场景 2"，将场景 2 改名为 text，如图 7-38 所示。

（9）在 AS 图层的第 4 帧处拖曳按钮元件 click，按【F9】键，在"动作"面板中输入语句 "on(press){gotoAndPlay("text",1);}"，此时 Loading 完工，时间轴如图 7-39 所示。

2．制作字幕

（1）进入 text 场景，在图层 1 上绘制一个黑色矩形，设置宽为 550、高为 400、x 为 0、y 为 0，使之布满整个舞台，成为黑色背景。

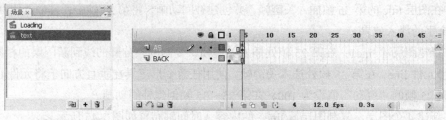

图 7-38　　　　　　　　　　　　　　　　图 7-39

（2）新建图层，以 light 命名，使用椭圆工具在舞台中央绘制一个圆形，执行"修改">"形状">"柔化填充边缘"命令，弹出"柔化填充边缘"对话框，如图 7-40 所示，柔化效果如图 7-41 所示。

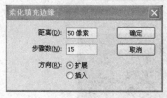

图 7-40　　　　　　　　　　　　　　　　图 7-41

（3）按【F8】键，将柔化边缘处理后的圆形转化为元件，命名为 L1。

（4）在第 5 帧处插入关键帧，设置第 1 帧中元件的透明度 Alpha 值为 0，在 1～5 帧创建补间动画，编辑光线淡入效果。

（5）在第 10 帧处插入关键帧，使用任意变形工具对光圈进行变形处理，设置其透明度 Alpha 值为 80%，效果如图 7-42 所示。

（6）新建图层 line_1，在第 5 帧处插入关键帧，在舞台中央绘制一条直线，设置颜色为#666666、样式为"极细"，在第 10 帧处插入关键帧后，将第 5 帧中的线条缩到最短，在第 5～10 帧中间设置形状补间，如图 7-43 所示。

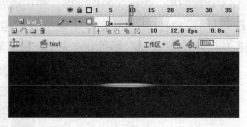

图 7-42　　　　　　　　　　　　　　　　图 7-43

（7）新建图层 title，在第 25 帧处按【F6】键插入关键帧，在舞台中央输入文本"猫和老鼠"，字体为隶书、白色、粗体，按【F8】键，将其转化为图形元件 title。

（8）新建图层 line_2，在第 10 帧处按【F6】键插入关键帧，复制 line_1 图层中第 10 帧的直线，粘贴到当前位置。分别在这两个图层的第 25 帧处插入关键帧并创建形状补间，将图层 line_1 中的线条向下移、图层 line_2 中的线条向上移，将标题夹在它们之间，如图 7-44 所示。

（9）在图层 light 的第 25 帧插入关键帧并创建

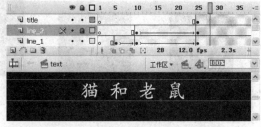

图 7-44

补间动画，使用任意变形工具放大该帧中的元件，并在"属性"面板上将该元件的透明度设为 0。

（10）在图层 title 的第 55 帧插入关键帧，并创建补间动画，将第 25 帧中元件的透明度设为 0，形成标题文字的淡入效果。

（11）新建图层 g_line1，在第 25 帧处插入关键帧，复制两条分开的线到新图层的相同位置，转换成图形元件 line，在第 35 帧处插入关键帧，使用任意变形工具在垂直方向上将元件 line 进行拉伸，将第 25 帧的"缓动"值设为 100，在第 25～35 帧创建补间动画。

（12）新建 4 个图层，复制图层 g_line1 的内容，时间轴布置如图 7-45 所示。

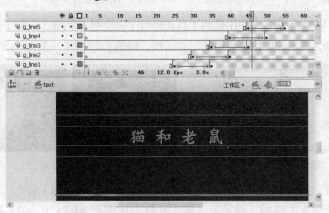

图 7-45

（13）新建图层 m-circle，在第 40 帧处插入关键帧，绘制如图 7-46 所示的发光小球，并进行组合。对该图形进行 15 次复制，使用"修改">"对齐"下的命令，使其以线条为参考均匀排列。

（14）选中第 41～55 帧，按【F6】键逐帧插入关键帧，从第 40 帧开始，逐帧删除后面的 14 个、13 个小球组合……一直到第 55 帧，生成小球依次出现的动画效果。

（15）新建图层 m-light，选择相应帧，插入如图 7-47 所示的小球发光效果。

（16）新建图层，为标题制作倒影，并在最后一帧插入关键帧，按【F9】键，输入"stop();"。添加按钮元件 ENTER，按【F9】键，在"动作"面板中输入语句"on(press){gotoAndPlay("maohelaoshu",1);}"，此时场景 text 完工，最终效果如图 7-48 所示。

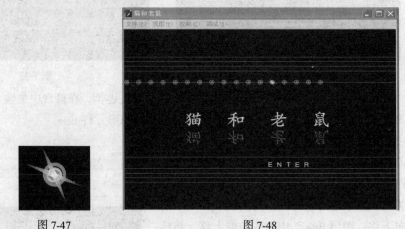

图 7-46   图 7-47   图 7-48

3．制作故事情节

（1）新建场景 3，更名为 maohelaoshu。绘制一个矩形框，填充背景颜色为#FFFFCC。

（2）将图层命名 wall，绘制如图 7-49 所示的墙壁图形，然后按【Ctrl+G】快捷键进行组合。

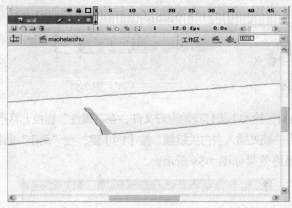

图 7-49

（3）在图层 wall 下面新建图层 floor，绘制如图 7-50 所示的黑色不规则图形，作为墙壁上小洞的阴影，效果如图 7-51 所示。

（4）新建图形元件 mouse，绘制老鼠的卡通形象，如图 7-52 所示。

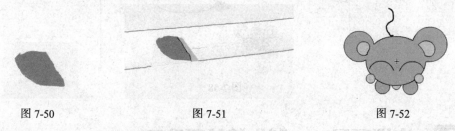

　　图 7-50　　　　　　　　　　　　图 7-51　　　　　　　　　　　　图 7-52

（5）新建图形元件 cat，绘制小猫睡觉的图形，如图 7-53 所示。

（6）在 floor 图层上新建一个图层 mouse1，在时间轴上第 5 帧处按【F6】键插入关键帧，将 mouse 元件拖曳至舞台并放置在洞口的位置，如图 7-54 所示。

（7）在 mouse1 图层上第 15 帧和 30 帧处插入关键帧，将第 5 帧中 mouse 元件的透明度设为 0%。将第 30 帧中的 mouse 元件拖曳至洞外。在第 5～15、15～30 帧创建补间动画，效果如图 7-55 所示。

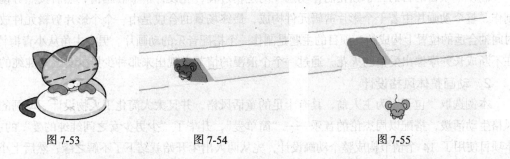

　　图 7-53　　　　　　　图 7-54　　　　　　　图 7-55

（8）新建图层 mouse2、mouse3，选中图层 mouse1 的第 5～30 帧，在右键菜单中选择“复制帧”命令，分别在 mouse2 图层的第 30 帧处和 mouse3 图层的第 60 帧处执行“粘贴帧”命令。

（9）在图层 mouse1 的第 40 帧处、图层 mouse2 的第 70 帧处和图层 mouse3 的第 95 帧处插入关键帧，分别将 mouse 元件拖曳至舞台以外的下方、右方和左方。

（10）新建图层 cat，将图形元件 cat 拖曳至舞台，新建图形元件 z，如图 7-56 所示，插入 3 个关键帧，使 3 个 z 依次出现，制作打鼾效果。z 元件的时间轴如图 7-57 所示。

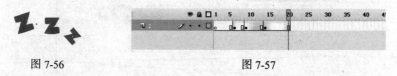

图 7-56   图 7-57

（11）新建图层 sound，导入小猫打呼的声音文件，在"属性"面板上将声音的"同步"属性设为"事件"、"循环"，在最后一帧处插入空白关键帧，按【F9】键，在"动作"面板上输入语句"stop();"。

（12）测试影片，最终效果如图 7-58 所示。

图 7-58

7.4 实训项目——制作简单爱动画

7.4.1 实训目的

1．制作动画的目的与主题

制作本项目的目的在于强化制作动画片的逻辑过程，先设计情节和剧情，然后按照分镜头的制作，整个动画片由若干个影片剪辑元件构成，最终场景的合成是由一个个影片剪辑元件放置在时间轴合适的位置上构成的。项目的主题是制作一个搭配音乐的动画片。男女主角从小青梅竹马，在不断成长并摩擦出爱情的火花，通过一个个浪漫的情节表现出来那种少男少女之间纯纯的爱。

2．动画整体风格设计

本例选取"包子"为主人翁，具有十足的童话风格，并且大大简化了人物设计。动画的整体风格生动活泼，搭配以周杰伦的音乐——"简单爱"，升华了"少男少女之间纯纯的爱"的主题。本项目使用了 14 个情节构成整个动画设计，先从两人出生开始就结下了不解之缘，然后上小学、初中，两人在河边约会并追逐，天晚了手牵手回家，然后骑单车去看棒球……

3．素材搜集与处理

素材的搜集主要包括：图片素材，搜集色彩明亮的河边、草地、棒球等背景图片；声音素材，周杰伦的"简单爱"歌曲；元件素材，多采用手绘而成。

7.4.2 实训要求

1. 按分镜头制作动画。
2. 将分镜头情节完全放入影片剪辑元件中。
3. 制作同一角色的不同动作。
4. 元件和动画补间的搭配使用。
5. 使用逐帧动画制作所需效果。
6. 情节的连续和分镜的承接技巧。

7.4.3 实训步骤

第一部分：前期设定

（1）新建一个 Flash 文档，导入声音"简单爱"，将声音的"同步"属性设为"数据流"，如图 7-59 所示。

图 7-59

（2）按【Enter】键播放声音，确定声音唱完一段的帧数，单击"属性"面板上的"编辑"按钮，编辑声音并设置声音的淡入淡出效果，如图 7-60、图 7-61 所示。

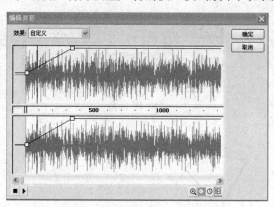

图 7-60

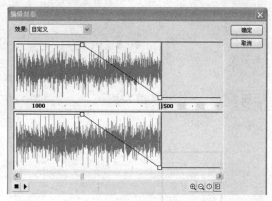

图 7-61

（3）新建图层，将歌词的每一句转换成元件，播放音乐，按【Enter】键暂停，将歌词放置到相应的位置，如图 7-62 所示。

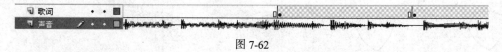

图 7-62

第二部分：绘制主角

（1）按【Ctrl+F8】快捷键新建一个影片剪辑元件，命名为"男孩身体"，切换到椭圆工具，设置笔触颜色为无色，填充色为#FFCC00，激活"对象绘制"选项，绘制一个椭圆，如图 7-63 所示。将填充色调整为#FFFF99，在该椭圆的上面绘制一个稍小的椭圆，如图 7-64 所示。

（2）新建图层，取消"对象绘制"选项，再绘制一个椭圆，打开"混色器"面板，选择类型为"线性"，在面板下端的滑块上设定两个颜色标签，分别为不透明度为 100%的白色和不透明度为 0%的白色，填充刚才绘制的形状，制作高光效果。

（3）新建元件，命名为"男孩头顶"，元件类型设置为"影片剪辑"，打开"混色器"面板，选择填充类型为"线性"，设置填充色为渐变的黄色，使用填充变形工具调整渐变色，并设置高光，如图 7-65 所示。

（4）绘制拳头，拳头是个正圆，用铅笔工具勾出高光，填充渐变色即可，如图 7-66 所示。

| 图 7-63 | 图 7-64 | 图 7-65 | 图 7-66 |

（5）绘制另一个拳头，复制刚才的正圆，调整高光方向即可，如图 7-67 所示。男孩整体形象如图 7-68 所示。

（6）绘制女孩身体，选中之前绘制的"男孩身体"元件，用鼠标右键单击，在弹出的快捷菜单中执行"直接复制"命令，在弹出的对话框中设定复制出的元件名称为"女孩身体"。双击"库"面板中"女孩身体"元件标签，进入该元件的编辑窗口进行修改。

（7）绘制女孩头顶，将女孩的头发绘制成如图 7-69 所示有尖端的形状。

（8）绘制女孩的蝴蝶结，新建影片剪辑元件，如图 7-70 所示，命名为"女孩蝴蝶结"。女孩蝴蝶结的绘制过程如图 7-71 所示。

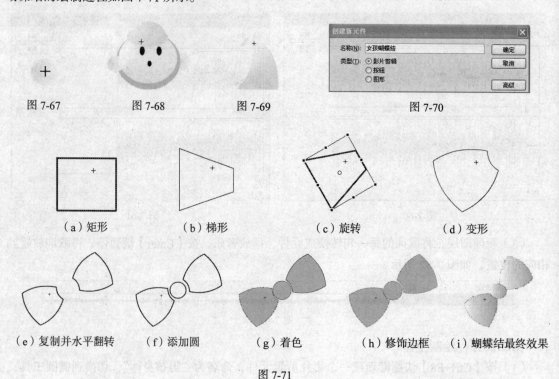

图 7-67　　　图 7-68　　　图 7-69　　　　　　　图 7-70

（a）矩形　　　（b）梯形　　　（c）旋转　　　（d）变形

（e）复制并水平翻转　（f）添加圆　（g）着色　（h）修饰边框　（i）蝴蝶结最终效果

图 7-71

（9）蝴蝶结做好后搭配到女孩头顶，女孩整体效果如图 7-72 所示。

（10）制作标题元件，如图 7-73 所示（可将心形转换为元件，并做一定动作）。

图 7-72

第三部分：制作流程

1．制作前奏

前奏由 4 个部分组成：开场白、抢奶瓶、抢漫画书、前奏结束语。

● 制作开场白。

（1）新建影片剪辑元件，命名为"开场白"，在图层 1 绘制一个和舞台一样大小的黑色矩形，按【Ctrl+K】快捷键打开"对齐"面板，先单击"相对于舞台按钮"按钮，然后分别单击"垂直中齐"和"水平中齐"按钮，将该黑色矩形放置在元件的中央。

（2）将图层 1 锁定，并添加图层，直接复制"男孩"元件，命名为"男孩生气"，改变男孩的眼睛和嘴巴，将"男孩生气"影片剪辑元件放置在图层 2 上，调整元件的位置和大小。

（3）将图层 2 锁定，并添加图层，直接复制"女孩"元件，命名为"女孩高兴"，改变女孩的眼睛和嘴巴，将"女孩高兴"影片剪辑元件放置在图层 3 上，调整元件的位置和大小。

（4）使用文本工具输入文本"我最早的回想，居然是我和她出生在同一个病房"，设置字体为华文新魏字体、40 号字号、白色。

（5）将字号调为 60，字体颜色改为#CCCCCC，再次输入文本"被她欺侮"。

（6）使用刷子工具，在文字"我和她"处绘制箭头，从"我"字出发的箭头指向男孩，从"她"字出发的箭头指向女孩。"开场白"元件的最终效果如图 7-74 所示。

图 7-73

图 7-74

● 制作抢奶瓶动画。

（1）新建影片剪辑元件，命名为"奶瓶"，在图层 1 中绘制奶瓶，绘制奶瓶的大致流程如图 7-75 所示。

图 7-75

（2）在"奶瓶"元件中新建一个图层，将背景调成灰色，然后新建遮罩层，对奶瓶中间的填充部分进行复制，按【Ctrl+Shift+V】快捷键，粘到新图层相同的坐标中，制作水位溢出奶瓶的效果。

（3）新建"抢奶瓶 1"元件，将"桌子"元件置于最下面的图层做背景，新建图层 2，将"男孩"元件拖曳至舞台，如图 7-76 所示。

（4）新建图层 3，将"奶瓶"元件拖曳至图层 3，在第 30 帧和 40 帧处插入关键帧，将第 40 帧的奶瓶向右拖曳至舞台外面，在第 30～40 帧创建补间动画，制作奶瓶被抢走的效果。

（5）新建"抢奶瓶 2"元件，仍将"桌子"元件做背景，把桌子向左移动。

（6）直接复制"男孩"元件，命名为"男孩追"，改变男孩眼睛、嘴巴和拳头的位置。

（7）直接复制"女孩"元件，命名为"女孩奶"，改变女孩眼睛、嘴巴的形状。

（8）新建图层，拖曳"奶瓶"元件，放置在女孩手中。

（9）加入对白，如图 7-77 所示。

图 7-76　　　　　　　　　　　　　　图 7-77

● 制作抢漫画书动画。

（1）绘制和舞台一样大的矩形，填充淡黄到淡蓝的渐变色作为背景。

（2）绘制黄绿色的椭圆作为地面。

（3）绘制两个类似椭圆形的阴影。

（4）直接复制男孩元件，命名为"男孩追"，改变男孩的眼睛和嘴巴以及拳头的位置。

（5）直接复制女孩元件，命名为"女孩得意"，改变女孩的眼睛和嘴巴的位置。

（6）制作图形元件"书"，放在"女孩得意"元件女孩的两个拳头之间。

（7）添加对白等文本，整体效果如图 7-78 所示。

● 制作前奏结束动画。

绘制一个和舞台一样大小的黑色矩形，并输入白色文本，如图 7-79 所示。

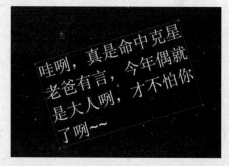

图 7-78　　　　　　　　　　　　　　图 7-79

2. 按照分镜制作动画

● 第一分镜情节。

男孩和女孩相约到河边，男孩先到河边，边等候边看风景，女孩来了慢慢地走到男孩身后，却害羞地垂下脸，不知怎么开口叫他。对应歌词"说不上为什么，我变得很主动，若爱上一个人，什么都会值得去做"。

设计步骤如下。

（1）新建元件文件夹，命名为"第一分镜"，按【Ctrl+F8】快捷键新建影片剪辑元件"1"，在元件"1"的图层 1 中导入"河边背景"图片。

（2）在库中直接复制"男孩"元件，命名为"男孩背影"，将男孩的眼睛和嘴巴删去，并将"男孩背影"元件放置在图层 2 中。

（3）在图层 2 的最后一帧插入"男孩"元件，制作迅速转身效果。

（4）直接复制"女孩"元件，命名为"女孩背影"，将女孩的眼睛和嘴巴删去。新建图层 3，在图层 3 的第 15 帧处插入关键帧，将"女孩背影"元件从库中拖曳至舞台。

（5）在图层 3 的第 55 帧处插入关键帧，将"女孩背影"元件放在男孩身后，并在第 15～55 帧创建补间动画，制作女孩慢慢走近男孩的效果。

（6）在图层 3 的第 56 帧处按【F7】键插入空白关键帧，新建"女孩害羞"元件，修改女孩的眼睛和嘴巴，并为女孩添加脸红效果。将"女孩害羞"元件拖曳至舞台。

（7）分别在图层 3 的第 70 帧、115 帧处插入关键帧，将第 115 帧的"女孩害羞"元件拖曳至舞台下方，在第 70～115 帧创建补间动画，制作女孩慢慢走开的效果。第一分镜效果如图 7-80 所示。

● 第二分镜情节

男孩转身去追女孩，正在找不到女孩的时候，女孩突然蹦出来亲了男孩一口，男孩受惊转身就跑，女孩在后面追。对应歌词"我想大声宣布，对你依依不舍"。

（1）新建元件文件夹，命名为"第二分镜"，按【Ctrl+F8】快捷键新建影片剪辑元件"2"，在元件"2"的图层 1 中导入"河边背景"图片。

（2）新建图层，将"男孩"元件拖曳至舞台，将图层命名为"男孩"，延续上一分镜的内容，在"男孩"图

图 7-80

层的第 10 帧处插入关键帧，将"男孩"元件拖曳至舞台下方，在第 1～10 帧创建补间动画，制作男孩离开河边的效果。

（3）导入"草地背景"图片，在背景图层的第 11 帧处将其放置在舞台上。在"男孩"图层的第 11 帧处导入"男孩"元件，将"男孩"元件拖曳至舞台外，在第 17 帧处按【F6】插入关键帧，在第 11～17 帧创建补间动画，使男孩进入舞台。

（4）在"男孩"图层上面新建一个图层，命名为"对白"，在该图层的第 17 帧处按【F6】键，绘制圆形并输入对白文本"跑哪去了？"，在第 30 帧处按【F7】键插入空白关键帧结束对白。

（5）在背景图层上新建"女孩"图层，在"女孩"图层的第 30 帧处插入关键帧，直接复制"女孩"元件，命名为"女孩亲亲"，将身体改为侧面，调整眼睛和拳头的位置。在第 31 帧处插入关键帧，将"女孩亲亲"元件拖曳至男孩身边。

（6）新建图层，在第 32 帧处插入"心"元件，放在男孩的脸上，制作女孩突然蹦出来亲男孩一口的效果。

（7）新建"烟幕元件"影片剪辑元件，先用若干个圆塑造出形状，包括边界上零散的圆，选一些相互交叠的地方画出近似的暗部，将边缘填上浅色，删除轮廓线即可。

（8）在"男孩"图层的第 40 帧处按【F6】键插入关键帧，将"男孩背影"元件拖曳至舞台，同样在"女孩"图层的第 40 帧处按【F6】键插入关键帧，将"女孩背影"元件拖曳至舞台，调整它们的大小及先后顺序，并分别在上面添加图层，拖曳相应的"烟幕元件"，制作烟幕在男孩和女孩身后的效果。

（9）分别在"男孩"图层、"女孩"图层和两个烟幕图层的第 75 帧处插入关键帧，缩小"男孩"元件、"女孩"元件和两个烟幕元件的大小，并将它们拖曳到合适的位置。在 4 个图层的第 40～75 帧创建补间动画，产生男孩、女孩越跑越远的效果。

（10）在最上面图层上新建图层，绘制几朵云彩放上去。第二分镜效果如图 7-81 所示。

● 第三分镜情节。

男孩和女孩追逐着跑过草地，来到河边停了下来，隔壁邻居在旁观看。对应歌词"连隔壁邻居都知道我现在的感受"。

图 7-81

（1）新建元件文件夹，命名为"第三分镜"，按【Ctrl+F8】快捷键新建影片剪辑元件"3"，在图层 1 插入背景图片，并将图层 1 改名为"背景"。新建图层 2，导入"隔壁邻居"图片。

（2）新建图层 3，命名为"烟幕"，复制 3 个烟幕，从前到后依次缩小元件，准备摆放在女孩身后。

（3）直接复制"女孩"元件，命名为"女孩恶魔"，修改眼睛、嘴巴，并在头上加上恶魔的小角。

（4）新建图层 4，将"女孩恶魔"放置在图层 4 上，并将图层 4 改名为"女孩"。

（5）将刚才的 3 个烟幕全部选中，复制并粘贴到新建的图层 5 中，进行一定的放大。

（6）新建图层 6，导入"男孩生气"元件，并调整大小放置在合适位置，然后将图层 6 改名为"男孩"。

（7）分别在"男孩"图层、"女孩"图层和两个烟幕图层的第 15 帧处插入关键帧，在 4 个图层的第 1～15 帧创建补间动画，产生男孩、女孩越跑越近的效果。

（8）在"背景"图层的第 16 帧处插入关键帧，导入"河边背景"图片。

（9）在"男孩"图层的第 16 帧处插入关键帧，放入"男孩背影"元件。

（10）在"女孩"图层的第 16 帧处插入空白关键帧，隔断对前面关键帧的复制。在第 25 帧处插入关键帧，放入"女孩背影"元件。

（11）在"男孩"图层的第 30 帧处插入关键帧，在第 16～30 帧创建补间动画，制作男孩越走越靠近河边的效果。

（12）在"女孩"图层的第 30 帧处插入关键帧，在第 25～30 帧创建补间动画，制作女孩跟着男孩越走越靠近河边的效果。

（13）分别在"男孩"图层和"女孩"图层的第 31 帧处插入关键帧，分别放入"男孩"元件和"女孩"元件，制作男孩和女孩走到河边转身的效果。

图 7-82

（14）分别在"男孩"、"女孩"和"背景"图层的第 45 帧处按【F5】键插入普通帧。第三分镜完成，效果如图 7-82 所示。

● 第四分镜情节。

互相深情款款地对视，爱意在男孩和女孩之间传送。对应歌词："河边的风吹着头发飘动"。

（1）新建元件文件夹，命名为"第四分镜"，按【Ctrl+F8】快捷键新建影片剪辑元件"4"，插入"河边背景"图片，在第 60 帧处按【F5】键插入普通帧。

（2）新建图层，命名为"女孩"，在库中直接复制"女孩"元件，命名为"女孩河边"，修改女孩的眼睛、嘴巴、拳头，制作女孩侧面效果。将"女孩河边"元件拖曳至该图层，放置在河边的石头上。

（3）新建图层，命名为"男孩"，导入库中的"男孩追"元件，放置在河边。

（4）新建图层，导入"心"元件，并为之添加运动引导层，在引导层上绘制男孩到女孩之间的一条抛物线。在被引导层插入关键帧，使"心"元件沿抛物线来回运动。第四分镜情节至此结束，效果如图 7-83 所示。

● 第五分镜情节。

男孩和女孩由对视到牵手。对应歌词"牵着你的手，一阵莫名感动"。

（1）在库中新建元件文件夹，命名为"第五分镜"，按【Ctrl+F8】快捷键新建影片剪辑元件"5"，插入"河边背景"图片，在第 60 帧处按【F5】键插入普通帧。

（2）新建"男孩"图层，导入"男孩追"元件，放在河边位置。

（3）新建"女孩"图层，导入"女孩河边"元件，仍放置在河边的石头上，添加运动引导层，绘制女孩从石头上跳到男孩身边的路径。在"女孩"图层的第 25 帧处插入关键帧，将女孩位置移动到男孩身边，在第 1～25 帧创建补间动画。

（4）分别在"男孩"图层和"女孩"图层的第 30 帧处插入关键帧，分别放入"男孩"元件和"女孩"元件，使男孩和女孩手牵手。

（5）分别在"男孩"图层和"女孩"图层的第 60 帧处插入关键帧，将"男孩"元件和"女孩"元件拖曳至舞台下方，制作男孩和女孩牵着手离开河边的效果。第五分镜效果如图 7-84 所示。

图 7-83

图 7-84

● 第六分镜情节。

天色渐渐变暗，男孩和女孩手牵手回家。对应歌词"我想带你到我外婆家里，一起看日落，一直到我们都睡着"。

（1）新建元件文件夹，命名为"第六分镜"，按【Ctrl+F8】快捷键新建影片剪辑元件"6"，导入"河边背景"图片，并将图层 1 改名为"背景"，在第 50 帧处按【F5】键插入普通帧，在第51 帧处按【F7】键插入空白关键帧，将"草地背景"图片拖曳至舞台，并延续至第 120 帧。

（2）制作"天色"元件。按【Ctrl+F8】快捷键新建"天色"图形元件，在该元件中绘制一个黄色到红色再到黑色的矩形。

（3）新建图层，改名为"天色"，导入"天色"元件，在第 1、25、50、120 帧处插入关键帧，将元件的透明度分别调整为 0%、35%、60%、75%，在每两个关键帧之间创建补间动画，制作天色渐渐变暗的效果。

（4）在"背景"图层上面新建两个图层，分别命名为"女孩"和"男孩"，在两个图层的第

50 帧处分别插入"女孩背影"元件和"男孩背影"元件,使两人手牵手。

（5）为两个图层添加一个运动引导层,将两层图层的属性都设为被引导。在引导层中,沿着图片背景中的小路绘制路径。

（6）分别在"男孩"图层和"女孩"图层的第 120 帧处插入关键帧,缩小"男孩背影"元件和"女孩背影"元件,并在这两个图层的第 50～120 帧创建补间动画,绘制渐渐走远的效果。第六分镜效果如图 7-85 所示。

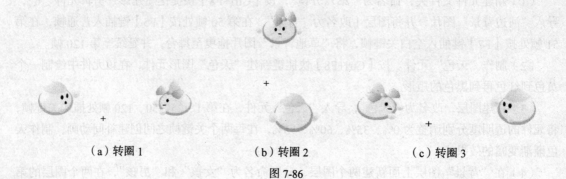

图 7-85

- 第七分镜情节。

男孩和女孩随着云彩反复上下飘动。对应歌词"我想就这样牵着你的手不放开,爱能不能够永远单纯没有悲哀"。

（1）新建元件文件夹,命名为"第七分镜",按【Ctrl+F8】快捷键新建影片剪辑元件"7",导入"草地"背景,在第 125 帧处插入普通帧。

（2）添加图层并命名为"云彩",绘制几朵云彩,使用逐帧动画,每隔 5 帧插入一个关键帧,向上或向下移动云彩的位置,到第 35 帧结束,制作云彩上下飘动的效果。

（3）新建"男孩"图层,导入"男孩"元件,同云彩一样,使用逐帧动画让男孩随着云彩一起上下飘动。

（4）新建"女孩"图层,导入"女孩"元件,同样使用逐帧动画,让女孩和男孩手牵手随着云彩一起上下飘动。

（5）在"云彩"图层的第 36 帧处插入空白关键帧,将中间的云彩融合成一朵大云彩。

（6）直接复制"男孩"元件,命名为"男孩侧面",修改男孩眼睛和嘴巴的位置,制作出侧面效果。同样,直接复制"女孩"元件,命名为"女孩侧面",修改女孩眼睛和嘴巴的位置,制作出侧面效果。

（7）按【Ctrl+F8】快捷键,新建名为"转圈"的影片剪辑元件,在"转圈"元件中先绘制一个圆圈,新建"男孩"图层和"女孩"图层,使用逐帧动画摆放男孩和女孩的相对位置。在"男孩"图层依次拖曳"男孩追"、"男孩背影"、"男孩侧面"、"男孩"等元件至舞台上。相对地,在"女孩"图层依次拖曳"女孩河边"、"女孩侧面"、"女孩"、"女孩背影"等元件至舞台上,制作男孩和女孩相对转圈的效果,如图 7-86 所示。

（a）转圈 1　　　　　（b）转圈 2　　　　　（c）转圈 3

图 7-86

（8）在"云彩"图层的第 80 帧处插入关键帧，向上或向下移动云彩的位置。

（9）在"男孩"图层的第 35、80 帧处放入"转圈"元件，对应云彩改变转圈元件的位置。第七分镜完成，效果如图 7-87 所示。

● 第八分镜情节。

男孩骑着单车载着女孩向前奔跑，去看棒球比赛。对应歌词"我想带你骑单车"。

（1）新建元件文件夹，命名为"第八分镜"，按【Ctrl+F8】快捷键新建影片剪辑元件"8"，导入"单车"图片和"草地背景"图片。选择"单车"图片，按【F8】键，将图片转换为影片剪辑元件"单车 1"。

（2）直接复制"男孩背影"元件，命名为"男孩骑车"，修改男孩拳头的位置，制作出骑车效果。同样，直接复制"女孩背影"元件，命名为"女孩骑车"，修改女孩拳头的位置，制作出女孩坐在车后座的效果。

（3）在元件"单车 1"中新建"男孩"图层，导入"男孩骑车"元件，再新建"女孩"图层，导入"女孩骑车"元件，放置好两个元件的位置。至此，"单车 1"影片剪辑元件完成。

（4）回到场景中，新建图层，将"单车 1"元件拖曳至舞台上，在第 30 帧处插入关键帧，将其缩小并拖动到路的远方。添加运动引导层，沿背景图中的小路绘制路线，制作单车渐行渐远的效果。

（5）添加图层，在第 12 帧处插入关键帧，输入文本"去看棒球哦！"，为下一个情节做铺垫。

（6）添加图层，添加几片云彩。至此，第八分镜完成，效果如图 7-88 所示。

图 7-87

图 7-88

● 第九分镜情节。

棒球比赛非常精彩，看完球赛两人拉着手边唱歌边走。对应歌词"我想和你看棒球，像这样没有担忧，唱着歌一直走"。

（1）新建元件文件夹，命名为"第九分镜"，按【Ctrl+F8】快捷键新建影片剪辑元件"9"，导入"打棒球背景"图片，并将其转换为元件，在第 30 帧和 90 帧处插入关键帧，调整图片元件的大小和位置，并创建补间动画，制作图片由近及远的效果。

（2）新建"男孩"图层，导入"男孩"元件，使用逐帧动画上下移动男孩的位置，绘制男孩蹦蹦跳跳的效果。

（3）新建"女孩"图层，导入"女孩"元件，使女孩和男孩一起蹦蹦跳跳。

（4）导入"音符"图片，并将图片转换为元件。新建"音符"图层，将"音符"元件导入并放置在合适的位置，在第 30 帧、65 帧和 90 帧处插入关键帧并创建补间动画，使音符跟随图片一起晃动，将第 90 帧的"音符"元件的透明度调为 20%。至此，第九分镜完成，效果如图 7-89 所示。

● 第十分镜情节。

两人手牵着手转圈圈。对应歌词"我想就这样牵着你的手不放开，爱可不可能简简单单没有伤害"。

（1）新建元件文件夹，命名为"第十分镜"，按【Ctrl+F8】快捷键新建影片剪辑元件"10"，导入背景图片，在第 120 帧处插入普通帧。

（2）添加"女孩"图层，导入"女孩河边"元件，在第 70 帧处插入普通帧。

（3）添加"男孩"图层，导入"男孩追"元件，同样在第 70 帧处插入普通帧。

（4）添加"转圈"图层，在第 70 帧处插入关键帧，导入"转圈"元件。

（5）新建"心"图层，导入"心"元件，每隔 10 帧插入一个关键帧。调整"心"元件的大小和位置，并创建补间动画，形成心跳动的效果。至此，第十分镜完成，效果如图 7-90 所示。

图 7-89

图 7-90

● 第十一分镜情节。

女孩走累了，让男孩背着她，女孩伏在男孩肩上貌似睡着了，男孩小声说了句"我爱你"，没想到女孩却有反应，男孩的脸红了。对应歌词"你靠着我的肩膀，你在我胸口睡着，像这样的生活，我爱你你爱我"。

（1）新建元件文件夹，命名为"第十一分镜"，按【Ctrl+F8】快捷键新建影片剪辑元件"11"，导入"山"图片，将图片转换为元件，在第 170 帧处插入关键帧，使图片元件从下向上运动，制作移景效果。

（2）新建"女孩"图层，导入"女孩"元件，再新建"男孩"图层，导入"男孩"元件。

（3）分别在"女孩"和"男孩"图层的第 55 帧处按【F7】键，插入空白关键帧。直接复制库中的"女孩"元件，命名为"女孩睡"，修改女孩眼睛和拳头的位置，将"女孩睡"元件导入到女孩图层的第 55 帧。同样，将"男孩"元件导入"男孩"图层的第 55 帧，摆放成男孩背着女孩的效果。

（4）直接复制库中的"男孩"元件，命名为"男孩害羞"，修改男孩的眼睛和嘴巴，并添加害羞的腮红。在"男孩"图层的第 135 帧处插入空白关键帧，将"男孩害羞"元件导入。

（5）新建"对白"图层，在第 42 帧处插入关键帧，绘制对白图形，对白指向女孩，并输入文本"累累，背背～"，在第 55 帧处按【F7】键插入空白关键帧，结束对白。

（6）在"对白"图层的第 88 帧插入关键帧，绘制对白图形，并输入文本"我爱你……"，对白指向男孩，将文本颜色调成红色，在第 98 帧处按【F7】键插入空白关键帧，结束对白。

（7）在第 118 帧处插入关键帧，绘制对白图形，并输入文本"好哦，不准嫌我胖（⊙o⊙）哦"，对白指向女孩。

（8）在第 133 帧处插入关键帧，绘制对白图形，并输入文本"她听到了？"，对白指向男孩。至此，第十一分镜完成，效果如图 7-91 所示。

● 第十二分镜情节。

11 个分镜快速变换，最后回到标题。对应歌词"想简！简！单！单！爱……"。

（1）新建元件文件夹，命名为"第十二分镜"，按【Ctrl+F8】快捷键新建影片剪辑元件"12"，将前面 11 个分镜的抓图导入文件夹，采用逐帧动画方式，每隔 5 帧依次放置一张分镜图片，再重复一遍至 110 帧结束。

（2）新建元件，命名为"简单爱"，将"标题"元件中的文字部分帧复制过来，粘贴在元件中。

（3）新建"对视"元件，将"心"元件拖曳至舞台，每隔 10 帧插入关键帧，调整"心"元件的大小，并创建补间动画，制作心大小变化的效果。添加"男孩"和"女孩"图层，分别将"男孩追"元件和"女孩河边"元件导入。

（4）回到"12"影片剪辑当中，在第 111 帧处放入"简单爱"元件，添加图层，在图层 2 的第 111 帧处放入"对视"元件。

（5）在图层 2 的第 80 帧处放入前奏中的"标题"元件，在第 240 帧处插入普通帧。至此，第十二分镜结束，效果如图 7-92 所示。

图 7-91

图 7-92

3．最终合成

（1）回到场景 1 中，新建"动画"图层，将"标题"元件导入。

（2）在"动画"图层第 60 帧处，按【F7】键插入空白关键帧，导入"开场白"元件。

（3）在"动画"图层第 100 帧处，按【F7】键插入空白关键帧，导入"抢奶瓶 1"元件。

（4）在"动画"图层第 138 帧处，按【F7】键插入空白关键帧，导入"抢奶瓶 2"元件。

（5）在"动画"图层第 170 帧处，按【F7】键插入空白关键帧，导入"抢漫画书"元件。

（6）在"动画"图层第 208 帧处，按 F7 键插入空白关键帧，导入"前奏结束语"元件。

（7）在"动画"图层第 245 帧处，按【F7】键插入空白关键帧，导入"1"元件。

（8）在"动画"图层第 364 帧处，按【F7】键插入空白关键帧，导入"2"元件。

（9）在"动画"图层第 439 帧处，按【F7】键插入空白关键帧，导入"3"元件。

（10）在"动画"图层第 483 帧处，按【F7】键插入空白关键帧，导入"4"元件。

（11）在"动画"图层第 545 帧处，按【F7】键插入空白关键帧，导入"5"元件。

（12）在"动画"图层第 603 帧处，按【F7】键插入空白关键帧，导入"6"元件。

（13）在"动画"图层第 720 帧处，按【F7】键插入空白关键帧，导入"7"元件。

（14）在"动画"图层第 840 帧处，按【F7】键插入空白关键帧，导入"8"元件。

（15）在"动画"图层第 871 帧处，按【F7】键插入空白关键帧，导入"9"元件。

（16）在"动画"图层第 960 帧处，按【F7】键插入空白关键帧，导入"10"元件。

（17）在"动画"图层第 1078 帧处，按【F7】键插入空白关键帧，导入"11"元件。

（18）在"动画"图层第 1230 帧处，按【F7】键插入空白关键帧，导入"12"元件。

（19）至此，"简单爱"动画完成，测试影片并调试。

7.4.4　评价考核

表 7–1　　　　　　　　　　　　任务评价考核表

能力类型	考 核 内 容		评　　价		
	学 习 目 标	评 价 项 目	3	2	1
职业能力	掌握使用 Flash 绘制图形、编辑图形的方法和技能；掌握动画片分镜头设计方法，会使用行为和模板	能够熟练进行 Flash 绘图			
		能够灵活运用场景和元件			
		能够使用"行为"面板			
		能够使用模板			
		能够使用 Flash 设计动画片			
通用能力	造型能力				
	审美能力				
	组织能力				
	解决问题能力				
	自主学习能力				
	创新能力				
综合评价					

7.5　学生课外拓展——制作"亲吻猪"实例

7.5.1　参考制作效果

本例将完成的效果如图 7-93 所示。

图 7-93

7.5.2　知识要点

1. 使用补间动画制作猪的位置变化。
2. 使用补间形状制作中心的变化。

7.5.3   参考制作过程

（1）新建一个 Flash 文档，按【Ctrl+F8】快捷键新建一个元件，命名为 pig。选择椭圆工具，设置笔触为黑色，无填充，画出如图 7-94 所示的椭圆。

（2）用矩形工具在椭圆下部画出如图 7-95 所示的矩形。

（3）用选择工具选中多余的线条，按【Delete】键删除，绘制成猪的外形，如图 7-96 所示。

（4）新建一个图层，再画一个小矩形作为猪的鼻子，如图 7-97 所示。

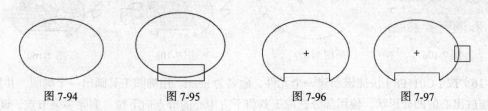

图 7-94   图 7-95   图 7-96   图 7-97

（5）用选择工具选中鼻子上多余的线条，按【Delete】键删除，再把 3 条直线都调节成圆滑的弧线，把鼠标放在直线上拖动即可调节，如图 7-98 所示。

（6）用直线工具在猪鼻子上画两条竖线，然后也调节成弧形，如图 7-99 所示。

（7）用直线工具画出嘴巴的线条，并调成向下弯曲以形成微笑的表情，如图 7-100 所示。

（8）绘制眼睛，即一大一小两个椭圆，大椭圆填充白色，轮廓为黑；小椭圆填充黑色，放在大椭圆上面，如图 7-101 所示。

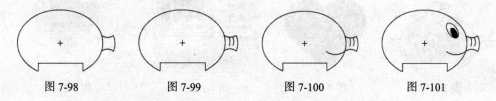

图 7-98   图 7-99   图 7-100   图 7-101

（9）新建一个图层，用直线工具画一个小三角形作为耳朵，如图 7-102 所示。

（10）用选择工具将三角形调节成如图 7-103 所示的形状。

（11）用选择工具选中整个耳朵，按【Ctrl+D】快捷键复制一个，再用任意变形工具将耳朵旋转到如图 7-104 所示的角度。

（12）用铅笔工具画出小猪的尾巴，完成线稿的绘制，如图 7-105 所示。

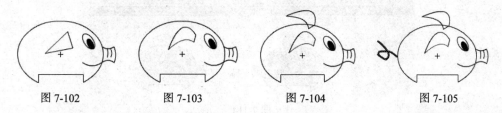

图 7-102   图 7-103   图 7-104   图 7-105

（13）选择颜料桶工具，在"颜色"面板中设置由粉红到白色的渐变，粉色值为#FF66CC，渐变类型为"放射状"，如图 7-106 所示。在小猪的身体上点一下，再用填充变形工具调整渐变到如图 7-107 所示的效果。

（14）用颜料桶工具给鼻子填色，调节如图 7-108 所示的效果。

（15）给耳朵填色，调节比例如图 7-109 所示。填好色之后，把耳朵与身体相连的线条删掉，小猪就完成了，如图 7-110 所示。

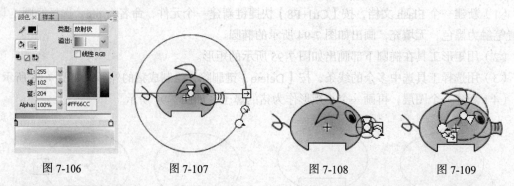

图 7-106   图 7-107   图 7-108   图 7-109

（16）按【Ctrl+F8】快捷键新建一个元件，命名为 heart。用椭圆工具画出一个椭圆，并复制，层叠摆放出心的凹处形状，使用部分选取工具将下方中心的节点向下拉，删除多余节点，调整出心形的轮廓，如图 7-111 所示。

（17）选择颜料桶工具，在"颜色"面板中设置由红到白色的渐变，渐变类型为"放射状"，如图 7-112 所示。用填充变形工具调整渐变，完成心的绘制，如图 7-113 所示。

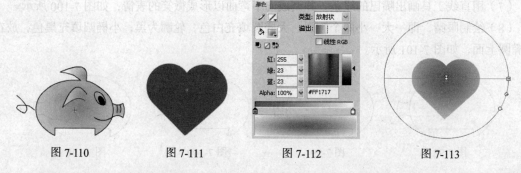

图 7-110   图 7-111   图 7-112   图 7-113

（18）回到场景中，建立两个图层，分别命名为 pig1 和 pig2。在"库"面板中将画好的小猪拖曳进来，分别放在两个图层上。对 pig2 执行"修改"＞"变形"＞"水平翻转"命令，这样两只小猪就面对面了。选中两只小猪，执行"修改"＞"对齐"＞"垂直中齐"命令，效果如图 7-114 所示。

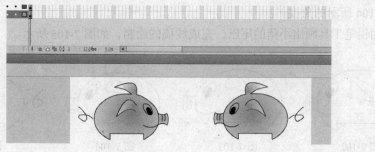

图 7-114

（19）选中两个图层的第 10 帧，按【F6】键插入关键帧，在此帧上将两只小猪分别向中间水平移动至嘴对嘴。调整好位置后，分别添加补间动画。按【Ctrl+Enter】快捷键可随时播放效果，小猪开始亲嘴了，如图 7-115 所示。

（20）选中两个图层上的第 10 帧，用鼠标右键单击并选择"复制帧"命令，在第 16 帧上用鼠标右键单击并选择"粘贴帧"命令。分别添加补间动画，如图 7-116 所示。

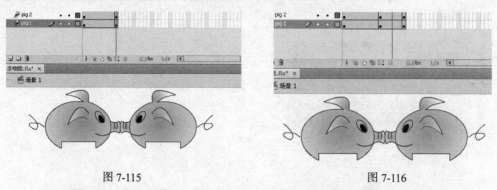

图 7-115　　　　　　　　　　　　　　　　图 7-116

（21）在两个图层的第 13 帧处按【F6】键插入一个关键帧，在此帧上将两只小猪分开一些（按键盘上的左右方向键分别后退一点点即可），如图 7-117 所示。

（22）新建一个图层，命名为 heart1。选中第 10 帧，按【F6】键插入关键帧，在"库"面板中将画好的 heart 元件拖曳进来，放在猪嘴中间，用任意变形工具缩小，按【Ctrl+B】快捷键打散，如图 7-118 所示。

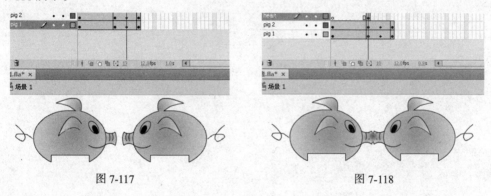

图 7-117　　　　　　　　　　　　　　　　图 7-118

（23）在第 21 帧处插入一个关键帧，将红心移动到相应的位置，用任意变形工具调大一些，然后添加形状补间，如图 7-119 所示。

（24）新建一个图层，命名为 heart2。选中第 16 帧，按【F6】键插入关键帧，在"库"面板中再次将 heart 元件拖曳进来，放在猪嘴中间，用任意变形工具缩小，按【Ctrl+B】快捷键打散，如图 7-120 所示。

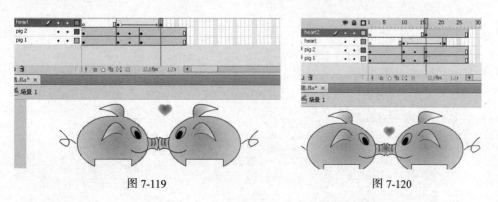

图 7-119　　　　　　　　　　　　　　　　图 7-120

（25）在第 27 帧处插入一个关键帧，移动红心，用任意变形工具调大一些，如图 7-121 所示，然后添加形状补间。在 pig1、pig2 和 heart1 图层的第 27 帧处分别按【F5】键插入帧，最终效果如图 7-122 所示。

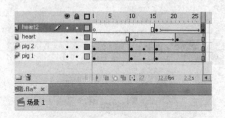

图 7-121

图 7-122

第8章

游戏制作

本章简介：

游戏有智力游戏和活动性游戏之分，现在的游戏多指各种平台上的电子游戏。游戏重在交互，用鼠标及键盘操作，其趣味性及难度吸引了很多人去尝试。各种游戏发展迅速，游戏早已成为自我放松和能力挑战的首选方式。Flash 游戏以其小巧灵活、老少皆宜，获得了更多人的青睐。

本章将详细介绍 Flash "动作" 面板的组成及使用，ActionScript 2.0 语言基础，事件和事件处理函数、时间轴控制函数，程序的 3 种基本结构。通过几个应用范例，讲解 Flash CS3 在游戏制作中的应用。通过本章内容的学习，读者应掌握 "动作" 面板、on()函数和 onClipEvent()函数的使用方法和技能，掌握用 Flash 进行游戏制作的方法和技巧。

学习目标：

- ActionScript 2.0 基础
- 石头剪刀布游戏
- 拼图游戏
- 填色游戏

8.1 ActionScript 2.0 基础

8.1.1 ActionScript 2.0 语言基础——知识准备

1. "动作"面板概述

"动作"面板是 Flash 程序编辑环境。使用该面板可以开发与编辑 ActionScript 脚本程序。可以在关键帧、按钮和影片剪辑上添加动作。

选择帧、按钮或影片剪辑实例后可以激活"动作"面板。根据选择的内容，"动作"面板标题也会变为"动作-按钮"、"动作-影片剪辑"或"动作-帧"。

执行"窗口">"动作"命令或按【F9】键打开"动作"面板，如图 8-1 所示。

"动作"面板由以下几部分组成。

- 动作工具箱：列出所有 ActionScript 动作脚本语言元素。双击命令，或者将命令拖曳至右边的脚本输入区中，即可向脚本中添加命令。

图 8-1

- 脚本导航器：列出当前工作的项目中含有脚本程序的界面元素，用于浏览文件，以查找动作脚本代码。单击脚本导航器中的某一项目，与该项目关联的脚本将出现在脚本输入区，并且播放头将移到时间轴上的该位置。

- 脚本输入区：输入与编辑脚本代码的区域。

- 工具栏：列出脚本编辑中常用的命令按钮。

使用"动作"面板添加动作的方法如下。

- 直接在脚本输入区中编辑输入命令、参数或编辑命令。在输入的过程会显示编码提示，可以从中选择相应命令。

- 双击动作工具箱中的某一项，向脚本输入区添加命令。

- 单击"脚本"面板上方的"将新项目添加到脚本中"按钮（+），然后选择某一项向脚本输入区添加命令。

- 快捷键【Esc+两个字母】。如按下【Esc】键同时快速输入"gp"，会输入"gotoAndPlay();"。

2. 编程要素

（1）常量。常量是指在程序运行中保持不变的参数，主要有以下几种。

- 数值型常量：由具体数值表示，如"x = 3;"。

- 字符型常量：由若干字符组成，两端需要使用引号，如"x = "Flash";"。

- 逻辑型常量：用于判断某一条件是否成立。值有两个：True(真)、False（假）。

- 固定值：如 Key.ENTER（按【Enter】键）、Math.PI（数学中的 π）等。

（2）变量。变量是指程序运行中可以改变的量。变量由两部分构成：变量名和变量的值。

- 变量名的命名规则：变量的名称必须以英文字母开头，中间不能有空格，不能使用除了

"_"（下划线）以外的符号，不能使用与命令（关键字）相同的名称。

- 变量的值可以是数值、字符串、逻辑值、表达式等。在 Flash 中，可以不直接定义变量的数据类型。当变量被赋值时，Flash 自动确定变量的数据类型。例如：对于 x=2，Flash 将变量 x 确定为数值型；对于 y= "Flash ActionScript2"，Flash 将变量 y 确定为字符型。

- 变量的作用域是指能够识别和引用该变量的区域。也就是变量在什么范围内是可以访问的。在 ActionScript 中有 3 种类型的变量区域：局部变量，在自身代码块中有效的变量（在大括号内），就是在声明它的语句块内（例如一个函数体）是可访问的变量，通常是为避免冲突和节省内存占用而使用；时间轴变量，可以在使用目标路径指定的任何时间轴内有效，时间轴范围变量声明后，在声明它的整个层级的时间轴内是可访问的；全局变量，在整个影片中都可以访问的变量，即使没有使用目标路径指定，也可以在任何时间轴内有效。

（3）运算符和表达式。运算符是用于对表达式中各个运算量进行各种运算的符号。通过运算符可以对一个或多个值计算新值。

Flash 提供的运算符主要有以下几种。

- 算术运算符：+（加）、-（减）、*（乘）、/（除）、++（递增）、--（递减）。
- 比较运算符：<（小于）、>（大于）、<=（小于或等于）、>=（大于或等于）、!=（不等于）、==（等于）。
- 赋值运算符：=（赋值）、+=（相加并赋值）、-=（相减并赋值）、*=（相乘并赋值）、/=（相除并赋值）、<<=（按位左移位并赋值）、>>=（按位右移位并赋值）等。
- 位运算符：&（按位与）、|（按位或）、^（按位异或）、~（按位非）、<<（左移位）、>>（右移位）、>>>（右移位填零）。
- 点运算符：.（点）。

表达式由常量、变量、函数及运算符按照运算法则组成的计算式。在 Flash 中，常用的表达式有以下几类。

- 算术表达式：用算术运算符将常量、变量或函数连接起来进行数学运算的计算式。例如：
```
var a =2*5+7;
```
- 字符表达式：用字符串组成的表达式。例如：
```
trace("Flash"+" ActionScript2");        //用+号将两个字符串连接
```
- 关系表达式：用比较运算符或逻辑运算符进行运算，判断条件是否成立，常用于结构控制语句。

（4）函数。函数是用来对常量、变量等进行某种运算的程序代码。这些代码在程序中重复使用。在编程时可以将需要处理的值或对象通过参数的形式传递给函数，该函数将对这些值执行运算后返回结果。

Flash 函数分为以下两类。

- 系统函数：Flash 的内置函数，在编写程序的时候可以直接调用。
- 自定义函数：在编写程序时自己定义函数，用于执行用户特定的任务。

在 Flash 中定义函数的一般形式为
```
function 函数名称(参数1, 参数2, ……, 参数n) {
     // 函数的程序代码
}
```

3. ActionScript 的语法规则

编写 ActionScript 脚本时应注意以下语法规则。

- 用分号（;）作为一个语句的结束标志。

- 用圆括号（()）来放置函数中的相关参数，在定义函数时要将所有参数都放在圆括号中。
- 用大括号（{}）将语句组合在一起，形成逻辑上的一个程序块。注意括号使用时要匹配。
- 用点标记（.）指出一个对象的属性、特性或方法；或用于指示一个对象的目标路径。
- 注释：单行注释，在一行中的任意位置放置两个斜杠来指定单行注释。计算机将忽略斜杠后直到该行末尾的所有内容。多行注释，多行注释包括一个开始注释标记（/*）、注释内容和一个结束注释标记（*/）。无论注释跨多少行，计算机都将忽略开始标记与结束标记之间的所有内容。
- 关键字：ActionScript 中有特殊用途的保留字。不能使用以下关键字作为函数名、变量名或标识符：break、case、class、continue、default、delete、dynamic、else、extends、for、function、get、if、implements、import、in、instanceof、interface、intrinsic、new、private、public、return、set、static、switch、this、typeof、var、void、while、with。
- 区分大小写。

8.1.2 事件和事件处理函数

"事件"就是所发生的 ActionScript 能够识别并可响应的事情。事件可以划分为以下几类：鼠标和键盘事件（发生在用户通过鼠标和键盘与 Flash 应用程序交互时）；剪辑事件（发生在影片剪辑内）；帧事件（发生在时间轴的帧中）。

- 鼠标和键盘事件：用户与 SWF 文件或应用程序的交互会触发鼠标和键盘事件。例如，当用户滑过一个按钮时，将发生 Button.onRollOver 或 on(rollOver)事件；当用户单击某个按钮时，将发生 Button.onRelease 事件；如果按下键盘上的某个键，则发生 on(keyPress)事件。用户可在帧上编写代码或向实例附加脚本，以处理这些事件并添加所需的所有交互操作。
- 剪辑事件：在影片剪辑中，可以响应用户进入或退出场景，或使用鼠标或键盘与场景进行交互时触发的多个剪辑事件。例如，可以在用户进入场景时将外部 SWF 文件或 JPG 图像加载到影片剪辑中，或允许用户使用移动鼠标的方法在场景中调整元素的位置。
- 帧事件：在时间轴上，当播放头进入关键帧时发生。帧事件可用于根据时间的推移触发动作或与舞台上当前显示的元素进行交互。如果向一个关键帧中添加了一个脚本，则在回放期间到达该关键帧时将执行该脚本。附加到帧上的脚本称为帧脚本。

1. on()函数

on()函数一般直接作用于按钮实例，也可用于影片剪辑实例，主要是对鼠标事件和键盘事件的响应。

on()函数的一般形式为：

```
on(鼠标事件或按键){
//程序
}
```

可以指定动作的事件如下。

- press：当鼠标指针滑到按钮上时按下鼠标按键。
- release：当鼠标指针滑到按钮上时释放鼠标按键。
- releaseOutside：当鼠标指针滑到按钮上时按下鼠标按键，然后在释放鼠标按键前滑出此按钮区域。
- rollOut：鼠标指针滑出按钮区域。

● rollOver：鼠标指针滑到按钮上。

● dragOut：当鼠标指针滑到按钮上时按下鼠标按键，然后滑出此按钮区域。

press 和 dragOut 事件始终在 releaseOutside 事件之前发生。

● dragOver：当鼠标指针滑到按钮上时按下鼠标按键，然后滑出该按钮区域，接着滑回到该按钮上。

● keyPress"<key>"：按下指定的键盘键。

实例练习——按钮控制动画的播放和停止。

（1）新建一个大小为 400 像素×200 像素的 Flash 文件，设置背景为黑色。

（2）制作一个图形元件"星星"，绘制星星效果，如图 8-2 所示。

（3）制作一个影片剪辑元件"星星动"，制作"星星"旋转一周的补间动画，如图 8-3 所示。

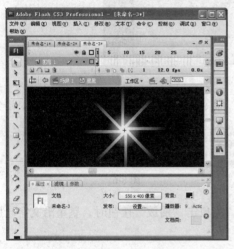

图 8-2

图 8-3

（4）制作一个影片剪辑元件"沿文字轮廓运动的星星"，制作"星星动"元件沿文字轮廓运动的补间动画。运动引导层"图层 1"上是经过处理的文字轮廓，有 4 个轮廓线；"图层 2"～"图层 5"这 4 层上各有一个"星星动"的补间动画，每个"星星动"沿一条轮廓线运动一周，"图层 6"上是文字，完成效果如图 8-4 所示。

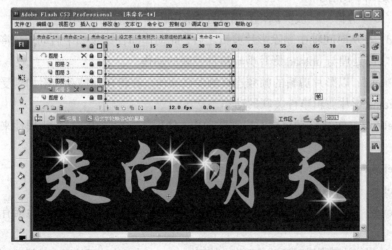

图 8-4

（5）将"沿文字轮廓运动的星星"放入舞台，添加实例名称为 mc。

（6）选择"公用库"中的按钮放入舞台，并编辑按钮实例，将原来的文字删除。在舞台中添加文字，效果如图 8-5 所示。

图 8-5

（7）用鼠标右键单击停止处的按钮，选择"动作"命令，输入"on(press){mc.stop();}"。语句的意思是鼠标单击时，让 mc 停止。同样，设置播放处的按钮动作为"on(press){mc.play();}"，如图 8-6 所示。

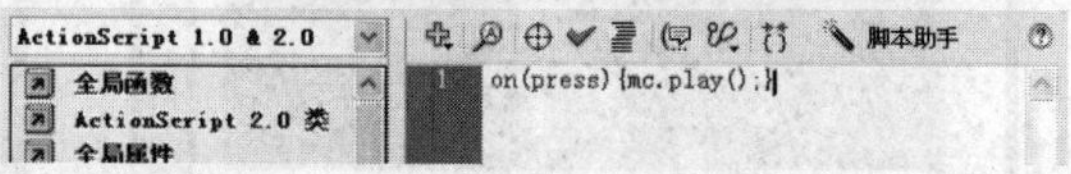

图 8-6

（8）测试影片，开始时，星星沿文字轮廓运动，当单击"停止"按钮时，星星停止沿轮廓运动，当单击"播放"按钮时，星星沿文字轮廓继续运动。

2. onClipEvent()事件处理函数

onClipEvent()事件处理函数的一般形式为

```
onClipEvent(事件) {
   //执行的语句
   }
```

事件可以是以下内容。

● load：影片剪辑一旦被实例化并出现在时间轴中，即启动此动作。

● unload：在从时间轴中删除影片剪辑之后，此动作即在第 1 帧中启动。在将任何动作附加到受影响的帧之前处理与 unload 影片剪辑事件关联的动作。

● enterFrame：以影片剪辑的帧频连续触发该动作。在将任何帧动作附加到受影响的帧之前处理与 enterFrame 影片剪辑事件关联的动作。

● mouseMove：每次移动鼠标时启动此动作。使用_xmouse 和_ymouse 属性来确定鼠标的当前位置。

● mouseDown：当按下鼠标左键时启动此动作。

● mouseUp：当释放鼠标左键时启动此动作。

● keyDown：当按下某个键时启动此动作。使用 Key.getCode()方法可检索有关最后按下的键的信息。

● keyUp：当释放某个键时启动此动作。使用 Key.getCode()方法可检索有关最后按下的键的信息。

● data：在 loadVariables()或 loadMovie()动作中接收到数据时启动该动作。

> **说明**　当 data 与 loadVariables()动作一起指定时，data 事件只在加载最后一个变量时发生一次；当 data 与 loadMovie()动作一起指定时，则在检索数据的每一部分时，data 事件都重复发生。

8.1.3　时间轴控制

（1）停止命令 stop()：停止正在播放的动画。此命令没有参数。

（2）播放命令 play()：当动画被停止播放之后，使用 play()命令使动画继续播放。此命令没有参数。

（3）停止播放声音命令 stopAllSounds()：在不停止播放头的情况下停止 SWF 文件中当前正在播放的所有声音。此命令没有参数。

（4）跳转播放命令 gotoAndPlay。

格式：gotoAndPlay([scene,] frame)

参数：scene（场景）为可选字符串，指定播放头要转到的场景名称；如果无此参数，则为当前场景。frame（帧）表示将播放头转到的帧编号的数字，或者表示将播放头转到指定的帧标签。

功能：将播放头转到场景中指定的帧并从该帧开始播放。如果未指定场景，则播放头将转到当前场景中的指定帧，开始播放。

> **说明**　场景名、帧标签名要用双引号括起来。

（5）跳转停止命令 gotoAndStop：与跳转播放命令类似，跳转到指定帧停止。

（6）跳转到下一帧命令 nextFrame()：将播放头转到下一帧并停止。如果当前帧为最后一帧，则播放头不移动。无参数。

（7）跳转到上一帧命令 prevFrame()：将播放头转到前一帧并停止。如果当前帧为第一帧，则播放头不移动。无参数。

（8）跳转到下一场景命令 nextScene()：将播放头移到下一场景的第 1 帧并停止。无参数。

实例练习——制作按钮换图效果

（1）新建一个大小为 400 像素×300 像素的 Flash 文件。

（2）将"框图"、"图 1"～"图 12"共 13 张图片导入库中。

（3）在"图层 1"中制作逐帧动画，每个关键帧中是一张图片（图片的位置都相同）。在最后一个关键帧添加帧标签"s"。

（4）新建"图层 2"，在第 1 帧将"框图"拖曳至舞台，放在合适的位置。

（5）新建"图层 3"，在第 1 帧添加代码"stop();"。

（6）新建"图层 4"，在第 1 帧中从"公用库-按钮"中拖曳 4 个按钮至舞台，放置在如图 8-7 所示的位置。

（7）在第 1 个按钮上添加代码"on(press){gotoAndStop(1);}"，

图 8-7

在第 2 个按钮上添加代码"on(press) {prevFrame();}",在第 3 个按钮上添加代码"on(press) { nextFrame(); }",在第 4 个按钮上添加代码"on(press){gotoAndStop("s");}"。

（8）测试影片，单击按钮可进行换图操作。

8.1.4 程序结构

程序有 3 种基本结构：顺序结构、选择结构、循环结构。

1．顺序结构

按照语句的顺序逐句执行，只执行一次。

2．选择结构

用 if 语句实现，可以是函数嵌套，只执行程序的某一个分支。

3．循环结构

可实现程序块的循环，循环的次数不定。用 while、do…while、for 语句实现。

8.2 任务一——制作石头剪刀布游戏

8.2.1 案例效果分析

本案例设计的是石头剪刀布游戏。作为玩家的人，可以选择"石头"、"剪刀"、"布"按钮中的任一个单击，在玩家和电脑中就有伸手的动作，玩家出的正是你单击的按钮，而电脑是随机出现的。会显示当前是第几局，玩家赢了几局，电脑赢了几局，平局数是几。当玩够 30 局后，游戏跳到另一个界面，显示你赢了或者你输了，可以单击"重玩"按钮重新游戏。运行中的某个画面如图 8-8 所示。

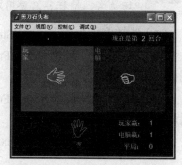

图 8-8

8.2.2 设计思路

1. 制作"石头"、"剪刀"、"布"元件及对应的按钮元件。
2. 用一个影片剪辑元件实现伸手的 3 种动作。
3. 用动态文本实现计数，哪个胜时，须进行判断，可用 if 函数实现。

8.2.3 相关知识和技能点

1. 特殊字体的使用。
2. 动态文本的使用。
3. if 函数、gotoAndStop()语句的使用。

8.2.4　任务实施

（1）新建一个 400 像素 × 300 像素的 Flash 文件（ActionScript 2.0）。

（2）新建图形元件"布"，在元件的编辑窗口，选择文本工具，在"属性"面板中选择字体为 Wingdings、字体大小为 52 号、颜色为蓝色。按【Shift+I】快捷键输入一个手形符号，如图 8-9 所示。

（3）新建图形元件"剪刀"，使用文本工具，按【Shift+A】快捷键输入一个手形符号，如图 8-10 所示。

图 8-9

图 8-10

（4）新建图形元件"石头"，使用文本工具，按【Shift+G】快捷键输入一个手形符号，如图 8-11 所示。对元件"石头"进行修改操作。按【Ctrl+B】快捷键分离输入的符号，选择套索工具，单击"多边形模式"，选择伸出的手指，按【Delete】键删除，如图 8-12 所示。

图 8-11

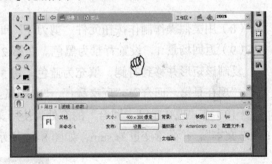

图 8-12

（5）新建影片剪辑"石头剪刀布"，进入元件的编辑窗口，在第 4 帧处插入空白关键帧，添加代码"stop();"。在第 5 帧处插入空白关键帧，在"属性"面板中设置帧标签"a"，如图 8-13 所示。

图 8-13

（6）在第 7 帧处插入空白关键帧，将"石头"元件拖曳至舞台，使用"变形"面板旋转-90°。在第 11 帧处插入关键帧，将该帧中的"石头"向左移动一段距离。在此帧上添加代码"stop();"。将第 5～11 帧选中，进行"复制帧"操作，在第 20 帧、40 帧各执行一次"粘贴帧"操作，将第 20 帧的帧标签改为"b"，将第 40 帧的帧标签改为"c"。用鼠标右键单击第 22 帧中的"石头"，选择"交换元件"命令。在"交换元件"对话框中选择"剪刀"图形元件，单击"确定"按钮或按【Enter】键；对第 26 帧（交换为剪刀）、42 帧（交换为布）、46 帧（交换为布）中的元件进行交换元件操作。完成的时间轴如图 8-14 所示。

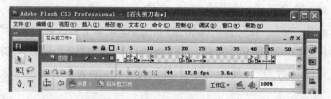

图 8-14

（7）新建按钮元件"布 1"，在"弹起"帧，将图形元件"布"拖曳至舞台，添加文字"布"；在"指针经过"帧插入关键帧，将颜色改为粉红色；在"点击"帧插入关键帧后，再绘制一个矩形，矩形的大小恰好能覆盖手及文字，3 个关键帧的内容如图 8-15 所示。

图 8-15

（8）用类似操作制作按钮元件"剪刀 1"和"石头 1"。

（9）返回场景 1，设置背景为黑色。在第 2 帧处插入空白关键帧，绘制一个矩形，填充为红色，复制该矩形并移到右侧，填充为蓝色。将 3 个按钮拖曳至舞台；输入静态文本"玩家"、"电脑"、"现在是第　回合"、"玩家赢:"、"电脑赢:"、"平局:"，效果如图 8-16 所示。

（10）在"现在是第　回合"的空处，使用文本工具拖出一个矩形块，在"属性"面板中选择"动态文本"，并设置变量为 sum，如图 8-17 所示。

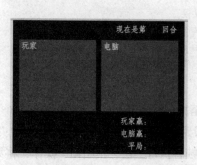

图 8-16

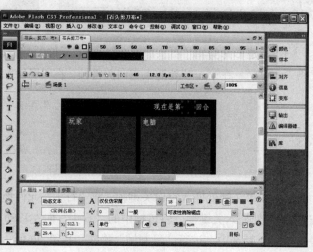

图 8-17

（11）类似地，在"玩家赢："后面添加动态文本框，变量名为 w。在"电脑赢："后面添加动态文本框，变量名为 d。在"平局："后面添加动态文本框，变量名为 p。

（12）从库中将影片剪辑"石头剪刀布"拖曳至蓝色区域，添加实例名称 mc_d。复制该影片剪辑实例，移到红色矩形中，改变实例名称为 mc_w，并进行水平翻转。使用"对齐"面板使 mc_d、mc_w 处于同一水平线上。

（13）选择"石头"按钮，添加动作代码，"动作"面板如图 8-18 所示。

图 8-18

```
on(press) {                                                  // 当单击时
    mc_w.gotoAndPlay("a");                                   // 玩家实例 mc_w 显示出"石头"动作
    m=(random(3)+1);                                         // 产生一个随机整数 m，它的值为 1 或 2 或 3
    sum=sum+1;                                               // 总局数 sum 增加 1
     if (m==1){mc_d.gotoAndPlay("a");p1=p1+1; }
            // 如果 m 是 1，电脑实例 mc_d 显示出"石头"动作，平局数加 1
        else if (m==2){ mc_d.gotoAndPlay("b");w1=w1+1; }
            // 如果 m 是 2，电脑实例 mc_d 显示出"剪刀"动作，玩家赢数加 1
            else if (m==3){mc_d.gotoAndPlay("c");d1=d1+1; }
            // 如果 m 是 3，电脑实例 mc_d 显示出"布"动作，电脑赢数加 1
     if ((sum>29) and (w1>d1)){gotoAndStop("wy");}
            //如果总数 sum 大于 29 并且玩家赢数大于电脑赢数，跳转到 wy 帧，显示"恭喜！你赢了！"
        else if((sum>29)and (w1<d1)){gotoAndStop("dy");}
            //如果总数 sum 大于 29 并且玩家赢数小于电脑赢数，跳转到 dy 帧，显示"很遗憾！你输了！"
            else if((sum>29)and (w1==d1)) {gotoAndStop("pj");}
            //如果总数 sum 大于 29 并且玩家赢数等于电脑赢数，跳转到 pj 帧，显示"打成平手！"
}
```

（14）对"剪刀"、"布"按钮添加类似代码。

（15）在第 1 帧上，添加动作代码"w1=0; p1=0; d1=0; sum=0;"，在第 2 帧上，添加动作代码"stop();"，在后面某一帧插入空白关键帧，添加帧标签"wy"，在该帧的舞台中输入"恭喜！你赢了！"，并添加一个按钮"重玩"（按钮上代码：on(press){gotoAndPlay(1);} ）。在后面某一帧插入关键帧，添加帧标签"dy"，在该帧的舞台中将文字改成"很遗憾！你输了！"。在后面某一帧插入关键帧，添加帧标签"pj"，在该帧的舞台中将文字改成"打成平手！"。

（16）测试影片，保存为"石头剪刀布.fla"。

8.3 任务二——拼图游戏

8.3.1 案例效果分析

本案例设计的是拼图游戏，游戏规则是当鼠标指针在某个小图片上时，按下鼠标左键不松开进行拖曳，该小图片跟随鼠标移动，当移动到小图片的最后正确位置并松开鼠标时，该图片停留在正确位置，否则回到原来的位置。完成的效果截图如图 8-19 所示。

图 8-19

8.3.2 设计思路

1. 将小图都转化为元件，重新排列好。
2. 用按钮记录小图片的正确位置。
3. 为小图片添加动作，使小图片到正确位置时停留，否则返回原位置。

8.3.3 相关知识和技能点

1. 影片剪辑函数：onClipEvent()。
2. 碰撞检测命令 hitTest。
3. "对齐"面板、查找与替换。

8.3.4 任务实施

（1）新建一个大小为 650 像素×550 像素的 Flash 文件（ActionScript 2.0）。

（2）执行"文件">"导入">"导入到库"命令，将 images 文件夹中所有图片导入到库中。

（3）从库中将"未标题-1.gif"拖曳至舞台中，按【F8】键将它转换为元件，名称为 tu1，类型为"影片剪辑"。

（4）重复上一步操作，把"未标题-2.gif"转换为 tu2、"未标题-3.gif"转换为 tu3、……、"未标题-36.gif"转换为 tu36。

（5）将舞台中的 36 个影片剪辑打乱次序后，使用"对齐"面板排列，如图 8-20 所示。将图层 1 命名为"小图形"，并锁定。

（6）在"库"面板中，用鼠标右键单击 tu1，选择"直接复制"命令，在弹出的"直接复制元件"对话框中输入名称为 bt，选择类型为"按钮"，单击"确定"按钮，这时就有一个按钮元件 bt。在"库"面板中双击 bt 按钮图标，进入按钮的编辑窗口。将"弹起"帧的内容全选后，执行"修改"菜单的"分离"命令（或按【Ctrl+B】快捷键）把图像打散，使用墨水瓶工具给它添加黑色边框后，将填充删除，只留边框。在"点击"帧插入关键帧，并填充渐变色，如图 8-21 所示。

图 8-20

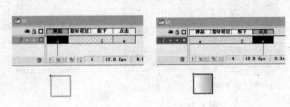

图 8-21

（7）返回场景 1。新建一个图层，将该图层拖曳到"图形"层的下面。将按钮 bt 拖曳至舞台中，选择该按钮，执行"插入">"时间轴特效">"帮助">"复制到网格"命令，如图 8-22 所示。在弹击的"复制到网络"对话框中，在"网格尺寸"的"行数"和"列数"中都输入 6，在"网格间距"的"行数"和"列数"中都输入 0，单击"更新预览"按钮，如图 8-23 所示。单击"确定"按钮，返回场景 1。

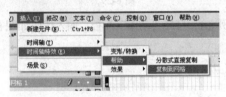

图 8-22

图 8-23

（8）出现一个"复制到网格"的影片剪辑，将其分离（按【Ctrl+B】快捷键），在"属性"面板中将分离后的元件的实例类型（默认的是图形）都转换为"按钮"，如图 8-24 所示。按先行后列的顺序起名 bt1、……、bt36（选择说明：单击边线才能选中），位置如图 8-25 所示。将该层命名为"按钮"并锁定。

（9）新建一个图层，命名为"参考图"，将该图层拖曳到"按钮"层的下面。将"未标题-1.jpg"文件导入库，将之拖曳至"参考图"层，转换为图形元件，位置和"按钮"层的按钮相同。在"属性"面板，设置其"颜色"为 Alpha、15%，如图 8-26 所示。

（10）新建一个图层，命名为"文字"，使用文本工具在图片的上方空白处输入文字"拼图游戏"，设置字体为隶书、80、粗体、颜色为#996600，如图 8-27 所示。

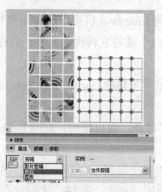

图 8-24

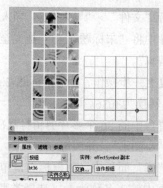

图 8-25

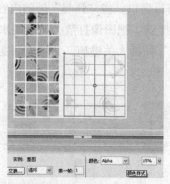

图 8-26

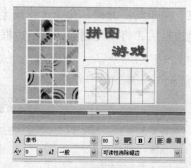

图 8-27

（11）在"滤镜"面板中，如图 8-28 所示，单击加号按钮，选择"投影"选项，将阴影颜色设为#999966，如图 8-29 所示。锁定该层。

图 8-28

图 8-29

（12）将"小图形"层解锁，选中影片剪辑实例 tu1，打开"动作"面板，输入代码如图 8-30 所示。

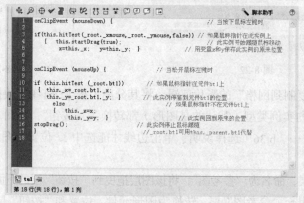

图 8-30

```
onClipEvent (mouseDown) {                              // 当按下鼠标左键时
if(this.hitTest(_root._xmouse,_root._ymouse,false))    // 如果鼠标指针在此实例上
   { this.startDrag(true);                             // 此实例开始跟随鼠标移动
```

```
        x=this._x;   y=this._y; }                        // 用变量 x 和 y 保存此实例的原来位置

onClipEvent (mouseUp) {                                   // 当松开鼠标左键时
if (this.hitTest (_root.bt1))                             // 如果鼠标指针在元件 bt1 上
 { this._x=_root.bt1._x;
   this._y=_root.bt1._y; }                                // 此实例停留到元件 bt1 的位置
     else                                                 // 如果鼠标指针不在元件 bt1 上
       { this._x=x;
           this._y=y; }                                   // 此实例回到原来的位置
stopDrag();                                               // 此实例停止鼠标跟随
}                                                         // _root.bt1 可用 this._parent.bt1 代替
```

说明 用//开头的是注释在"动作"面板中显示为灰色，可以不输入。

（13）将以上代码全选后复制，在"动作"面板的左侧选择 tu2，在右侧进行粘贴，只用将 bt1 全部改为 bt2 即可。

方法：可在"动作"面板中单击"查找"按钮，在弹出的"查找和替换"对话框中，输入"查找内容"为 bt1，"替换为"为 bt2，单击"全部替换"按钮，如图 8-31 所示。

图 8-31

（14）类似地，为其他影片剪辑都添加动作代码。测试影片后保存为"拼图游戏.fla"。

说明 大家也可进行类似的制作，如改变文档的尺寸、改变图像的大小、改变小图片的数目、改变布局、改变背景颜色等，制作出具有自己特色的拼图游戏。

8.4 实训项目——填色游戏

8.4.1 实训目的

1. 制作动画的目的与主题

本次实训的任务是填色游戏，能够自己选择颜色填充，并能够重新填色，参考效果如图 8-32 所示。

2．动画整体风格设计

利用 Flash 制作填色游戏，重在颜色的选择。颜色的选择具有多样性和灵活性，画面应美观。首先选择颜色，然后在上面的小块中进行单击填色；也可以重新选色进行填充，填出各式图案；还可单击"重新填充"按钮，开始新的填充。

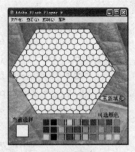

图 8-32

3．素材搜集与处理

上网搜索填色游戏，分析其实现的方法，解决技术问题。参照实例效果，学生分组合作，进行策划，制作填色游戏。

8.4.2　实训要求

1．使用"动作"面板，使用时间轴控制语句。
2．颜色的搭配。
3．制作出填色游戏，提高学习兴趣。

8.4.3　实训步骤

（1）新建一个 Flash 文件。新建一个图形元件"正方形"，选择矩形工具，设置笔触颜色为无色，填充颜色为白色，绘制宽为 40、高 40 的正方形。

（2）新建一个按钮元件"隐形按钮"，选择矩形工具，设置笔触颜色为无色，打开"混色器"面板，填充颜色可任意，但是填充颜色的 Alpha 值要设置为 0%。在舞台中绘制正方形，设置宽为 40、高为 40。

（3）新建一个影片剪辑元件"30 色"，将"图层 1"命名为"颜色"，打开"库"面板，将元件"正方形"拖曳至舞台。使用"对齐"面板使"正方形"元件处于舞台的中心。在第 31 帧处按【F6】键插入关键帧，选择第 2~30 帧，在选择的帧上用鼠标右键单击，在弹出的快捷菜单中选择"转换为关键帧"命令。单击第 2 帧，单击"正方形"元件，在"属性"面板中设置元件的颜色，选择"色调"、红色、100%，如图 8-33 所示。重复操作，直到完成第 31 个关键帧中元件颜色的调整（每个关键帧颜色都不相同）。

图 8-33

（4）新建图层并将其命名为"代码"，用鼠标右键单击"代码"层的第 1 帧，在弹出的快捷菜单中选择"动作"命令，打开"动作"面板，在右侧输入"stop();"，关闭"动作"面板，这时"代码"层的第 1 帧上显示 α 标志，锁定"颜色"和"代码"图层。

（5）用鼠标右键单击"颜色"图层，在弹出的快捷菜单中选择"属性"命令，打开"图层属性"对话框，在"轮廓颜色"中选择红色，如图 8-34 所示，单击"确定"按钮。新建图层并将其命名为"边"，单击"显示所有图层的轮廓"按钮，此时舞台显示如图 8-35 所示。使用矩形工具绘制只有黑色边线的矩形，该矩形和"颜色"图层中"正方形"元件的大小、位置都相同。

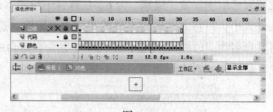

图 8-34　　　　　　　　　　　　　　　　　　图 8-35

（6）新建一个按钮元件"30 色的六边形遮罩"，将"图层 1"命名为"30 色"，把库中的元件"30 色"拖曳至舞台，使用"对齐"面板调整，使之处于舞台的中心，并添加实例名称 se。新建图层并将其命名为"隐形按钮"，单击该层的第 1 帧，将库中的按钮元件"隐形按钮"拖曳至舞台，单击"显示所有图层轮廓"按钮，将元件轮廓显示，用"对齐"面板调整，使其处于舞台中心。单击"隐形按钮"层的第 1 帧，单击舞台中的"隐形按钮"元件，按【F9】键打开"动作"面板，确定当前选择是"隐形按钮"，输入以下代码：

```
on(press){
    se. gotoAndStop(_global. c);
}
```

如图 8-36 所示。关闭"动作"面板，锁定"隐形按钮"层。

（7）新建图层"六边形"，在第 1 帧，选择多角星形工具，在"属性"面板中单击"选项"按钮，设置"边数"为 6，在舞台中绘制六边形，颜色可任意，效果如图 8-37 所示（显示比例为400%），外边的矩形框为其他层。选择六边形的 6 条边线，进行剪切，新建图层并将其命名为"边线"，单击该层的第 1 帧，在舞台中用鼠标右键单击，选择"粘贴到当前位置"命令。调整图层的顺序，并设置遮罩层，如图 8-38 所示。

图 8-36　　　　　　　图 8-37　　　　　　　　　　图 8-38

（8）返回场景 1，将库中的"30 色的六边形遮罩"拖曳至舞台。设置属性，宽为 16、高为 20、X 为 0、Y 为 0。单击选中该元件，执行"插入"＞"时间轴特效"＞"帮助"＞"分散式直接复制"命令，在打开"分散式直接复制"对话框中，设置"副本数量"为 19、"偏移距离"X 为 16、Y 为 0，取消"更改颜色"的选择，单击"确定"按钮。

> **说明**　观察"库"面板及时间轴，可以看到图层名称变为"分散式直接复制 1"，库中多了两项，即文件夹 Effects Folder 和影片剪辑"分散式直接复制1"。

（9）单击"分散式直接复制1"层的第 1 帧，连按两次【Ctrl+B】快捷键进行分离，按【Ctrl+A】快捷键选择所有内容，使用选择工具，按【Ctrl】键的同时进行拖曳，复制多个，效果如图 8-39 所示（16行）。选择所有内容，使用选择工具将其移动到舞台的上方中间。将"分散式直接复制 1"层命名为"多个 30 色的六边形遮罩"，锁定该层。

（10）新建图层"六边形遮罩"，选择多角星形工具，在"属性"面板中单击"选项"按钮，在工具设置对话框中设置"边数"为 6，在舞台中绘制六边形，颜色可任意，效果如图 8-40 所示。为减少文件大小，可将大六边形之外的小六边形删除。选择六边形的 6 条边线，进行剪切，新建图层并将其命名为"边线"，单击该层的第 1 帧，在舞台中用鼠标右键单击，选择"粘贴到当前位置"命令，然后将"六边形遮罩"层设置为遮罩层。

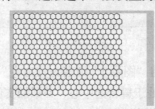

图 8-39

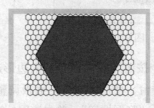

图 8-40

（11）新建图层"当前选择"，将库中的元件"30 色"拖曳至舞台，在"属性"面板的"实例名称"中输入"mc0"。

（12）新建图层"可选颜色"，将库中的元件"30 色"拖曳至舞台，在"属性"面板的"实例名称"中输入"mc_1"。使用"变形"面板调整元件的大小为 50%，按【Enter】键确定。用鼠标右键单击 mc_1，在弹出的快捷菜单中选择"动作"命令，打开"动作"面板，在右侧输入代码"on(press){ _global. c=2; _root. mc0. gotoAndStop(_global. c);}"，关闭"动作"面板。添加"分散式直接复制"特效，设置"副本数量"为9、"偏移距离 X"为 30、Y 为 0，单击"确定"按钮。

（13）单击"分散式直接复制2"层的第 1 帧，连按两次【Ctrl+B】快捷键，再次执行"分散式直接复制"命令，设置"副本数量"为 2、"偏移距离 X"为 0、Y 为 30，单击"确定"按钮。单击"分散式直接复制3"层的第 1 帧，连按两次【Ctrl+B】快捷键，按先行后列的顺序，分别选择单个实例，改变实例名称从 mc_1 直到 mc_30，同时改变"动作"面板中的相应代码，将"_global. c= 2;"依次变为"_global. c=3;"等，直到"_global.c= 31;"。

（14）新建图层并将其命名为"代码"，单击该层的第 1 帧，在帧上添加代码（该代码用于使30 个小方块显示出影片剪辑元件"30 色"的30种颜色），如图 8-41 所示。

图 8-41

```
_global. c=1;
mc_1. gotoAndStop(2);                    mc_2. gotoAndStop(3);
mc_3. gotoAndStop(4);                    mc_4. gotoAndStop(5);
mc_5. gotoAndStop(6);                    mc_6. gotoAndStop(7);
mc_7. gotoAndStop(8);                    mc_8. gotoAndStop(9);
mc_9. gotoAndStop(10);                   mc_10. gotoAndStop(11);
mc_11. gotoAndStop(12);                  mc_12. gotoAndStop(13);
mc_13. gotoAndStop(14);                  mc_14. gotoAndStop(15);
mc_15. gotoAndStop(16);                  mc_16. gotoAndStop(17);
mc_17. gotoAndStop(18);                  mc_18. gotoAndStop(19);
mc_19. gotoAndStop(20);                  mc_20. gotoAndStop(21);
mc_21. gotoAndStop(22);                  mc_22. gotoAndStop(23);
mc_23. gotoAndStop(24);                  mc_24. gotoAndStop(25);
mc_25. gotoAndStop(26);                  mc_26. gotoAndStop(27);
mc_27. gotoAndStop(28);                  mc_28. gotoAndStop(29);
mc_29. gotoAndStop(30);                  mc_30. gotoAndStop(31);
```

（15）新建图层并将其命名为"按钮"，单击该层的第 1 帧，执行"窗口" > "公用库" > "按钮"命令，打开"库-按钮"面板，双击"buttons oval"，打开该项，将"oval blue"拖曳至舞台，为此按钮添加代码"on(press){gotoAndPlay(1);}"，关闭"库 - 按钮"面板。

（16）在舞台中双击刚放入的按钮，打开按钮的编辑窗口，将 text 图层删除后，返回场景 1。使用文本工具输入说明性文字。选择各层的第 2 帧，插入关键帧，在"代码"层的第 2 帧上添加代码"stop();"。完成的时间轴效果如图 8-42 所示。

图 8-42

（17）测试影片，发现背景有些单调，将"填色背景"导入舞台，放置在最下层。测试影片，保存文件为"填色游戏.fla"。

8.4.4　评价考核

表 8-1　　　　　　　　　　　任务评价考核表

能力类型	考核内容		评 价		
	学 习 目 标	评 价 项 目	3	2	1
职业能力	掌握"动作"面板的使用；掌握 on()和 onClipEvent()函数；能够合理利用时间轴控制命令；能够完成简单游戏的制作	"动作"面板的使用			
		on()和 onClipEvent()函数			
		熟练使用时间轴控制命令			
		能够使用 if 函数			
		能够制作简单游戏			
通用能力	造型能力				
	审美能力				
	组织能力				
	解决问题能力				
	自主学习能力				
	创新能力				
综合评价					

8.5 学生课外拓展——美女换装游戏

8.5.1 参考制作效果

本例要实现的效果如图 8-43 所示。

图 8-43

8.5.2 知识要点

1. 元件类型的更改，实例名称的使用。
2. onClipEvent (mouseDown)、onClipEvent (mouseUp)。
3. hitTest()、_visible（可见性）。

8.5.3 参考制作过程

（1）新建一个 Flash 文件（ActionScript 2.0），设置文档尺寸为 600 像素×460 像素，背景色为#CC9966。使用矩形工具绘制矩形，设置填充色#99CCCC、线条色白色，如图 8-44 所示。

（2）将图片"上 1"～"上 6"、"下 1"～"下 6"共 12 张衣服图片导入库中。将库中的"图形"元件都改为"影片剪辑"元件。

（3）新建图层 2，将"美女.swf"导入舞台，并放置在矩形中，设置实例行为为"影片剪辑"、实例名称为"mm"，如图 8-45 所示。

（4）新建图层 3，将库中的 12 个衣服元件拖曳至舞台，摆放位置如图 8-46 所示，分别添加实例名称 sh1～sh6、xia1～xia6（和元件名对应）。

（5）选择 sh1 实例，添加如下动作代码，如图 8-47 所示。

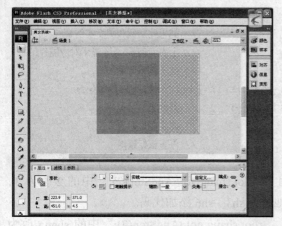

图 8-44

图 8-45

图 8-46

图 8-47

```
onClipEvent (mouseDown) {                                    // 当按下鼠标左键时
  if(this.hitTest(_root._xmouse,_root._ymouse,false))        // 如果鼠标指针在此实例上
      {   this.startDrag(true);                              // 此实例开始鼠标跟随
x=this._x; y=this._y; }                                      // 用变量 x 和 y 保存此实例的原来位置
  }
```

```
onClipEvent (mouseUp) {                                  // 当松开鼠标左键时
  if (this.hitTest (_root.mm))                           // 如果此实例和美女实例 mm 有重叠
      { _root.shang.gotoAndStop(2);                      // 上衣实例 shang 显示对应图片
this._visible=0;                                         // 此实例不可见
      _root.sh2._visible=1;  _root.sh3._visible=1;  _root.sh4._visible=1;
      _root.sh5._visible=1;  _root.sh6._visible=1;  }    // 其他实例可见
    this._x=x;      this._y=y;                           // 此实例返回原来位置
   stopDrag();                                           // 停止鼠标跟随
}
```

（6）对 sh2 实例添加同样的代码，只是将"_root.shang.gotoAndStop(2);"中的 2 改为 3，"_root.sh2._visible=1;"中的 sh2 改为 sh1。类似地，为 sh3～sh6 添加代码。

（7）对 xia1 实例添加同样的代码，只是将"_root.shang.gotoAndStop(2);"中的 shang 改为 xiayi，"_root.sh2._visible=1;"中的 sh 改为 xia，如图 8-48 所示。类似地，为 sh2～sh6 添加代码。

图 8-48

（8）制作"上衣"影片剪辑，是逐帧动画，图层 1 上的第 1 帧是空白关键帧，后边 6 个关键帧分别是"上 1"～"上 6"6 张图片，要调整图片的位置，大体合适。在图层 2 上添加动作"stop();"，如图 8-49 所示。

（9）类似地，制作"下衣"影片剪辑。

（10）返回场景 1，新建图层 4，将"下衣"元件拖曳至舞台，放置在美女上，设置实例名称为"xiayi"。双击打开元件的编辑窗口，观察位置，不合适的话进行调整，使下衣显示在美女身上正确的位置。

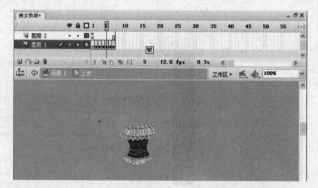

图 8-49

（11）新建图层 5，将"上衣"元件拖曳至舞台，放置在美女上，设置实例名称为"shang"。调整位置，使上衣显示在美女身上正确的位置。

（12）测试影片，可以用鼠标拖曳衣服到美女身上，当拖曳另一件上衣或下衣时，原来的衣服会回到原始位置。保存影片"美女换装.swf"。大家可以在此例的基础上进一步制作，比如添加帽子、鞋子、围巾等物品。赶快制作属于自己的游戏吧。

第9章

网站应用

本章简介：

网站代表了一个企业的形象。越来越多的公司使用 Flash 技术制作动态网站。Flash 与其他动画制作软件相比，最大的特点就是具有强大的交互性。要想制作出美观的网页，使用户还能够参与到动画中自由控制动画，就必须掌握使用动作脚本（ActionScript）向影片添加交互性动作功能。

本章主要介绍在 Flash 动画设计中经常用到的函数和类对象，并通过 3 个应用范例，讲解应用 Flash CS3 制作网页的方法和技巧。通过本章内容的学习，读者可以掌握实现交互动画的方法，学会用 Flash CS3 设计网页的方法。

学习目标：

- 影片剪辑控制
- 浏览器和网络
- 键盘控制
- 摄影公司网页、平高电气产品销售网站、平职学院招生网站的制作

9.1 交互式动画的制作——知识准备

在"动作"面板中，单击动作工具箱中的"全局函数"，在展开的项目中单击"影片剪辑控制"，就可以将影片剪辑控制函数显示出来，如图 9-1 所示。通过调整影片剪辑的各种属性，可以改变影片剪辑的位置和显示状态。

图 9-1

9.1.1 影片剪辑控制

要使用 ActionScript 脚本去控制影片剪辑，必须先为每一个放在舞台上的影片剪辑命名，即实例名称。另外，在给影片剪辑实例命名时，通常可以加上后缀_mc，这样可以在写代码时有代码提示，方便代码的编写，如 boy_mc、circle_mc、point_mc 等。

1. 影片剪辑元件的属性

（1）坐标：Flash 场景中的每个对象都有它的坐标，坐标值以像素为单位。Flash 场景的左上角为坐标原点，它的坐标位置为（0，0），前一个表示水平坐标，后一个表示垂直坐标。Flash 默认的场景大小为 550 像素×400 像素，即场景右下角的坐标为（550，400）。场景中的每一点分别用 X 和 Y 表示 X 坐标值属性和 Y 坐标值属性。

（2）鼠标位置：利用影片剪辑元件的属性，不但可以获得坐标位置，还可以获得鼠标位置，即鼠标光标在影片中的坐标位置。表示鼠标光标的坐标属性的关键字是_xmouse 和_ymouse，其中_xmouse 代表光标的水平坐标位置，_ymouse 代表光标的垂直坐标位置。

（3）旋转方向：_rotation 属性代表影片剪辑的旋转方向，它是一个角度值，介于−180°～180°，可以是整数，也可以是浮点数。如果将它的值设置在这个范围之外，系统会自动将其转换为这个范围之间的值。

（4）可见性：_visible 属性即可见性，使用布尔值，为 true（1），或者为 false（0）。为 true 表示影片剪辑可见，即显示影片剪辑；为 false 表示影片剪辑不可见，即隐藏影片剪辑。

（5）透明度：_alpha（透明度）是区别于_visible 的另一个属性，它决定了影片剪辑的透明程度，范围在 0～100，0 代表完全透明，100 表示不透明。

（6）缩放属性：影片剪辑的缩放属性包括横向缩放_xscale 和纵向缩放_yscale。_xscale 和

_yscale 的值代表了相对于库中原影片剪辑的横向尺寸 width 和纵向尺寸 height 的百分比，而与场景中影片剪辑实例的尺寸无关。

（7）尺寸属性：与_xscale 和_yscale 属性不同，_width 和_height 代表影片剪辑的绝对宽度和高度，而不是相对比例。

2．setProperty()和 getProperty()函数

（1）setProperty()和 getProperty()用于设置属性和取得属性。

setProperty()命令用来设置影片剪辑的属性，使用形式为 setProperty (目标,属性,值)。

命令中有 3 个参数。

● 目标：就是要控制（设置）属性的影片剪辑的实例名，包括影片剪辑的位置（路径）。

● 属性：即要控制的何种属性，例如透明度、可见性、放大比例等。

● 值：属性对应的值，包括数值、布尔值等。

（2）getProperty()命令用来获取影片剪辑元件的属性，使用形式为 getProperty (目标,属性)。

命令中有两个参数。

● 目标：被取属性的影片剪辑实例的名称。

● 属性：要取得的影片剪辑的属性。

3．绝对路径和相对路径

在 Flash 的场景中有个主时间轴，在场景里可以放置多个影片剪辑，每个影片剪辑又有它自己的时间轴，每个影片剪辑又可以有多个子影片剪辑。在一个 Flash 的影片中，就会出现层层叠叠的影片剪辑。如果要对其中一个影片剪辑进行操作，就要说出影片剪辑的位置，也就是要说明影片剪辑的路径。

路径分为绝对路径和相对路径，它们的区别是到达目标对象的出发点不同。绝对路径是以当前主场景（即根时间轴）为出发点，以目标对象为结束点；而相对路径则是从发出指令的对象所在的时间轴为出发点，以目标对象为结束点。

实例练习——制作飞舞的蜻蜓

本例完成的效果如图 9-2 所示。

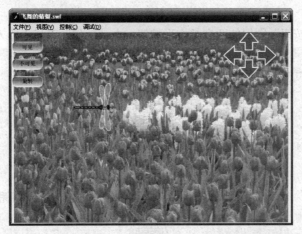

图 9-2

（1）新建一个 Flash CS3 影片文档，设置舞台尺寸为 600 像素×400 像素，其他参数保存默认，保存影片文档为"飞舞的蜻蜓.fla"。

（2）在时间轴上创建 3 个图层，分别重新命名为"底图"、"按钮"、"蜻蜓"。

（3）在"背景"图层上创建一个背景图层，效果如图 9-3 所示。

（4）在"按钮"图层创建 7 个按钮影片剪辑，效果如图 9-4 所示。

（5）在"蜻蜓"图层创建一个影片剪辑，效果如图 9-5 所示。

图 9-3　　　　　　　　　　　图 9-4　　　　　　　　　　　图 9-5

（6）分别选择"按钮"图层的 4 个方向按钮，在"动作"面板中输入如下程序代码：

```
on (release) {
    qingting._x+=10;              //向右移动
}

on (release) {
    qingting._x-=10;             //向左移动
}

on (release) {
    qingting._y+=10;             //向下移动
}

on (release) {
    qingting._y-=10;             //向上移动
}
```

（7）分别选择"按钮"图层的两个长方形按钮，在"动作"面板中输入如下程序代码：

```
on (release) {
    qingting._visible=true;       //"可见"按钮，蜻蜓可见
}

on (release) {
    qingting._visible=false;      //"不可见"按钮，蜻蜓不可见
}
```

（8）选择"按钮"图层的"旋转"按钮，在"动作"面板中输入如下程序代码：

```
on(release){
    qingting._rotation-=30;       //旋转 30°
}
```

完成后的图层结构如图 9-6 所示。

4．复制影片剪辑命令

（1）duplicateMovieClip。

语法：duplicateMovieClip（目标,新名称,深度）。

图 9-6

- target（目标）：要复制的影片剪辑的名称和路径。
- newname（新名称）：复制后的影片剪辑实例名称。
- depth（深度）：已经复制影片剪辑的堆叠顺序编号。

duplicateMovieClip 用来复制舞台中的影片剪辑实例。

（2）attachMovie。

语法：attachMovie（链接 ID,新名称,深度,{初始化值}）。

attachMovie 用来将库中设置了链接属性的 MovieClip 影片剪辑加到场景中。通过循环语句可以复制库的影片剪辑，它返回的是影片剪辑。

实例练习——制作飘落的雪花

本例实现的效果如图 9-7 所示。

图 9-7

（1）新建一个 Flash CS3 影片文档，参数保存默认，保存影片文档为"下雪.fla"。

（2）按【Ctrl+F8】快捷键新建图形元件"雪花"，使用椭圆工具绘制如图 9-8 所示的图形。执行"修改" > "形状" > "柔化填充边缘"命令，弹出如图 9-9 所示的对话框，设置参数。

图 9-8　　　　　　图 9-9

（3）新建影片剪辑元件"下雪"，将元件"雪花"拖曳至舞台中，在第 50 帧添加关键帧。新建"引导层"，使用线条工具绘制出一条直线，如图 9-10 所示。在第 50 帧，将元件"雪花"拖曳到线条的另一头，在第 1~50 帧添加补间动画，如图 9-11 所示。

（4）回到场景 1，重命名图层 1 为"背景"，将背景图片导入到舞台中，调整其位置和大小，在第 3 帧插入帧，如图 9-12 所示。

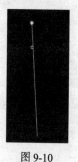

图 9-10

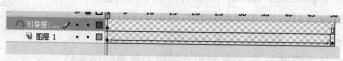

图 9-11

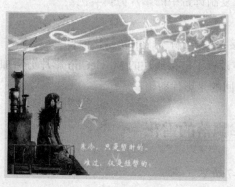

图 9-12

（5）新建图层“雪花”，将影片剪辑元件拖曳至舞台中，放置在舞台的左上角，如图 9-13 所示。选中元件后，打开“属性”面板，命名为“snow”，如图 9-14 所示。

（6）新建图层“动作”，在第 1 帧上添加空白关键帧，用鼠标右键单击后调出“动作”面板，输入如图 9-15 所示的代码。同样，在第 2 帧和第 3 帧分别输入如图 9-16 和图 9-17 所示的代码。

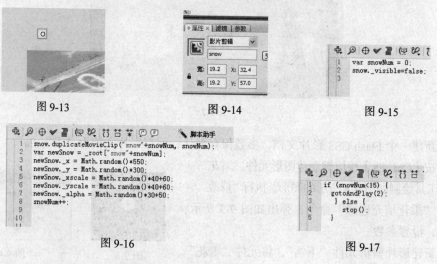

图 9-13

图 9-14

```
var snowNum = 0;
snow._visible=false;
```

图 9-15

```
snow.duplicateMovieClip("snow"+snowNum, snowNum);
var newSnow = _root["snow"+snowNum];
newSnow._x = Math.random()*550;
newSnow._y = Math.random()*300;
newSnow._xscale = Math.random()*40+60;
newSnow._yscale = Math.random()*40+60;
newSnow._alpha = Math.random()*30+50;
snowNum++;
```

图 9-16

```
if (snowNum<15) {
  gotoAndPlay(2);
  } else {
    stop();
  }
```

图 9-17

（7）按【Ctrl+Enter】快捷键测试影片，保存文件。

5．拖曳影片剪辑命令

startDrag()命令的一般形式为

myMovieClip.startDrag(lock, left, top, right, bottom)。

myMovieClip 是要拖曳影片的名字。lock 表示影片拖曳时是否中心锁定在鼠标，值有 true 或

false，true 表示锁定，false 表示不锁定。left、top、right、bottom 这 4 个参数分别用于设置影片拖曳的左、上、右、下的范围，注意是相对于影片剪辑父级坐标的值，这些值指定该影片剪辑被约束的矩形，这些参数是可选的。如果是 myMovieClip.startDrag()，则可以在整个屏幕范围内任意拖曳。

stopDrag()命令可以实现停止拖曳影片命令，这个命令没有参数。

实例练习——制作望远镜效果

本例实现的效果如图 9-18 所示。

（1）新建一个 Flash CS3 影片文档，其他参数保存默认，保存影片文档为"望远镜.fla"。

（2）按【Ctrl+J】快捷键，出现如图 9-19 所示的对话框，将尺寸修改为 800 像素×600 像素，将背景颜色改为灰色，单击"确定"按钮。

图 9-18

图 9-19

（3）按【Ctrl+F8】快捷键，出现如图 9-20 所示的对话框。新建影片剪辑元件"望远镜"，使用线条工具和椭圆工具绘制如图 9-21 所示的图形。

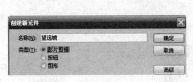

图 9-20

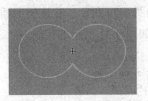

图 9-21

（4）新建影片剪辑元件"遮罩"，如图 9-22 所示。使用椭圆工具绘制如图 9-23 所示的图形。

图 9-22

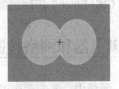

图 9-23

（5）回到场景 1，将素材图片导入到库中，重命名图层 1 为"模糊"，将素材图片拖曳至舞台中，按【Ctrl+K】快捷键调出"对齐"面板，调整其位置，如图 9-24 所示。

（6）新建图层"清晰"，将素材图片拖曳至舞台中，同样调整其位置，如图 9-25 所示。

图 9-24   图 9-25

（7）新建图层"遮罩"，将元件"遮罩"拖曳至舞台中，如图 9-26 所示。在图层上用鼠标右键单击，选择"遮罩"命令。选中元件，打开"属性"面板，为其命名为"s1"，如图 9-27 所示。

（8）选中该层的关键帧，用鼠标右键单击，调出"动作"面板，输入如图 9-28 所示的代码。

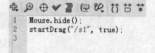

图 9-26   图 9-27   图 9-28

（9）新建图层"望远镜"，将元件"望远镜"拖曳至舞台中，调整其位置和大小，并将其命名为"s2"，如图 9-29 所示。在该层上插入关键帧，如图 9-30 所示。选中该关键帧，调出"动作"面板，输入如图 9-31 所示的代码。

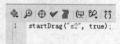

图 9-29   图 9-30   图 9-31

（10）按【Ctrl+Enter】快捷键测试影片，保存文件。

9.1.2 浏览器和网络控制命令

在"动作"面板中，单击动作工具箱中的"全局函数"，在展开的项目中单击"浏览器/网络"，就可以将"浏览器/网络"函数显示出来，如图 9-32 所示。

1. fscommand 命令

控制 Flash 播放器的播放环境及播放效果。

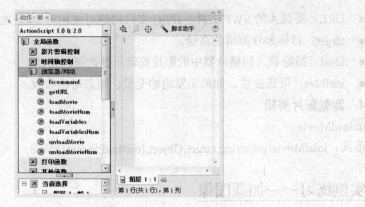

图 9-32

命令的语法格式是：fscommand(命令,参数)。

2．getURL 命令

形式：getURL (URL,Window,method)。

作用：为事件添加超级链接，包括电子邮件链接。

实例练习——利用 getURL 命令制作一个简单快速导航

（1）新建一个 Flash CS3 影片文档，设置舞台
尺寸为 500 像素×200 像素，其他参数保存默认，
保存影片文档为"快速链接.fla"。

（2）在"图层 1"图层上，创建一个 4 个按钮，
如图 9-33 所示。

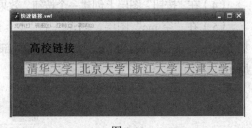

图 9-33

（3）选择"清华大学"按钮，在"动作"面板
中输入程序代码：

```
on (press) {
    getURL("http://www.tsinghua.edu.cn/qhdwzy/index.jsp");
}
```

（4）选择"北京大学"按钮，在"动作"面板中输入程序代码：

```
on (press) {
    getURL("http://www.pku.edu.cn/");
}
```

（5）选择"浙江大学"按钮，在"动作"面板中输入程序代码：

```
on (press) {
    getURL("http://www.zju.edu.cn/");
}
```

（6）选择"天津大学"按钮，在"动作"面板中输入程序代码：

```
on (press) {
    getURL("http://www.tju.edu.cn/");
}
```

3．loadMovie 和 unloadMovie 命令

作用：loadMovie 命令用于载入电影，而 unloadMovie 则用于卸载由 loadMovie 命令载入的电
影。loadMovie 使用的一般形式为 loadMovie(URL,level/target,varibles)。

- URL：要载入的 SWF 文件、JPEG 文件的绝对或相对 URL 地址。
- target：目标影片剪辑的路径。
- level：指定载入到播放器中的影片剪辑所处的级别整数。
- varibles：可选参数，如果无发送的变量，则忽略该参数。

4．卸载影片剪辑

unloadMovie

形式：loadMovie(url:string,target:Object,[method:String]):Void。

实例练习——加载图像

本例实现的效果如图 9-34 所示。

（1）新建一个 Flash CS3 影片文档，设置舞台尺寸为 400 像素×300 像素，其他参数保存默认，保存影片文档为"加载图像.fla"。

（2）在时间轴上创建 4 个图层，分别重新命名为"边框"、"按钮"、"as"和"空 mc"。

（3）在"边框"图层上创建一个边框，效果如图 9-35 所示。

（4）在"按钮"图层上创建一个按钮，效果如图 9-36 所示。

（5）在"空 mc"图层，创建一个"空"影片剪辑，位于场景的左上角，实例名为"mc"，用来加载外部图像，如图 9-37 所示。

图 9-34

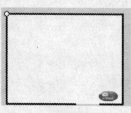

图 9-35

图 9-36

图 9-37

（6）选择"as"图层的第 1 帧，在"动作"面板中输入如下程序代码：

```
loadMovie("load/car.jpg", mc);        //导入图片
mc._x = (400-mc._width)/2;            //图片居中
mc._y = (300-mc._height)/2; }
```

（7）选择"as"图层的第 2 帧，在"动作"面板中输入如下程序代码：

```
if (mc._width != 0) {
    gotoAndStop(1);                   //图片完全导入后，在第 1 帧停止播放
}
```

（8）选择"按钮"图层的按钮，在"动作"面板中输入如下程序代码：

```
on (release) {
unloadMovie(mc);               //卸载导入的图片
}
```

完成后的图层结构如图 9-38 所示。

5. loadVariables 命令

形式：loadVariables（url,level/"target",[variables]）。

作用：它可以从外部文件读入数据。外部文件包括文本文件、由 CGI 脚本生成的文本、ASP、PHP 或 PERL 脚本。读入的数据作为变量将被设置到播放器级别或目标影片剪辑中。

图 9-38

参数：

- url：变量将要载入的绝对或相对路径 URL 地址。
- level/"target"：指定载入到 Flash 播放器中的变量所处级别的整数/接受载入的变量目标影片剪辑的路径，这两者只能选择其中一个。
- variables：可选参数，如果没有要发送的变量，则可以忽略该参数。

6. trace 命令

形式：trace(表达式,变量,值)。

作用：显示输出命令 trace()可以在 SWF 文件时记录程序备注，或在输出对话框中将运算结果、变量值显示出来。该命令最主要的目的是便于在编写程序时进行查错，当正式发布后，trace()命令即使存在，也不会被执行。可以使用"发布设置"对话框中的"忽略追踪动作"命令，让 trace()命令从已导出的 SWF 文件中自动删除。

实例练习——利用影片剪辑元件制作一个简单时钟

本例实现的效果如图 9-39 所示。

（1）新建一个 Flash CS3 影片文档，设置舞台尺寸为 400 像素×400 像素，其他参数保存默认，保存影片文档为"时钟.fla"。

（2）在时间轴上创建 4 个图层，分别重新命名为"背景"、"时针"、"分针"和"秒针"。

（3）在"背景"图层上创建一个背景，效果如图 9-40 所示。

（4）分别在"时针"、"分针"和"秒针"图层，创建 3 个影片剪辑，如图 9-41 所示，整体效果如图 9-42 所示。

图 9-39

图 9-40

图 9-41

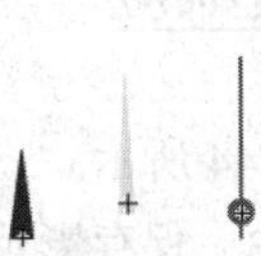

图 9-42

（5）选择"时针"图层的第 1 帧，在"动作"面板中输入如下程序代码：

```
onClipEvent (enterFrame) {
    timeNow = new Date();
```

```
// trace(timeNow.getHours());
this._rotation = (timeNow.getHours()%12+timeNow.getMinutes()/60)*30;
}
```

（6）选择"分针"图层的第 1 帧，在"动作"面板中输入如下程序代码：

```
onClipEvent (enterFrame) {
    timeNow = new Date();
    // trace(timeNow.getHours());
    this._rotation = (timeNow.getMinutes())*6;
}
```

（7）选择"秒针"图层的第 1 帧，在"动作"面板中输入如下程序代码：

```
onClipEvent (enterFrame) {
    timeNow = new Date();
    // trace(timeNow.getHours());
    this._rotation = (timeNow.getSeconds())*6;
}
```

完成后的图层结构如图 9-43 所示。

图 9-43

9.1.3　键盘控制

1．Key 对象
Key 对象由 Flash 内置的一系列方法、常量和函数构成，使用 Key 对象可以检测某个键是否被按下。
2．键盘侦听的方法
使用侦听器（listener）来侦听键盘上的按键动作，可以使用"Key.addListener(_root);"命令来告诉计算机需要侦听某个事件。Key.addListener 命令将主时间轴或某个影片剪辑作为它的参数，当侦听的事件发生时，用这个参数指定的对象来响应该事件。
3．利用影片剪辑的 keyUp 和 keyDown 事件来实现键盘响应
影片剪辑包含两个与键盘相关的事件 keyUp 和 keyDown，使用它们也可以实现对按键事件的响应。

实例练习——键盘响应

本例实现的效果如图 9-44 所示。
（1）新建一个 Flash CS3，保存影片文档为"猜按键.fla"。
（2）按【Ctrl+J】快捷键，出现如图 9-45 所示的对话框，将背景颜色改为黑色，单击"确定"按钮。
（3）按【Ctrl+F8】快捷键新建图形元件"小猪"，使用直线工具、钢笔工具、任意变形工具等绘图工具绘制如图 9-46 所示的图形。
（4）新建图形元件"旋转飞字"，使用矩形工具绘制如图 9-47 所示的图形。

图 9-44 　　　　　　　　　　　图 9-45 　　　　　　　　　　　图 9-46

（5）新建影片剪辑元件"引导"，将元件"旋转飞字"拖曳至舞台中，在第 40 帧插入关键帧。新建"引导"层，使用椭圆工具绘制如图 9-48 所示的椭圆。选中元件"旋转飞字"，在第 40 帧稍微改变位置，但是保证其中心点在椭圆上，在第 1～40 帧添加补间动画，如图 9-49 所示。

图 9-47 　　　　　　　　　　图 9-48 　　　　　　　　　　图 9-49

（6）回到场景 1，重命名图层 1 为"背景"，将背景图片导入到舞台中，调整其位置和大小，如图 9-50 所示。

（7）新建图层"小猪"，将元件"小猪"拖曳至舞台中，调整其位置和大小，如图 9-51 所示。

图 9-50 　　　　　　　　　　　　　　图 9-51

（8）新建图层"文字"，使用文本工具和直线工具绘制如图 9-52 所示的图形和文字。

（9）新建图层"动态文字"，将元件"旋转飞字"和"字符飞舞"拖曳至舞台中，如图 9-53 所示。选中元件"旋转飞字"，打开"属性"面板，为其命名为"key"，如图 9-54 所示。用鼠标右键单击，调出"动作"面板，输入如图 9-55 所示的代码。

（10）按【Ctrl+Enter】快捷键测试影片，然后保存文件。

图 9-52

图 9-53

图 9-54

```
1   onClipEvent (load) {
2       array1=new Array ('a','b','c','d','e','f',
3                         'g','h','i','j','k','l','m',
4                         'n','o','p','q','r','s','t',
5                         'u','v','w','x','y','z');
6       array2=new Array ('0','1','2','3','4','5','6',
7                         '7','8','9');}
8
9   onClipEvent (keyDown) {
10      keycode=Key.getCode();
11      if(keycode)=65 and keycode<=90){
12          _root.key.keyshow=array1[keycode-65];
13      }
14      if(keycode)=48 and keycode<=57){
15          _root.key.keyshow=array2[keycode-48];
16      }
17
18  }
```

图 9-55

9.2 任务——制作菲凡摄影网页

9.2.1 案例效果分析

界面采用粉红花瓣，提升了婚纱摄影企业文化整体的甜美风格；导航条实用简洁的栏目及实用的功能，极大方便客户了解企业的服务、咨询服务技术支持等；多张作品图片相互切换，显示了菲凡摄影企业精湛的摄影技术和实力，如图 9-56 所示。

图 9-56

9.2.2 设计思路

1. 制作 3 种不同的"遮罩"元件。
2. 通过依次使用多个遮罩层，形成多张图片相互切换的效果。
3. 制作网站 Logo、网站导航按钮。

9.2.3 相关知识和技能点

使用影片剪辑元件制作"遮罩"图形；使用遮罩动画制作多张图片相互切换的效果；使用"颜色"面板中的"位图"填充类型制作网站 Logo。

9.2.4 任务实施

（1）新建一个 Flash CS3 影片文档，设置舞台尺寸为 800 像素×600 像素，其他参数保存默认，保存影片文档为"菲凡摄影.fla"。

（2）使用"文件">"导入">"导入到库"命令，将案例要使用的素材图片导入到库中。

（3）按【Ctrl+F8】快捷键新建图形元件"百叶"，使用矩形工具在舞台上绘制出一个矩形条，如图 9-57 所示。

（4）新建影片剪辑元件"百叶动"，将图形元件"百叶"拖曳至舞台中，在第 18 帧处添加关键帧。调整第 1 帧矩形条的宽度，如图 9-58 所示，创建补间动画，如图 9-59 所示，新建图层 2，在第 18 帧处添加关键帧，调出"动作"面板，输入如图 9-60 所示的代码。

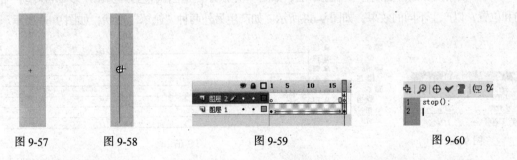

图 9-57   图 9-58   图 9-59   图 9-60

（5）新建影片剪辑"多个百叶动"，将"百叶动"拖曳至舞台中，多次复制后，效果如图 9-61 所示。

（6）到场景 1，重命名图层 1 为"背景"，创建矩形并填充花瓣"位图"。调整矩形图形的位置和大小，在时间轴的第 75 帧按【F5】键添加帧，如图 9-62 所示。

（7）新建图层"图层 2"，将第"4 月天.jpg"图片拖曳至舞台中，调整图片的大小和位置后，如图 9-63 所示。

（8）新建图层"图层 3"，在时间轴第 5 帧按【F6】键添加关键帧，拖曳"1.jpg"素材图片至舞台，位置和大小和第二张相同，如图 9-64 所示。

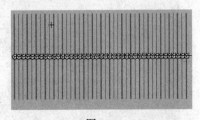

图 9-61

图 9-62

图 9-63

（9）新建图层"多个百叶动"，在第 5 帧处添加关键帧，将影片剪辑"多个百叶动"拖曳至舞台中，调整其位置和大小，使其覆盖"图层 3"中的图片，如图 9-65 所示。选中该图层，用鼠标右键单击并选择"遮罩层"命令，将其设为遮罩层，如图 9-66 所示。

图 9-64

图 9-65

（10）使用同样的方法制作多个遮罩层，如图 9-67 所示。适当调整影片剪辑"多个百叶动"的方向和位置，以产生不同的效果，如图 9-68 所示。如产生另外两种"遮罩"形状，如图 9-69 所示。

图 9-66

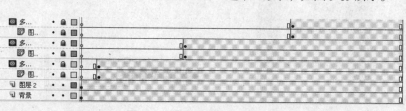

图 9-67

图 9-68

图 9-69

（11）新建图层"文字"，使用文本工具在舞台中输入文字，调整其大小和位置，如图 9-70 所示。

（12）新建图层"小图片"，分别将"1.jpg"图片、"2.jpg"图片、"3.jpg"图片拖曳至舞台中，调整图片的大小和位置，如图 9-71 所示。

图 9-70　　　　　　　　　　　　　　　　　　　　图 9-71

（13）按快捷键【Ctrl+Enter】测试影片，然后保存文件。

9.3　任务二——制作平职学院招生网站

9.3.1　案例效果分析

网站整体的色调为淡蓝色，衬托校园高远的天空和大海般的深沉，搭配上鲜红色的按钮图标，使页面更加醒目。网页通过图片和文字的结合，对学校简介、招生简报、专业介绍和招生计划进行了展示，如图 9-72 所示。

图 9-72

9.3.2　设计思路

网页动画分首页面和二级页面，首页面以学院校园的图片为背景，添加上简单的文字和学院标识做成的按钮，单击按钮便可以进入二级页面。

二级页面共分招生简报、学校简介、专业介绍和招生计划 4 个部分，只需单击每个部分对应的按钮，就可以对其进行浏览。二级页面的构成包括文字和图片，在文字部分添加了滚动条，在图片部分使用补间动画形成了动态效果。

9.3.3　相关知识和技能点

使用文本图形法制作招生计划内容，使用 loadMovie 脚本命令装载外部 SWF 文件，使用补间动画和遮罩制作滚动文字，使用"变形"面板和动作补间动画制作文字转动效果。

9.3.4　任务实施

1．制作二级页面"招生简报"

（1）新建一个 Flash CS3 影片文档，设置舞台尺寸为 760 像素×500 像素，将背景颜色修改为深蓝色，其他参数保存默认，如图 9-73 所示，保存影片文档为"c1.fla"。

（2）按【Ctrl+F8】快捷键，出现如图 9-74 所示的对话框，输入名称"滚动文字"，选择类型为"图形"，单击"确定"按钮。使用文本工具将"素材-text-招生简报"复制并粘贴，调整文字的属性，如图 9-75 所示。

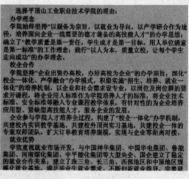

图 9-73　　　　　　　　　　　图 9-74　　　　　　　　　　　图 9-75

（3）将文字全选，然后按快捷键【F8】，将文字转化为图形元件"简报"，如图 9-76 所示。新建"图层 2"，如图 9-77 所示。

（4）选择"图层 2"，使用矩形工具绘制一个矩形，放在合适的位置，如图 9-78 所示。在"图层 1"的第 200 帧，按快捷键【F6】创建关键帧。适当将文字向上移动，在"图层 1"上用鼠标右键单击并选择"创建补间动画"命令，制作文字的动画，如图 9-79 所示，使文字从下到上移动。

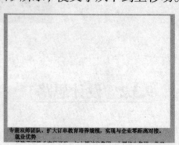

图 9-76　　　　　　　　　　　图 9-77　　　　　　　　　　　图 9-78

（5）在"图层 2"的第 200 帧上按【F5】键，创建帧，然后在"图层 2"上用鼠标右键单击，选择"遮罩层"命令，将其设为遮罩层，如图 9-80 所示，完成"滚动文字"的制作。

图 9-79　　　　　　　　　　　　　　　　　　　　图 9-80

（6）按【Ctrl+F8】快捷键，新建图形元件"文字"，如图 9-81 所示。输入垂直方向的文字，如图 9-82 所示。

图 9-81　　　　　　　　　　　　　　　　　　　图 9-82

（7）新建影片剪辑元件"文字动画"，将元件"文字"拖曳至舞台，调出"变形"面板，将变形中心点移动到左侧，如图 9-83 所示。在"图层 1"的第 20 帧处创建关键帧，然后在第 1 帧上将水平方向缩放比改为 1.5%，如图 9-84 所示。在"属性"面板，将 Alpha 值改为 0，如图 9-85 所示。在"图层 1"上用鼠标右键单击，选择"创建补间动画"命令，完成文字由左到右转动的效果。

图 9-83　　　　　　　图 9-84　　　　　　　图 9-85

（8）新建"图层 2"，使用同样的方法完成文字由左到右逐渐消失的效果。注意，应将"文字"元件的变换中心点移动到右侧，在"图层 2"的第 20 帧上，将"文字"的水平缩放改为 1%，在"属性"面板中将其 Alpha 值改为 0，完成元件"动画文字"的制作。

（9）新建按钮元件"隐形按钮"，在"按下"帧按【F5】键创建帧，在"点击"帧按【F6】键创建关键帧，如图 9-86 所示。在舞台上使用矩形工具画出一个矩形，如图 9-87 所示，完成隐形按钮的制作。

图 9-86　　　　　　　　　　　　　　图 9-87

（10）将"图层1"重命名为"边框"，如图9-88所示。选择矩形工具，将笔触颜色设置为线性渐变色、填充颜色设置为无，调出"属性"面板，修改其参数，如图9-89所示。然后在舞台上绘制出大小合适的矩形，完成边框的制作，最终效果如图9-90所示。

图9-88　　　　　　　　　　　　　　图9-89　　　　　　　　　　　　　　图9-90

（11）新建图层，并命名为"标题"，如图9-91所示。使用文本工具在适当的位置添加如图9-92所示的文字。

（12）新建图层"文字动画"，如图9-93所示。将影片剪辑"文字动画"拖曳至舞台中，调整其位置和大小，如图9-94所示。

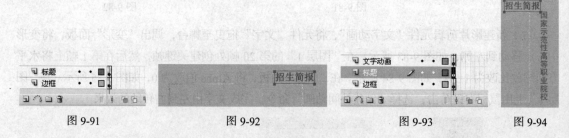

图9-91　　　　　　　　图9-92　　　　　　　　图9-93　　　　　　图9-94

（13）新建图层"隐形按钮"，如图9-95所示。将元件"隐形按钮"拖曳至场景中，调整其大小和位置，如图9-96所示。选择按钮，按【F9】键调出"动作"面板，输入如图9-97所示的代码。

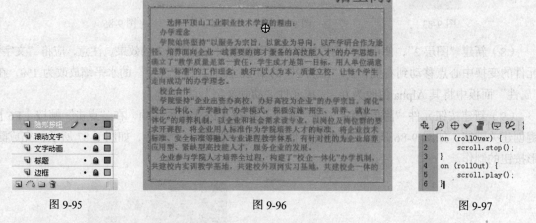

图9-95　　　　　　　　图9-96　　　　　　　　图9-97

（14）按快捷键【Ctrl+Enter】测试影片，保存文件。

2．制作二级页面"学校简介"

（1）按照二级页面"招生简报"的制作方法，新建空白文档，修改其属性。重命名图层1为"边框"，绘制如二级页面"招生简报"相同的边框。新建图层"标题"，同样绘制出该二级页面的标题，如图 9-98 所示。

（2）新建影片剪辑元件"滚动图片"，执行"文件">"导入">"导入到库"命令，将素材图片导入到库中，如图 9-99 所示。执行"视图">"标尺"命令使舞台标尺显示，拖曳出两条水平的辅助线，如图 9-100 所示。

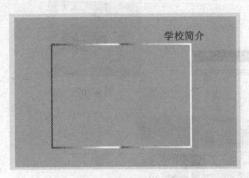

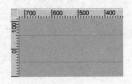

图 9-98　　　　　　　　　　图 9-99　　　　　　　　图 9-100

（3）将图片"学校简介 1.jpg"拖曳至舞台中，用鼠标右键单击，将其转换为图形元件，并命名为"学校 1"。双击图片，进入该图形元件的编辑界面，调出"属性"面板，修改元件大小为 120×90，如图 9-101 所示。调整其到合适的位置，并将图片打散后，使用墨水瓶工具为图片加上白色的边框。使用同样的方法，将另外 5 张图片分别转化为元件，调整其大小和位置，如图 9-102 所示。

（4）选中所有图片，按快捷键【Ctrl+G】将图片成组，在图层 1 的第 60 帧处插入关键帧，向上移动图片到如图 9-103 所示的位置。在第 1～60 帧创建补间动画，如图 9-104 所示。

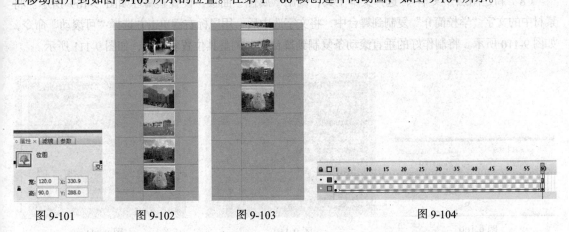

图 9-101　　　　图 9-102　　　　图 9-103　　　　　　　　图 9-104

（5）新建图层 2，使用矩形工具绘制一个矩形，如图 9-105 所示。在图层 2 上用鼠标右键单击，选择"遮罩层"命令，将其设置为遮罩层，如图 9-106 所示，完成"滚动图片"影片剪辑元件的制作。

（6）回到场景 1，新建图层"滚动图片"，将元件"滚动图片"拖曳至舞台中，调整其位置和大小，如图 9-107 所示。

（7）新建图层"内框"，将笔触颜色设为白色，填充颜色设为无色，使用矩形工具绘制如图 9-108 所示的矩形框。

图 9-105

图 9-106

图 9-107

图 9-108

（8）新建图层"文本"，选择文本工具，调出"属性"面板，设置其属性如图 9-109 所示。将素材中的文字"学校简介"复制到舞台中，将文字选中后，用鼠标右键单击并选择"可滚动"命令，如图 9-110 所示。将制作好的垂直滚动条复制到舞台中，调整其位置和大小，如图 9-111 所示。

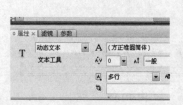

图 9-109

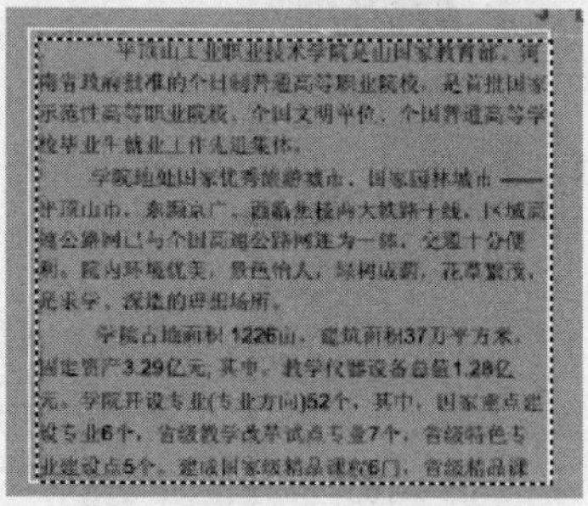

图 9-110

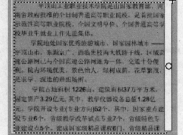

图 9-111

（9）按快捷键【Ctrl+Enter】测试影片，保存文件。

3．制作二级页面"专业介绍"

该页面的制作方法与二级页面"学校简介"完全相同，可参考上述内容，这里不再累述。

4．制作二级页面"招生计划"

（1）使用已经叙述的方法创建如图 9-112 所示的界面。

（2）新建图层"图表"，将素材图片导入到舞台中，调整其位置和大小，如图 9-113 所示。

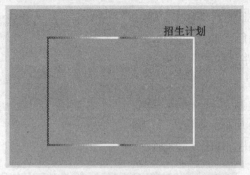

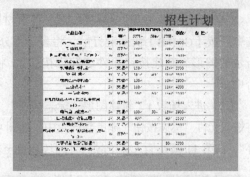

图 9-112　　　　　　　　　　　　　　　　　图 9-113

（3）按【Ctrl+Enter】快捷键测试影片，保存文件。

5．制作网站主场景

（1）新建文档，修改其属性，使其与其他文档一致。进入场景 1，重命名图层 1 为"背景"，制作背景效果如图 9-114 所示。

（2）新建图形元件"背景 2"，如图 9-115 所示。进入场景 1，新建图层 2，重命名为"图片"，拖曳图形文件"背景 2"到舞台，改变其 Alpha 值和大小，如图 9-116 所示。在第 24 帧插入关键帧，调整其 Alpha 值和大小，如图 9-117 所示。在第 1～24 帧创建补间动画。

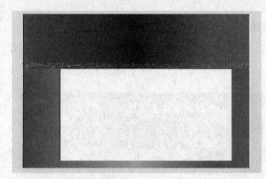

图 9-114　　　　　　　　　　　　　　　　　图 9-115

（3）新建图形元件"圆环"，在图层 1 上绘制如图 9-118 所示的图形。新建图层 2，绘制如图 9-119 所示的图形。新建影片剪辑元件"圆环转"，将"圆环"拖曳至舞台中，在第 20 帧插入关键帧，在第 1～20 帧设置属性如图 9-120 所示。

图 9-116　　　　　　　　　　图 9-117

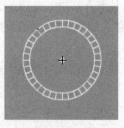

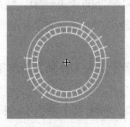

图 9-118　　　　　　　　　图 9-119　　　　　　　　　图 9-120

（4）新建影片剪辑元件"标志"，将素材图片拖曳到舞台中，将其选中后按【Ctrl+B】快捷键打散，将多余部分删除后，形成如图 9-121 所示的图形。新建按钮元件"标志按钮"，将原件"标志"拖曳至舞台中。

图 9-121

（5）进入场景 1，新建图层"标志按钮"，在第 11 帧处插入关键帧，将按钮元件"标志按钮"拖曳到舞台中，如图 9-122 所示。新建图层"圆环"，在第 11 帧处插入关键帧，将圆环拖曳至舞台中，如图 9-123 所示。

图 9-122

图 9-123

（6）新建图层"文字 1"，在第 12 帧处插入关键帧，使用文本工具在舞台的上方输入文字，并将其转换为图形元件"文字 1"，如图 9-124 所示。在第 25 帧处插入关键帧，将文字移动到如图 9-125 所示的位置。在第 12～25 帧插入补间动画，制作出"文字 1"由上到下移动的动画。

图 9-124

图 9-125

（7）使用同样的方法，新建图层"文字 2"，在第 12～25 帧制作出"文字 2"由左到右的动画效果，如图 9-126 所示。

（8）新建图层"文字 3"，在第 26 帧处插入关键帧，使用文本工具输入文字，并将其分离，如图 9-127 所示。在第 40 帧处插入关键帧，将已有文字删除后，重新输入如图 9-128 所示的文字，在第 26～40 帧插入形状补间动画。

（9）新建图层"动作"，在第 40 帧处插入关键帧，选择第 40 帧，进入"动作"面板，输入如图 9-129 所示的代码。

（10）插入一个新的场景"场景 2"，在场景 1 中选中"标志按钮"，进入"动作"面板，为其输入如图 9-130 所示的代码。

图 9-126

图 9-127

图 9-128

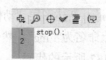

图 9-129

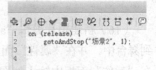

图 9-130

（11）进入场景 2，重命名图层 1 为"背景"，将"主场景背景"素材图片拖曳至舞台中，效果如图 9-131 所示。

（12）新建图层"边框"，使用已叙述的方法绘制出如图 9-132 所示的图形。

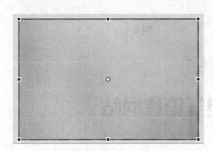

图 9-131

图 9-132

（13）新建按钮元件"学校简介按钮"，将素材图片导入到舞台后，调整成如图 9-133 所示的图形。在"指针按下"帧处插入关键帧，使用同样的方法添加另外一张图片，并为其添加文字，如图 9-134 所示。

（14）使用同样的方法，制作出其余 4 个导航按钮，在场景 2 中新建图层"导航按钮"，并将各个按钮放置在合适的位置，如图 9-135 所示。

（15）新建图层"文字"，在该图层上使用文本工具输入文字，如图 9-136 所示。

图 9-133

图 9-134

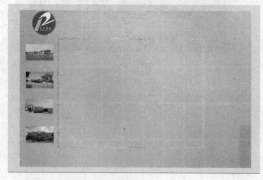

图 9-135

图 9-136

（16）新建影片剪辑"action"。新建图层"动作"，添加关键帧后，将影片剪辑"action"拖曳到舞台中，并在"属性"面板上命名为"mc"。然后在帧上用鼠标右键单击，选择"动作"命令，在"动作"面板中输入如图 9-137 所示的代码。

（17）选择图层"导航按钮"中的按钮，进入其"动作"面板，分别给 4 个按钮添加链接，输入如图 9-138 所示的代码。

图 9-137

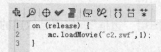

图 9-138

（18）按【Ctrl+Enter】快捷键测试影片，然后保存文件。

9.4 实训项目——制作平高电气销售网站

9.4.1 实训目的

1. 制作动画的目的与主题

本实例的制作效果如图 9-139 所示。

该网页动画制作的目的是对平高电气公司进行简单的介绍和宣传，通过浏览网页动画，使人们对平高电气公司有更多的认识和了解。动画制作的主题是对平高电气公司基本情况、产品、客服承诺和联系方式的介绍。

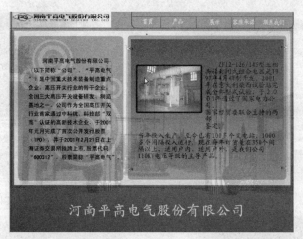

图 9-139

2．动画整体风格设计

动画整体颜色为天蓝色，色调高贵淡雅，搭配上白色的边框和黑色的文字，更增添了动画的正式感。在动画的各个子页面的显示中，又有音乐的配合，使动画正式中又不失活泼。

3．素材搜集与处理

网页运用的素材包括文字和图片，这些内容可以在平高电气公司网站上进行搜集，对于图片的裁剪和处理，则可以使用 Photoshop 软件。

9.4.2　实训要求

1．动画共分首页、产品、展示、客服承诺和联系我们 5 个页面，在整体布局不变的基础上，改变了每个子页面的内容。在子页面出现的过程中，有音乐的搭配和边框的变动。

2．使用透明按钮制作网站导航条，使用"gotoAndPlay("产品");"跳转到内页。

3．网站内页页面内容的设计由两部分构成，左侧是文字介绍，右侧是各个子页面内容。

4．使用"变形"面板和动作补间动画制作内容背景。

9.4.3　实训步骤

（1）双击 图标，单击 Flash 文件(ActionScript 3.0) 图标，新建一个空白文档。

（2）按【Ctrl+J】快捷键，出现如图 9-140 所示的对话框，将文档尺寸修改为 770 像素 × 600 像素，单击"确定"按钮。

（3）重命名图层 1 为"背景"，使用矩形工具绘制出一个矩形，调整其大小和位置。调出"颜色"面板，参照图 9-141 所示为其添加渐变色，效果如图 9-142 所示。然后使用线条工具绘制出几条直线，如图 9-143 所示。在时间轴第 279 帧处插入帧。

（4）按【Ctrl+F8】快捷键新建图形元件"白色长方形"，使用矩形工具在舞台上绘制一个长方形，然后回到场景 1，新建图层"白色背景"，将元件"白色长方形"拖曳到舞台中，如图 9-144 所示。在时间轴第 14 帧处插入关键帧，改变长方形的大小，如图 9-145 所示。在时间轴第 1～14 帧之间创建补间动画。

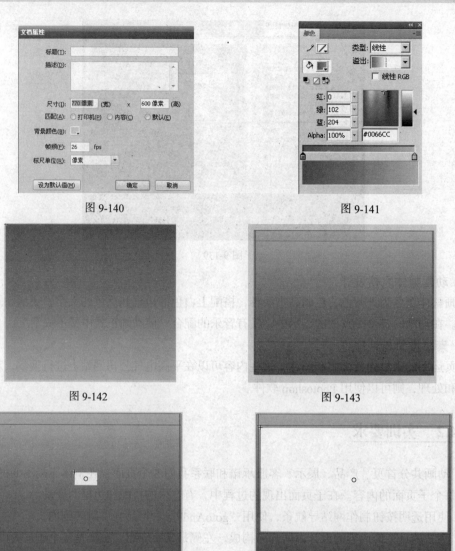

图 9-140

图 9-141

图 9-142

图 9-143

图 9-144

图 9-145

（5）新建图形元件"左长方形"，使用矩形工具绘制一个长方形。新建图层"左背景"，在第 19 帧处添加关键帧，将元件"左长方形"拖曳到舞台中，如图 9-146 所示。在第 39 帧处插入关键帧，使用变形工具调整元件的大小和位置，如图 9-147 所示。然后在第 19～39 帧之间创建补间动画。

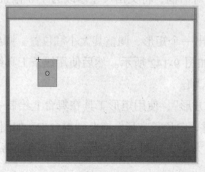

图 9-146

图 9-147

（6）使用同样的方法，新建图层"右背景"，在第 19 帧处插入关键帧，添加元件"右长方形"，如图 9-148 所示。在第 39 帧处插入关键帧，改变其大小和位置，如图 9-149 所示。然后在第 19～39 帧之间创建补间动画。

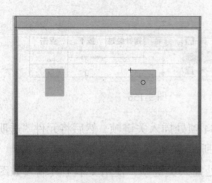

图 9-148　　　　　　　　　　　　　　　　　图 9-149

（7）新建图形元件"圆圈"，使用椭圆工具绘制出如图 9-150 所示的图形。在场景 1 中新建图层"圆圈"，在第 19 帧处插入关键帧，将元件拖曳到舞台中，修改其属性，将其 Alpha 值改为 40%，如图 9-151 所示。

（8）新建图形元件"导航条"，先使用矩形工具绘制出一个圆角矩形，然后使用文本工具输入文字，如图 9-152 所示。在场景中新建图层"导航条"，在第 19 帧处添加关键帧，然后将元件拖曳到如图 9-153 所示的位置。在时间轴第 34 帧处插入关键帧，使用移动工具改变元件的位置，如图 9-154 所示。然后在第 19～34 帧之间创建补间动画。

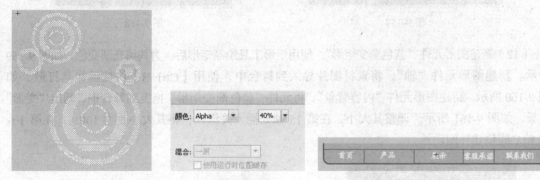

图 9-150　　　　　　　　　　图 9-151　　　　　　　　　　　　图 9-152

图 9-153　　　　　　　　　　　　　　　　　图 9-154

（9）新建按钮元件"透明按钮"，在"点击"帧处插入关键帧，使用矩形工具绘制如图 9-155 所示的矩形。新建图层，在"指针经过"帧处插入关键帧，将素材中的音乐文件"Media10.wav"拖曳到舞台中，在"指针经过"帧处添加空白关键帧，如图 9-156 所示。

图 9-155

图 9-156

（10）回到场景 1，新建图层"透明按钮"，在第 34 帧处插入关键帧，然后将元件"透明按钮"拖曳到舞台中 5 次，调整其位置和大小，如图 9-157 所示。

（11）在场景 1 中新建图层"标题"，在第 19 帧处插入关键帧，使用文本工具输入如图 9-158 所示的文字。

图 9-157

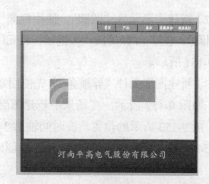

图 9-158

（12）新建图形元件"蓝色渐变矩形"，使用矩形工具绘制矩形后，为其填充渐变色，如图 9-159 所示。新建图形元件"轴"，将素材图片导入到舞台中，使用【Ctrl+B】快捷键将其打散，如图 9-160 所示。新建图形元件"内容背景"，将元件"蓝色渐变矩形"拖曳到舞台中，调出"变形"面板，如图 9-161 所示。调整其大小，在第 15 帧处插入关键帧，将其大小改为 100%，在第 1～15 帧之间创建补间动画。

图 9-159

图 9-160

图 9-161

（13）新建图层，在第 10 帧处插入关键帧，将元件"轴"拖曳到舞台中，调整其位置和大小，如图 9-162 所示。调出"变形"面板，调整其水平宽度，如图 9-163 所示。在第 15 帧处插入关键帧，调整其水平宽度为 100%，在第 10～15 帧之间创建补间动画。

图 9-162　　　　　　　　　　　　　　图 9-163

（14）新建图层，使用同样的方法制作出右轴的动画，如图 9-164 所示。

（15）回到场景 1，新建图层"内容背景"，在第 79 帧处插入关键帧，将元件"内容背景"拖曳到舞台中，如图 9-165 所示，并为该帧添加标签，命名为"首页"。在第 120 帧处插入关键帧，将元件删除后重新添加元件。使用同样的方法，在第 160、200、240 帧都重新添加元件，各个帧分别添加的标签名称为"产品"、"展示"、"客服承诺"、"联系我们"。

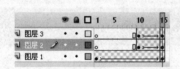

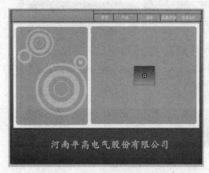

图 9-164　　　　　　　　　　　　　　图 9-165

（16）新建图层"网页内容"，在第 109 帧处插入关键帧，将素材图片拖曳到舞台中，使用文本工具输入如图 9-166 所示的文字，然后在第 120 帧处插入空白关键帧。使用同样的方法，在第 149 帧处插入关键帧，拖曳素材图片并输入文字，如图 9-167 所示。在第 160 帧处插入空白关键帧。在第 189 帧处插入关键帧，拖曳素材图片，如图 9-168 所示。在第 200 帧处插入空白关键帧。在第 229 帧处插入关键帧，输入文字，如图 9-169 所示。在第 240 帧处插入关键帧。在第 269 帧处插入关键帧，输入如图 9-170 所示的文字。

图 9-166　　　　　　　　　　　　　　图 9-167

图 9-168

图 9-169

（17）新建图层"内容遮罩"，在第 109 帧处插入关键帧，使用矩形工具绘制如图 9-171 所示的矩形。在第 119 帧处插入关键帧，调整矩形的大小和位置，如图 9-172 所示。在第 109～119 帧之间创建补间动画。使用同样的方法，在第 149～159 帧、第 189～199 帧、第 229～239 帧、第 269～279 帧之间创建补间动画。

图 9-170

图 9-171

（18）在图层名称处用鼠标右键单击，选择"遮罩层"命令，将其设置为遮罩层，如图 9-173 所示。

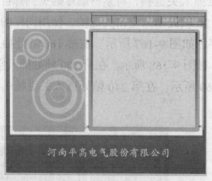

图 9-172

图 9-173

（19）新建影片剪辑元件"背景"，将背景图片拖曳到舞台中，如图 9-174 所示。回到场景中，新建图层"虚背景"，将元件拖曳到舞台中，将其 Alpha 值改为 0%，如图 9-175 所示。在第 39 帧处插入关键帧，将其 Alpha 值修改为 19%，在第 1～19 帧之间创建补间动画。

（20）新建图层 AS，在第 119、159、199、239、279 帧处分别插入关键帧，调出"动作"面板，输入如图 9-176 所示的代码。

图 9-174

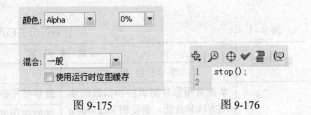

图 9-175　　　　　图 9-176

（21）新建图层"公司简介"，在第 39 帧处插入关键帧，使用文本工具输入如图 9-177 所示的文字。

（22）新建元件"标志"，将素材图片拖曳到舞台中，如图 9-178 所示。回到场景 1 中，新建图层"标志"，在第 21 帧处插入关键帧，将元件"标志"拖曳到舞台中，如图 9-179 所示。在第 39 帧处插入关键帧，在第 21 帧选中元件，将其 Alpha 值改为 0%，然后在第 21～39 帧之间创建补间动画。

图 9-177

图 9-178

（23）选择图层"按钮"，选择第一个按钮，调出"动作"面板，输入如图 9-180 所示的代码。使用同样的方法依次为其他 4 个按钮添加如图 9-181、图 9-182、图 9-183 和图 9-184 所示的代码。

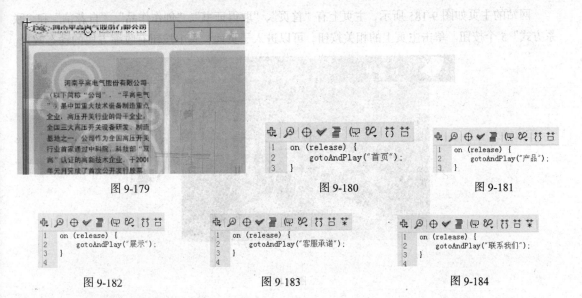

图 9-179

```
1  on (release) {
2      gotoAndPlay("首页");
3  }
```

图 9-180

```
1  on (release) {
2      gotoAndPlay("产品");
3  }
```

图 9-181

```
1  on (release) {
2      gotoAndPlay("展示");
3  }
```

图 9-182

```
1  on (release) {
2      gotoAndPlay("客服承诺");
3  }
```

图 9-183

```
1  on (release) {
2      gotoAndPlay("联系我们");
3  }
```

图 9-184

（24）按快捷键【Ctrl+Enter】测试影片。

9.4.4 评价考核

表 9-1 任务评价考核表

能力类型	考 核 内 容		评 价		
	学 习 目 标	评 价 项 目	3	2	1
职业能力	掌握常用影片剪辑控制函数的使用方法和技能；会使用 loadMovie 和 unloadMovie 装载和卸载外部的 SWF 文件；会运用影片剪辑的 keyUp 和 keyDown 事件制作交互动画；会运用 Flash 设计网页	能够使用影片剪辑控制函数			
		能够使用浏览器和网络函数			
		能够利用影片剪辑的 keyUp 和 key Down 事件来实现响应键盘			
		能够使用 Flash 设计网页			
通用能力	造型能力				
	审美能力				
	组织能力				
	解决问题能力				
	自主学习能力				
	创新能力				
综合评价					

9.5 学生课外拓展——制作个人网站

9.5.1 参考制作效果

网站的主页如图 9-185 所示，主页上有"首页"、"取得证书"、"创作作品"、"自荐信"和"联系方式"5 个按钮。单击主页上的相关按钮，可以进入子页面，其中按钮有收缩方块的动态效果。

图 9-185

9.5.2　知识要点

1. 本网站是分 5 个模块完成的，每个页面单独制作为一个 SWF 文件。

2. 在主页 index.swf 中，使用 loadMovieNum 命令调用其他子页面。使用 loadMovieNum 命令调用 SWF 文件时，被调用 SWF 文档的左上角会与调用文档的左上角即（0，0）位置对齐。

9.5.3　参考制作过程

1．制作"证书"页面

（1）新建一个 Flash CS3 影片文档，设置舞台尺寸为 988 像素×600 像素，其他参数保存默认，保存影片文档为"证书.fla"。

（2）在时间轴上创建 8 个图层，分别重新命名为"背景"、"花"、"标题"、"证 1"、"证 2"、"证 3"、"证 4"和"AS"。

（3）在"背景"图层上，用矩形工具创建两个矩形。选择颜料桶工具，填充类型为"背景线"，效果如图 9-186 所示。

（4）导入"背景"图片到舞台，调整其大小，效果如图 9-187 所示。

图 9-186　　　　　　　　　　　　　　　　　　图 9-187

（5）新建影片剪辑元件"花"，将"果实.tif"拖曳至舞台，调整其大小，如图 9-188 所示。

（6）新建影片剪辑元件"花_action"，将"花"影片剪辑元件拖曳至舞台，调整其大小，在"属性"面板中将 Alpha 值改为 0%，效果如图 9-189 所示。在图层 1 的第 40 帧上插入关键帧，在"属性"面板将 Alpha 值改为 100%，效果如图 9-190 所示。

图 9-188　　　　　　　　　图 9-189　　　　　　　　　图 9-190

（7）在图层 1 上用鼠标右键单击，选择"创建补间动画"命令，完成"花"由左到右文字逐渐出现的效果。

（8）新建图层 2，使用矩形工具绘制一个矩形，如图 9-191 所示。在图层 1 的第 40 帧上插入关键帧，调整矩形大小，如图 9-192 所示。选择图层 2 的第 1 帧，创建形状补间动画。在图层 2 上用鼠标右键单击，选择"遮罩层"命令，将其设置为遮罩层，如图 9-193 所示。

（9）回到场景 1 中，选择"花"图层，拖曳"花_action"影片剪辑元件至舞台，位置如图 9-194 所示。

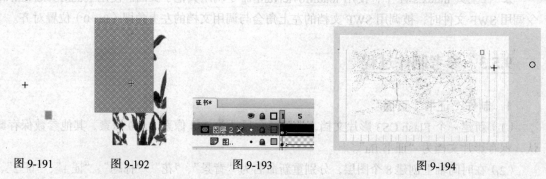

| 图 9-191 | 图 9-192 | 图 9-193 | 图 9-194 |

（10）新建影片剪辑元件"证书标题"，输入静态文本，效果如图 9-195 所示。选择"标题"图层，在第 18 帧处插入空白关键帧，放入"证书标题"影片剪辑。在第 32 帧处插入关键帧，在"标题"上用鼠标右键单击，创建补间动画，如图 9-196 所示，完成标题文字由左向右出现的效果。

| 图 9-195 | 图 9-196 |

（11）选择"证 1"图层，在第 1 帧处插入空白关键帧，放入"证 1"图形元件，如图 9-197 所示。在第 18 帧处插入关键帧，在"证 1"图层上用鼠标右键单击，创建补间动画，如图 9-198 所示，完成"证 2"由左向右出现的效果。

| 图 9-197 | 图 9-198 |

（12）同样，选择"证 2"图层，在第 1 帧处插入空白关键帧，放入"证 2"图形元件。在第 18 帧处插入关键帧，在"证 2"图层上用鼠标右键单击，选择"创建补间动画"命令，完成"证 2"由右向左出现的效果。

（13）选择"证 3"图层，在第 1 帧处插入空白关键帧，放入"证 3"图形元件，如图 9-199 所示。在第 17 帧处插入关键帧，在"证 3"图层上用鼠标右键单击，选择"创建补间动画"命令，如图 9-200 所示，完成"证 3"由下向上出现的效果。

（14）同样，选择"证 4"图层，在第 1 帧处插入空白关键帧，放入"证 4"图形元件。在第 17 帧处插入关键帧，在"证 4"图层上用鼠标右键单击，选择"创建补间动画"命令，完成"证 4"由下向上出现的效果。

图 9-199　　　　　　　　　　　　　　　　　图 9-200

（15）选择 AS 图层，在第 1 帧处插入空白关键帧，在第 34 帧处插入空白关键帧，在"动作"面板中输入程序代码"stop();"。

2．制作"作品"页面

（1）新建一个 Flash CS3 影片文档，设置舞台尺寸为 988 像素×600 像素，其他参数保存默认，保存影片文档为"作品.fla"。

（2）在时间轴上创建 5 个图层，分别重新命名为"背景"、"花"、"标题"、"作品"和"AS"。

（3）在"背景"图层上，拖曳"作品背景"图片到舞台，调整其大小，效果如图 9-201 所示。

（4）选择"花"图层，拖曳"花_action"影片剪辑元件至舞台，位置如图 9-202 所示。

图 9-201　　　　　　　　　　　　　　　　　图 9-202

（5）新建影片剪辑元件"作品标题"，输入静态文本，效果如图 9-203 所示。选择"作品标题"图层，在第 1 帧处插入空白关键帧，放入"作品标题"影片剪辑。在第 20 帧处插入关键帧，创建第 1～20 帧之间的补间动画，完成标题文字由左向右出现的效果，如图 9-204 所示。

在校期间完成的作品

图 9-203　　　　　　　　　　　　　　　　　图 9-204

（6）选择"作品"图层，在第 1 帧处插入空白关键帧，放入"作品 1"图片，如图 9-205 所示。在第 4 帧处插入空白关键帧，放入"作品 2"图片，如图 9-206 所示。依次在第 7 帧、第 10 帧、第 13 帧、第 16 帧放入"作品 3"、"作品 4"、"作品 5"、"作品 6"，完成后的图层效果如图 9-207 所示。

图 9-205　　　　　　　　　　　　　　　　　图 9-206

（7）选择 AS 图层，在第 1 帧处插入空白关键帧，在第 34 帧处插入空白关键帧，在“动作”面板中输入程序代码“stop();”。

3．制作“自荐信”页面

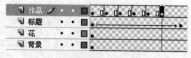

（1）新建一个 Flash CS3 影片文档，设置舞台尺寸为 988 像素 × 600 像素，其他参数保存默认，保存影片文档为“自荐信.fla”。

图 9-207

（2）在时间轴上创建 5 个图层，分别重新命名为“背景”、“花”、“标题”、“信”和“AS”。

（3）在“背景”图层上，拖曳“自荐信背景”图片到舞台，调整其大小，效果如图 9-208 所示。

（4）选择“花”图层，拖曳“花_action”影片剪辑元件至舞台，位置如图 9-209 所示。

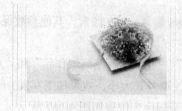

图 9-208

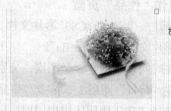

图 9-209

（5）新建影片剪辑元件“自荐信”，输入静态文本，效果如图 9-210 所示。选择“标题”图层，在第 1 帧处插入空白关键帧，放入“作品标题”影片剪辑。在第 20 帧处插入关键帧，创建第 1～20 帧间的补间动画，如图 9-211 所示，完成标题文字由左向右出现的效果。

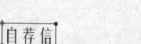

图 9-210

图 9-211

（6）新建影片剪辑元件“信”，使用文本工具将“自荐信 text”复制并粘贴到舞台，调整文字的属性，如图 9-212 所示。

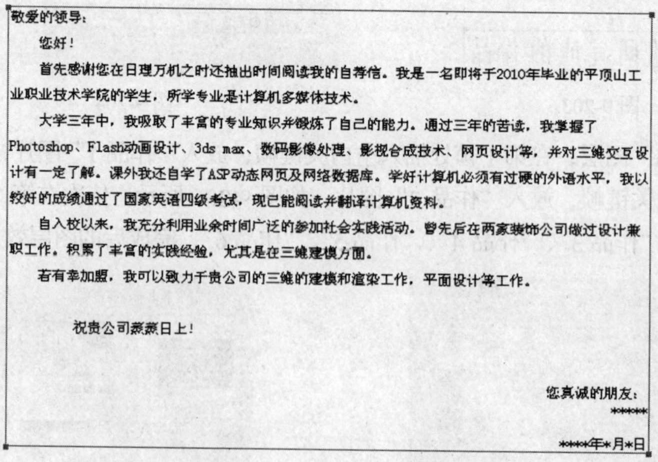

敬爱的领导：

您好！

首先感谢您在日理万机之时还抽出时间阅读我的自荐信。我是一名即将于2010年毕业的平顶山工业职业技术学院的学生，所学专业是计算机多媒体技术。

大学三年中，我吸取了丰富的专业知识并锻炼了自己的能力。通过三年的苦读，我掌握了Photoshop、Flash动画设计、3ds max、数码影像处理、影视合成技术、网页设计等，并对三维交互设计有一定了解。课外我还自学了ASP动态网页及网络数据库。学好计算机必须有过硬的外语水平，我以较好的成绩通过了国家英语四级考试，现已能阅读并翻译计算机资料。

自入校以来，我充分利用业余时间广泛的参加社会实践活动。曾先后在两家装饰公司做过设计兼职工作。积累了丰富的实践经验，尤其是在三维建模方面。

若有幸加盟，我可以致力于贵公司的三维的建模和渲染工作，平面设计等工作。

祝贵公司蒸蒸日上！

您真诚的朋友：

*****

****年*月*日

图 9-212

（7）选择“信”图层，放入“信”影片剪辑元件，如图 9-213 所示。

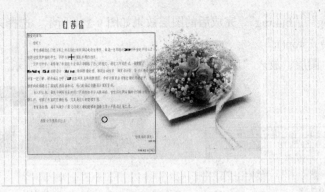

图 9-213

（8）选择"AS"图层，在第 1 帧插入空白关键帧，在第 34 帧插入空白关键帧，在"动作"面板中输入程序代码 stop();。

4．制作"联系方式"页面

该页面的制作方法与二级页面"自荐信"完全相同，可参考上述内容，不再累述。

5．制作网站主页

（1）新建一个 Flash CS3 影片文档，设置舞台尺寸为 988 像素×600 像素，其他参数保存默认，保存影片文档为"主页.fla"。

（2）在时间轴上创建 7 个图层，分别重新命名为"背景"、"花"、"图片"、"底"、"导航背景"、"标志"和"按钮"。

（3）在"背景"图层上，用矩形工具创建两个矩形。选择颜料桶工具，填充类型为"背景线"，效果如图 9-214 所示。

（4）选择"花"图层，拖曳"花_action"影片剪辑元件至舞台，位置如图 9-215 所示。

<table>
<tr><td align="center">图 9-214</td><td align="center">图 9-215</td></tr>
</table>

（5）选择"图片"图层，在第 1 帧处插入空白关键帧，拖曳"bj1.jpg"图片至舞台，如图 9-216 所示。在第 10 帧处插入空白关键帧，放入"bj2.jpg"图片，如图 9-217 所示。依次在第 18 帧、

<table>
<tr><td align="center">图 9-216</td><td align="center">图 9-217</td></tr>
</table>

第 26 帧放入 "bj3.jpg"、"bj4.jpg"，完成后的图层效果如图 9-218 所示。选择第 26 帧，在"动作"面板中输入程序代码"stop();"。

（6）选择"底"图层，放入"底"影片剪辑元件，位置如图 9-219 所示。

图 9-218

图 9-219

（7）选择"导航背景"图层，选择矩形工具，将笔触颜色设置为无，填充颜色设置为线性渐变色，然后在舞台上绘制出大小合适的矩形，如图 9-220 所示。

（8）新建 4 个图形元件，分别命名为"个"、"人"、"简"、"介"，选择文本工具，调出"属性"面板，修改其参数，如图 9-221 所示。分别在 4 个图形元件中输入静态文本，效果如图 9-222 所示。

图 9-220

图 9-221

（9）选择"标志"图层，放入"lo 图片"图形元件，并放入 4 个图形元件"个"、"人"、"简"、"介"，调整位置，效果如图 9-223 所示。

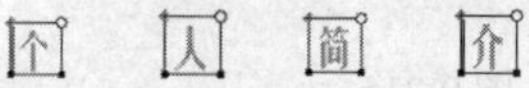

图 9-222

图 9-223

（10）新建图形元件"元件 1"，选择矩形工具，将笔触颜色设置为无，填充颜色设置为白色，创建矩形，如图 9-224 所示。

（11）新建影片剪辑元件"收缩的方块"，放入"元件 1"图形元件。在第 10 帧处插入关键帧，将"元件 1"缩放如图 9-225 所示的效果。在第 12 帧处插入关键帧，在第 11 帧处用鼠标右键单击，选择"创建补间动画"命令，创建补间动画，如图 9-226 所示。

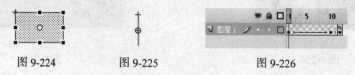

图 9-224　　图 9-225　　图 9-226

（12）新建按钮元件"首页"，在按钮"弹起"状态，输入静态文本"首页"，如图 9-227 所示。新建图层 2，在"指针经过"状态放入"收缩的方块"影片剪辑元件。在"属性"面板中设置 Alpha 的属性，如图 9-228 所示。在"点击"状态，放入"元件 1"图形元件，完成后的图层结构如图 9-229 所示。

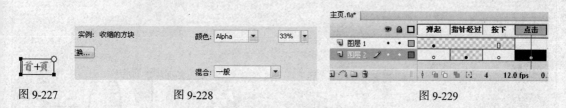

图 9-227　　　　　　　　　　图 9-228　　　　　　　　　　　　　　图 9-229

（13）同样，制作"联系方式"、"创作作品"、"自荐信"、"证书"4 个按钮。

（14）选择"按钮"图层，放入"首页"、"联系方式"、"创作作品"、"自荐信"、"证书"5 个按钮元件，如图 9-230 所示。

（15）选择"首页"按钮元件，在"动作"面板中输入程序代码，如图 9-231 所示。选择"证书"按钮元件，在"动作"面板中输入程序代码，如图 9-232 所示。选择"创作作品"按钮元件，在"动作"面板中输入程序代码，如图 9-233 所示。选择"自荐信"按钮元件，在"动作"面板中输入程序代码，如图 9-234 所示。选择"联系方式"按钮元件，在"动作"面板中输入程序代码，如图 9-235 所示。

图 9-230

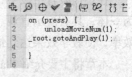

```
1  on (press) {
2      unloadMovieNum(1);
3      _root.gotoAndPlay(1);
4
5  }
6
```

图 9-231

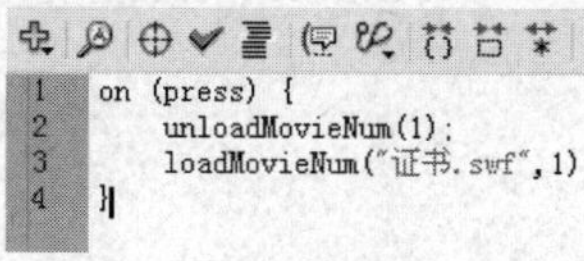

```
1  on (press) {
2      unloadMovieNum(1);
3      loadMovieNum("证书.swf",1);
4  }
```

图 9-232

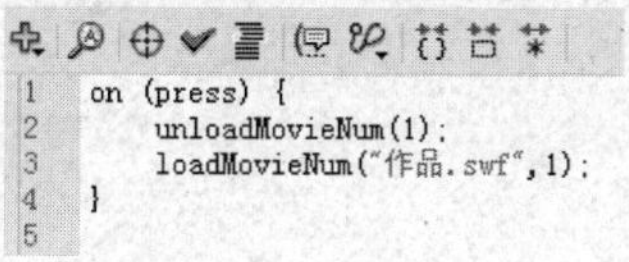

```
1  on (press) {
2      unloadMovieNum(1);
3      loadMovieNum("作品.swf",1);
4
5  }
```

图 9-233

```
1  on (press) {
2      unloadMovieNum(1);
3      mc.loadMovie("自荐信.swf",1)
4  }
```

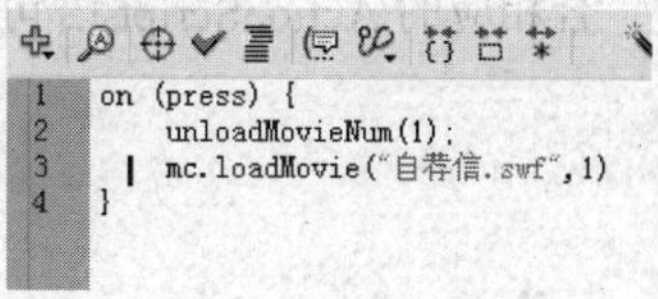

图 9-234

"主页"完成后的图层结构如图 9-236 所示。

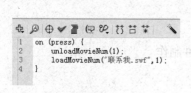

```
1  on (press) {
2      unloadMovieNum(1);
3      loadMovieNum("联系我.swf",1);
4  }
```

图 9-235

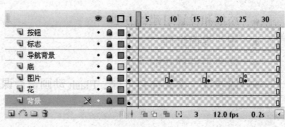

图 9-236

第10章

课件制作

本章简介：

在现代教育手段中，Flash 课件集文字、图形、图像、声音、动画、影视等各种信息为一体，具有演示直观、信息量大等优点，能增大课堂教学容量，极大地提高教与学的效率，使教学效果达到最佳。

本章将主要介绍 Flash 组件参数的设置、修改组件外观和行为的方法及使用 Flash 制作各种教学课件的方法。通过本章内容的学习，读者可以学会利用组件的交互组合，配合相应的 ActionScript 语句，制作出具有交互功能的动画。

学习目标：

- 添加和设置组建的方法
- 用户界面组件
- 修改组件样式的方法
- 语文课、多媒体技术课、Flash 动画设计课的课件制作

10.1 组件——知识准备

10.1.1 组件概述

组件是在创作过程中包含有参数且复杂的影片剪辑。它提供了简单的方法，供用户在动画中重复使用复杂的元素，而不需要了解或编辑 ActionScript。实际上就是熟悉使用 Flash 脚本的程序员在影片剪辑中建立的一个应用程序，然后用一种可重复使用的格式来发布，可以供任何人使用的影片剪辑。

Flash CS3 一般提供了 Data 组件、Media 组件、User Interface（UI）组件、Video 组件，操作时执行"窗口" > "组件"命令，即可打开"组件"面板，如图 10-1 所示。

其中 User Interface 组件和 Video 组件的具体功能及含义如下。

● User Interface 组件：即 UI 组件，用于设置用户界面，并通过界面使用户与应用程序进行交互操作。在 Flash CS3 中的大多数交互操作都是通过该组件实现的，包括编程语言所用到的常用控件，即按钮、单选按钮、复选框、标签、列表框、下拉列表框等组件。

● Video 组件：主要用于对播放器中的播放状态和播放进度等属性进行交互操作，该组件类别下包括 BackButton、PauseButton、PlayButton 以及 VolumeBar 等组件。

1．添加和设置组建的方法

Flash 在"组件"面板中存储和管理组件。另外，Flash 还提供了一个"组件检查器"面板，执行"窗口" > "组件检查器"命令可以打开它。当将一个组件实例拖曳到场景中后，在"组件检查器"面板中可以设置和查看该实例的参数信息，如图 10-2 所示。

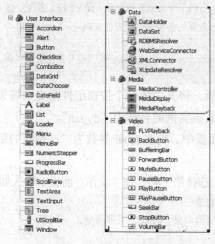

图 10-1

图 10-2

（1）引用组件和设置组件参数。

组件的应用：将组件从面板中拖曳到舞台上，或双击"组件"面板中的一个组件。

设置组件参数：在舞台上选择添加的组件，执行"窗口" > "属性"命令，打开"属性"面板，在此可以输入组件实例的名称。切换到"属性"面板上的"参数"选项卡，可以为实例指定参数。

（2）调整组件大小和删除组件。

调整组件实例大小：可以通过任意变形工具来实现。

删除组件：将场景上的组件实例删除，打开"库"面板，将其中的编译剪辑也删除。

2．用动作脚本控制组件

用动作脚本对组件编程控制的方法主要有两种：使用 on()处理函数和使用一个广播器/侦听器事件模型。

● on()处理函数。

（1）创建按钮组件实例。打开"组件"面板，将其中的一个按钮组件拖曳到场景上，保持这个实例处于被选中状态，在"参数"面板中定义该实例的名称为"dygan"。

（2）设置按钮组件实例参数。在"参数"面板中，更改 label 参数为"这是我的第一个按钮请单击"，其他参数默认，如图 10-3 所示。

（3）使用 on()处理函数编程。选择按钮组件实例，然后在"动作"面板中输入程序代码"on(click){trace("鼠标单击事件成功");}"，如图 10-4 所示。

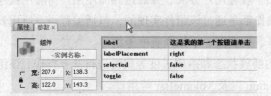

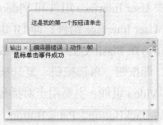

图 10-3   图 10-4

● 广播器/侦听器事件模型。

编程的一般形式为

```
listenerObject=new Object(); //先定义一个侦听器对象
listenerObject.click=function(eventObject){ //为侦听器对象上的 click 事件定义一个函数
…              //函数内部可以通过 eventObject 对象的各种属性和方法来响应 click 事件
}
Instance.addEventListener("click", listennerObject) //将帧听器对象注册到实例，当该实例调用
该事件时，就会调用侦听器对象
```

（1）创建按钮组件实例。打开"组件"面板，将其中的一个按钮组件拖曳到场景上，保持这个实例处于被选中状态，在"参数"面板中定义该实例的名称为"dygan"。

（2）设置按钮组件实例参数。在"参数"面板中，更改 label 参数为"这是我的第一个按钮请单击"，其他参数默认。

（3）新建一个图层，将其重新命名为"as"。选择第 1 帧，在"动作"面板中输入如下程序代码：

```
listener=new Object(); //先定义一个侦听器对象
listener.click=function(evtObj){ //为侦听器对象上的 click 事件定义一个函数
trace("鼠标单击事件成功");
};
dygan.addEventListener("click",listener);
// 将侦听器对象 listener 注册到按钮实例 dygan，当按钮实例被单击时，就会调用侦听器对象 listener
```

（4）测试影片，会得到如图 10-4 所示的结果。

10.1.2 用户界面组件

在 Flash CS3 中，用户界面组件包括二十多个组件，下面来分别讲解一下常用组件的属性、方法及应用。

1．Button 组件

Button 组件也就是按钮组件，是任何表单或 Web 应用程序的一个基础部分。每当需要让用户启动一个事件时，都可以使用按钮。

Button 组件的参数如下。

● icon：给按钮添加自定义图标。

● label：设置按钮上文本的值，默认值是 Button。

● labelPlacement：确定按钮上的标签文本相对于图标的方向。

● selected：如果切换参数的值是 true，则该参数指的是按下（true）还是释放（false）按钮，默认值为 false。

● toggle：将按钮转变为切换开关。如果值为 true，则按钮在按下后保持按下状态，直到再次按下时才返回到弹起状态；如果值为 false，则按钮的行为就像一个普通按钮。默认值为 false。

2．RadioButton 组件

RadioButton 组件也就是单选按钮组件，是任何表单或 Web 应用程序中的一个基础部分。使用单选按钮组件可以强制用户只能选择一组选项中的一项。RadioButton 组件必须用于至少有两个 RadioButton 实例的组，在任何给定的时刻，都只有一个组成员被选中。可以启用或禁用单选按钮，在禁用状态下，单选按钮不接收鼠标或键盘输入。

RadioButton 组件的参数如下。

● data：与单选按钮相关的值，没有默认值。

● groupName：单选按钮的组名称，默认值为 radioGroup。

● label：设置按钮上的文本值，默认值是 Radio Button。

● labelPlacement：确定按钮上标签文本的方向。该参数可以是下列 4 个值之一：left、right、top 或 bottom。默认值是 right。

● selected：将单选按钮的初始值设置为被选中（true）或取消选中（false）。被选中的单选按钮中会显示一个圆点。一个组内只有一个单选按钮可以有被选中的值 true。如果组内有多个单选按钮被设置为 true，则会选中最后实例化的单选按钮。默认值为 false。

3．Label 组件

Label 组件就是标签组件，一个标签组件就是一行文本。可以指定一个标签采用 HTML 格式，也可以控制标签的对齐和大小。Label 组件没有边框、不能具有焦点，并且不广播任何事件。

Label 组件的参数如下。

● autoSize：指明标签的大小和对齐方式应如何适应文本，默认值为 none。

● html：指明标签是（true）否（false）采用 HTML 格式。如果将 html 参数设置为 true，就不能用样式来设定 Label 的格式。默认值为 false。

● text：指明标签的文本，默认值是 Label。

4．TextArea 组件

在需要多行文本字段的任何地方都可使用文本域（TextArea）组件。默认情况下，显示在 TextArea 组件中的多行文字可以自动换行。另外，在 TextArea 组件中还可以显示 HTML 格式的文本。如果需要单行文本字段，则可以使用 TextInput 组件。

TextArea 组件的参数如下。

- editable：指明 TextArea 组件是（true）否（false）可编辑，默认值为 true。

- html：指明文本是（true）否（false）采用 HTML 格式，默认值为 false。

- text：指明 TextArea 的内容，默认值为""（空字符串）。注意，无法在"属性"面板或"组件检查器"面板中输入回车。

- wordWrap：指明文本是（true）否（false）自动换行，默认值为 true。

实例练习——制作产品调查程序

实例描述：使用 RadioButton 组件判断用户对产品的满意度。程序运行的初始画面如图 10-5 所示，图 10-6 为选择"很满意"后的效果，图 10-7 为选择"不满意"后的效果。

  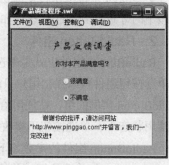

图 10-5　　　　　　　　　　图 10-6　　　　　　　　　　图 10-7

（1）新建一个 Flash 影片文档，将舞台尺寸设置为 300 像素×240 像素，背景颜色设置为白色。保存影片文档，文件名为"产品调查程序.fla"。

（2）从"组件"面板中，分别拖曳一个 Label 组件实例、两个 RadioButton 组件实例、一个 TextArea 组件实例到舞台上，用任意变形工具调整它们的大小，并将它们摆放整齐，如图 10-8 所示。

（3）选择舞台上的 Label 实例，在"属性"面板中设置它的 text 参数值为"你对本产品满意吗？"，其他参数保持默认值，如图 10-9 所示。

图 10-8

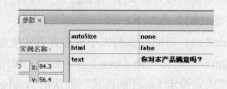

图 10-9

（4）选择第一个 RadioButton 实例，在"组件检查器"面板中，设置 data 参数为"非常感谢你的支持"，设置 label 参数为"很满意"，其他参数取默认值，如图 10-10 所示。

（5）选择第二个 RadioButton 实例，在"组件检查器"面板中，设置 data 参数为"谢谢你的批评，请访问网站"http://www.pinggao.com"并留言。"，设置 label 参数为"不满意"，其他参数取默认值，如图 10-11 所示。

图 10-10　　　　　　　　　　　　　　　　　　　图 10-11

（6）选择舞台上的 TextArea 实例，在"参数"面板中，给这个实例起名为"fankui"。设置 text 参数值为"在这里显示反馈信息……"，其他参数值为默认值。

（7）新建一个图层并重新命名为 AS，在该层选择时间轴的第 1 帧，在"动作"面板中定义帧动作脚本为

```
Listener = new Object();
//定义一个侦听器对象
Listener.click = function(evt) {
    //定义这个侦听器对象的一个click事件函数
    fankui.text = evt.target.selection.data;
    //在函数内部控制文本域实例中显示你所选择的单选按钮组件实例的data参数值
};
radioGroup.addEventListener("click", Listener);
    /*将名字为 radioGroup 的单选按钮组注册到侦听器对象 Listener 上，这样当单击 radioGroup 组中的
单选按钮实例时，可以调用侦听器对象 Listener 的 click 事件函数进行处理。*/
```

（8）按【Ctrl+Enter】快捷键测试程序。

5. TextInput 组件

在任何需要单行文本字段的地方，都可以使用单行文本（TextInput）组件。TextInput 组件可以采用 HTML 格式，或作为掩饰文本的密码字段。

设置 TextInput 组件的参数如下。

- editable：指明 TextInput 组件是（true）否（false）可编辑，默认值为 true。
- password：指明字段是（true）否（false）为密码字段，默认值为 false。
- text：指定 TextInput 的内容，默认值为""（空字符串）。注意：无法在"属性"面板或"组件检查器"面板中输入回车。

实例练习——制作用户登录程序

实例描述：用 TextInput 组件制作一个模拟用户登录的程序范例。程序运行时，首先出现一个用户登录画面，如图 10-12 所示。在"用户名"后面的文本框中任意输入一个用户名，然后在"密码"后面的文本框中输入一个用户登录密码（正确密码为 123456），这时按下【Enter】键，画面下面将显示一个文本字段，里面包括"用户名和密码正确！"文字，如图 10-13 所示。

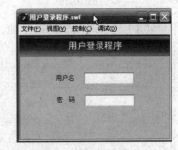

如果输入的密码不正确（不是 123456），那么画面下面将显示一个文本字段，里面包括"密码不对，请重新输入！"文字，如图 10-14 所示。

图 10-12

（1）新建一个 Flash 影片文档，将舞台尺寸设置为 300 像素×200 像素，背景颜色设置为灰色。

保存影片文档，文件名为"用户登录程序.fla"。

（2）将图层1重新命名为"背景"。用绘图工具和文本工具创建程序背景，如图10-15所示，在第2帧按【F5】键插入帧。

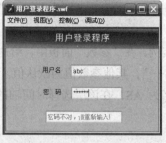

| 图 10-13 | 图 10-14 | 图 10-15 |

（3）新建两个图层，并分别重新命名为"组件1"和"组件2"。在"组件1"图层上，从"组件"面板拖曳两个 TextInput 组件实例、两个 Label 组件实例到舞台上。在"组件2"图层上，从"组件"面板拖曳一个 TextInput 组件实例到舞台最下边。调整这些组件的大小和位置，效果如图10-16所示。在"组件1"图层的第2帧，按【F7】键插入一个空白关键帧，在"组件2"图层的第2帧，按【F5】键插入一个帧。

（4）设置两个 label 实例的 text 参数值，效果如图10-17所示。

（5）选择第2个 TextInput 实例（标签文字为密码的），在"参数"面板定义这个实例的名字为 userpass。设置 password 参数值为 true，其他参数都取默认值。

（6）选择最下边的 TextInput 实例，在"参数"面板定义这个实例的名字为 resultField。在"组件检查器"面板中设置 visible 参数值为 false（设置以后，这个组件实例刚开始在画面上不显示，我们将在程序中用程序代码控制它显示），其他参数都取默认值。

（7）新建一个图层，并重新命名为"成功"。选择这个图层的第2帧，按【F7】键插入一个空白关键帧，在"成功"图层的第2帧上创建如图10-18所示的文字和图形。

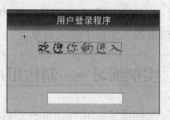

| 图 10-16 | 图 10-17 | 图 10-18 |

（8）选择时间轴的第1帧，在"动作"面板中定义动作脚本如下：

```
stop();
textListener = new Object();//定义一个侦听器对象
textListener.handleEvent = function(evt) {//定义侦听器对象的 handleEvent 事件
        if (evt.type == "enter") {//判断侦听到的事件类型是不是按下【Enter】键
                resultField.visible = true; //让 resultField 实例在页面上显示出来
                if (evt.target.text == "123456") {
//判断输入到 userpass 实例中的文本是否和设置的密码 123456 一致
                resultField.text = "用户名和密码正确!";
                gotoAndStop(2);
```

```
//如果密码输入正确，就在 resultField 实例中显示正确的反馈信息，并跳转到第 2 帧
                } else {//如果密码输入错误，就在 resultField 实例中显示错误的反馈信息
                resultField.text = "密码不对，请重新输入!";
            }
        }
};
userpass.addEventListener("enter", textListener);
```
/*将 userpass 实例注册到 textListener 侦听器对象，一旦针对 userpass 实例发生了按下【Enter】键的命令，那么就触发 textListener 侦听器对象相应的事件函数*/

（9）按【Ctrl+Enter】快捷键测试程序。

6．List 组件

List 组件就是列表框组件，是一个可滚动的单选或多选列表框。在应用程序中，可以建立一个列表，以便用户在其中选择一项或多项。

List 组件的参数如下。

● data：填充列表数据的值数组，默认值为[]（空数组），双击可以弹出"值"对话框，在其中可以添加列表数据的值数组。

● labels：填充列表标签值的文本值数组，默认值为[]（空数组），双击可以弹出"值"对话框，在其中可以添加列表标签值的文本值数组。

● multipleSelection：一个布尔值，它指明是（true）否（false）可以选择多个值，默认值为 false。

● rowHeight：指明每行的高度，以像素为单位，默认值是 20，设置字体不会更改行的高度。

7．ComboBox 组件

ComboBox 组件就是下拉列表框组件。组合框组件由 3 个子组件组成，它们是 Button 组件、TextInput 组件和 List 组件。组合框组件可以是静态的，也可以是可编辑的。使用静态组合框，用户可以从下拉列表中做出一项选择。使用可编辑的组合框，用户可以在列表顶部的文本字段中直接输入文本，也可以从下拉列表中选择一项。如果下拉列表超出文档底部，该列表将会向上打开，而不是向下。当在下拉列表中进行选择后，所选内容的标签被复制到组合框顶部的文本字段中，进行选择时既可以使用鼠标，也可以使用键盘。

ComboBox 组件的参数如下。

● data：将一个数据值与 ComboBox 组件中的每个项目相关联，该数据参数是一个数组。

● editable：确定 ComboBox 组件是可编辑的（true）还是只能选择的（false），默认值为 false。

● labels：用一个文本值数组填充 ComboBox 组件。在"属性"面板上单击 labels 参数后面的按钮，然后在弹出的"值"对话框中添加文本值数组。

● rowCount：设置在不使用滚动条的情况下一次最多可以显示的项目数，默认值为 5。

8．CheckBox 组件

CheckBox 组件就是复选框组件。每当需要收集一组非相互排斥的值时，都可以使用复选框。复选框组件是一个可以选中或取消选中的方框。当它被选中后，框中会出现一个复选标记。可以为复选框添加一个文本标签，并将它放在左侧、右侧、顶部或底部，也可以在应用程序中启用或者禁用复选框。如果复选框已启用，并且用户单击它或者它的标签，复选框会接收输入焦点并显示为按下状态。如果用户在按下鼠标按钮时将指针移到复选框或其标签的边界区域之外，则组件的外观会返回到其最初状态，并保持输入焦点。在组件上释放鼠标之前，复选框的状态不会发生变化。

CheckBox 组件的参数如下。

- label：设置复选框上文本的值，默认值为 CheckBox，在图中被更改为 "音乐"。
- labelPlacement：确定复选框上标签文本的方向。该参数可以是下列 4 个值之一：left、right、top 或 bottom，默认值是 right。
- selected：将复选框的初始值设为选中（true）或取消选中（false）。

实例练习——制作知识问答

本例完成的效果如图 10-19 所示。

（1）新建一个 Flash 影片文档，舞台尺寸设置为 500 像素×300 像素，背景颜色设置为白色。保存影片文档，文件名为 "制作知识问答.fla"。

（2）在时间轴上创建 5 个图层，分别重新命名为 "背景"、"底图"、"问题"、"答案"、"动作"。

（3）在 "背景" 图层上，放入 "画花" 图形元件，在 "底图" 图层上，放入 "世博会标识" 图形元件，效果如图 10-20 所示。

（4）选择 "问题" 图层，在第 1 帧中创建 3 个静态文本和一个动态文本，效果如图 10-21 所示。

图 10-19

图 10-20

图 10-21

（5）选择动态文本，在 "属性" 面板中设置变量参数为 answer，如图 10-22 所示。

（6）选择 "答案" 图层的第 1 帧，从 "组件" 面板中分别拖曳 3 个 CheckBox 组件实例、一个 Button 组件实例到舞台上，并将它们摆放整齐，如图 10-23 所示。

图 10-22

图 10-23

（7）选择舞台上的第 1 个 CheckBox 组件实例，在 "参数" 面板中输入实例名称为 yr，设置 label 参数值为 "5 月 1 日"，其他参数取默认值，如图 10-24 所示。

（8）选择舞台上的第 2 个 CheckBox 组件实例，在"参数"面板中输入实例名称为 er，设置 label 参数值为"5 月 2 日"，其他参数取默认值。

（9）选择舞台上的第 3 个 CheckBox 组件实例，在"参数"面板中输入实例名称为 sr，设置 label 参数值为"5 月 3 日"，其他参数取默认值。

（10）选择舞台上的 Button 组件实例，在"参数"面板中设置 label 参数值为"确定"，其他参数取默认值。

（11）选择"动作"图层的第 1 帧，在"动作"面板中输入程序代码，如图 10-25 所示。

（12）选择"确定"按钮，在"动作"面板中输入程序代码"on (click) { _root.onclick();}"。

（13）选择 yr 实例，在"动作"面板中输入程序代码"on (click) { _root.onclick1();}"。

（14）选择 er 实例，在"动作"面板中输入程序代码"on (click) { _root.onclick2();}"。

（15）选择 sr 实例，在"动作"面板中输入程序代码"on (click) { _root.onclick3();}"。

至此，本实例制作完成，完成后的图层结构如图 10-26 所示。

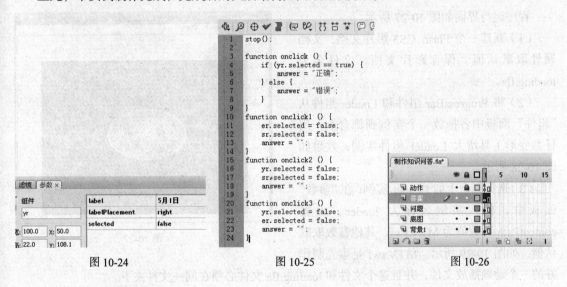

图 10-24　　　　　　　　　　　　图 10-25　　　　　　　　　　　　图 10-26

9．Loader 组件

Loader 组件是一个容器，它可以显示 SWF 或 JPEG 文件，可以缩放加载器的内容，或者调整加载器自身的大小来匹配内容的大小，也可以在程序运行时加载内容，并监视加载进度。

Loader 组件的参数如下。

● autoLoad：指明内容是应该自动加载（true），还是应该等到调用 Loader.load()方法时再进行加载（false），默认值为 true。

● contentPath：一个绝对或相对的 URL，指明要加载到加载器的文件，相对路径必须是相对于加载内容的 SWF 路径，该 URL 必须与 Flash 内容当前驻留的 URL 在同一子域中。

● scaleContent：指明是内容缩放以适应加载器（true），还是加载器进行缩放以适应内容（false），默认值为 true。

10．ProgressBar 组件

ProgressBar 组件为进程栏组件，专门用来制作动画预载画面，显示动画加载进度。组件在用户等待加载内容时会显示加载进程。加载进程可以是确定的，也可以是不确定的。

ProgressBar 组件的参数如下。

● conversion：一个数字，在显示标签字符串中的%1 和%2 的值之前，用这些值除以该数字，默认值为 1。

● direction：进度栏填充的方向，该值可以在右侧，也可以在左侧。

● label：指明加载进度的文本。该参数是一个字符串，其格式是"已加载%2 的%1(%3%%)"。%1 是当前已加载字节数的占位符，%2 是加载的总字节数，%3 是当前加载的百分比的占位符。字符"%%"是字符"%"的占位符。如果某个%2 的值未知，它将被替换为"？？"。如果某个值未定义，则不显示标签。

● labelPlacement：与进程栏相关的标签位置。

● source：一个要转换为对象的字符串，它表示要绑定源的实例名。

实例练习——加载 MTV

程序运行界面如图 10-27 所示。

（1）新建一个 Flash CS3 影片文档，文档属性取默认值。保存影片文档，文件名为 loading.fla。

（2）将 ProgressBar 组件和 Loader 组件从"组件"面板中各拖放一个实例到舞台上。用任意变形工具增大 Loader 组件实例，效果如图 10-28 所示。

（3）选择舞台上的 Loader 实例，在"参数"面板中，输入实例名称为 loader，设置 contentPath 参数值为 MTV.swf，其他参数取默认值，如图 10-29 所示。MTV.swf 是事先制作

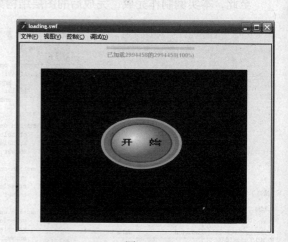

图 10-27

好的一个动画播放文件，并且这个文件和 loading.fla 文件必须在同一文件夹下。

图 10-28

图 10-29

（4）选择舞台上的 ProgressBar 组件实例，在"参数"面板中输入实例名称为"下载进程"。在 source 参数中输入 loader，在 mode 参数中选择在 polled（轮询）模式下使用进度栏，在

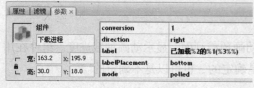

图 10-30

label 参数中输入"已加载%2 的%1（%3%%）"，如图 10-30 所示。ProgressBar 使用原对象的 getBytesLoaded 和 getBytesTotal 方法来显示其进度。

（5）按【Ctrl+Enter】快捷键测试程序。

11．NumericStepper 组件

步进器组件，允许用户逐个通过一组经过排序的数字。该组件由显示在上下箭头按钮旁边的文本框中的数字组成，用户单击按钮时，数字将根据 stepSize 参数中指定的单位递增或递减，直到用户释放按钮或达到最大/最小值为止。组件文本框中的文本也是可编辑的，可用于任何让用户选择数值的场合。

NumericStepper 组件的参数如下。

- maximum：设置步进的最大值，默认值为 10。
- minimum：设置步进的最小值，默认值为 0。
- stepSize：设置步进的变化单位，默认值为 1。
- value：设置当前步进的值，默认值为 0。

12．ScrollPane 组件

如果某些内容对于它们要加载到其中的区域而言过大，可以使用滚动窗格来显示这些内容。组件可以实现在一个可滚动区域中显示影片剪辑、JPEG 文件和 SWF 文件。

ScrollPane 组件的参数如下。

- contentPath：指明要加载到滚动窗格中的内容。
- hLineScrollSize：指明每次按下箭头按钮时水平滚动条移动多少个单位。
- hPageScrollSize：指明每次按下轨道时水平滚动条移动多少个单位。
- hScrollPolicy：显示水平滚动条，该值可以为 on、off 或 auto。
- scrollDrag：是一个布尔值，它允许（true）或不允许（false）用户在滚动窗格中滚动内容，默认值为 false。
- vLineScrollSize：指明每次按下箭头按钮时垂直滚动条移动多少个单位。
- vPageScrollSize：指明每次按下轨道时垂直滚动条移动多少个单位。
- vScrollPolicy：显示垂直滚动条，该值可以为 on、off 或 auto。

实例练习——滚动显示图片

实例描述：运用 ScrollPane 组件创建滚动显示图片动画，效果如图 10-31 所示。

（1）新建一个 Flash CS3 影片文档，舞台尺寸设置为 400 像素×400 像素，其他文档属性取默认值。保存影片文档，文件名为"ScrollPane 组件实例.fla"。

（2）从"组件"面板中，将 ScrollPane 组件实例拖曳到舞台中，在"参数"面板上设置其参数，如图 10-32 所示。

其中，contentPath 设置为 xgt.jpg，显示本地的一张图片，该图片和 FLA 文件存储在同一个文件夹下。

（3）按【Ctrl+Enter】快捷键测试动画效果。

图 10-31

13．Window 组件

在应用程序中，创建窗口对象可以使用窗口（Window）组件。它可以在一个具有标题栏、边框和"关闭"按钮（可选）的窗口内显示影片剪辑的内容。Window

组件支持拖曳操作，可以单击标题栏并将窗口及其内容拖曳到另一个位置。Window 组件可以是模式的，也可以是非模式的。模式窗口会防止鼠标和键盘输入转至该窗口之外的其他组件。

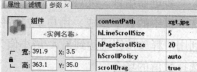

Window 组件的参数如下。

● closeButton：指明是（true）否（false）显示"关闭"按钮，单击"关闭"按钮会广播一个 click 事件，但并

图 10-32

不能关闭窗口，必须编写调用 Window.deletePopUp() 的处理函数，才能实现关闭操作。

● contentPath：指定窗口的内容，这可以是影片剪辑的链接标识符，或者是屏幕、表单或包含窗口内容的幻灯片元件名称，也可以是要加载到窗口的 SWF 或 JPG 文件的绝对或相对 URL，默认值为""（空）。

● title：指明窗口的标题。

实例练习——创 Windows 窗口

实例描述本案例将使用 Window 组件创建如图 10-33 所示的效果。

（1）新建一个 Flash CS3 影片文档，将舞台尺寸设置为 550 像素×400 像素，其他文档属性取默认值。保存影片文档，文件名为"Window 组件实例.fla"。

（2）从"组件"面板中，将 Window 组件实例拖曳到舞台中，并放好位置。在"参数"面板上设置其参数，如图 10-34 所示。

图 10-33

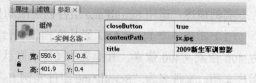

图 10-34

（3）按【Ctrl+Enter】快捷键测试动画效果。

14．UIScrollBar 组件

UIScrollBar 组件允许将滚动条添加至文本字段。可以在创作时将滚动条添加至文本字段，或使用 ActionScript 在运行时添加。UIScrollBar 组件的功能与其他所有滚动条类似，两端各有一个箭头按钮，按钮之间有一个滚动轨道和滚动框（滑块）。它可以附加至文本字段的任何一边，既可以垂直使用，也可以水平使用。

UIScrollBar 组件的参数如下。

● _targetInstanceName：指示 UIScrollBar 组件所附加到的文本字段实例的名称。

● horizontal：指示滚动条是水平方向（true）还是垂直方向（false），默认值为 false。

15．Accordion 组件

含多个子目录的浏览组件，一组垂直的互相重叠的视图，视图顶部有一些按钮，用户利用这些按钮可以在视图之间进行切换。

16．Alert 组件

能够显示一个窗口，该窗口向用户呈现一条消息和响应按钮。该窗口包含一个可填充文本的标题栏、一个可自定义的消息和若干个可更改标签的按钮。Alert 窗口可以包含"是"、"否"、"确定"和"取消"按钮的任意组合，而且可以通过使用 Alert.okLabel、Alert.yesLabel、Alert.noLabel和 Alert.cancelLabel 属性更改按钮的标签，但无法更改 Alert 窗口中按钮的顺序，按钮顺序始终为"确定"、"是"、"否"、"取消"。Alert 窗口在用户单击其中的任何一个按钮时关闭。

实例练习——显示 Alert 组件

本例完成的效果如图 10-35 所示。

（1）新建一个 Flash CS3 影片文档，将舞台尺寸设置为 300 像素×200 像素，其他文档属性取默认值。保存影片文档，文件名为"Alert 组件动画.fla"。

（2）从"组件"面板中，将 Alter 组件添加到文档的库中。选择"动作"图层的第 1 帧，在"动作"面板中输入程序代码，如图 10-36 所示。

图 10-35

图 10-36

这段代码将创建带有"是"、"否"、"取消"按钮的 Alter 窗口。

（3）按【Ctrl+Enter】快捷键测试程序。

17．DateChooser 组件

DateChooser 组件是一个允许用户选择日期的日历，它包含一些按钮，这些按钮允许用户在月份之间来回滚动并单击某个日期将其选中，可以设置指示月份和日名称、星期的第几天和任何禁用日期以及加亮显示当前日期的参数。

18．DateField 组件

这是一个不可选择的文本字段，它显示右边带有日历图标的日期。如果未选定日期，则该文本字段为空白，并且当前日期的月份显示在日期选择器中。当用户在日期字段边框内的任意位置单击时，将会弹出一个日期选择器，并显示选定日期所在月份内的日期。当日期选择器打开时，用户可以使用月份滚动按钮在月份和年份之间来回滚动，并选择一个日期。如果选定某个日期，则会关闭日期选择器，并会将所选日期输入到日期字段中。

实例练习——显示日历

本案例将使用 DateChooser 组件创建如图 10-37 所示的效果。

（1）新建一个 Flash CS3 影片文档，将舞台尺寸设置为 550 像素×400 像素，其他文档属性取默认值。保存影片文档，文件名为"DateChooser 组件实例.fla"。

（2）从"组件"面板中，将 DateChooser 组件实例拖曳到舞台中，并放好位置。在"参数"面板上设置其参数，如图 10-38 所示。

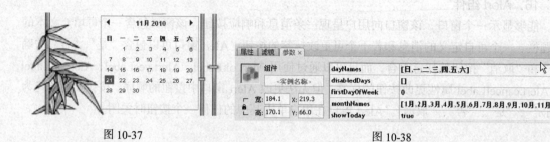

图 10-37   图 10-38

（3）按【Ctrl+Enter】快捷键测试动画效果。

19．Menu 组件

一个标准的桌面应用程序菜单，允许用户从列表中选择一个命令。Menu 组件使用户可以从弹出菜单中选择一个项目，这与大多数软件应用程序的"文件"或"编辑"菜单很相似。

20．MenuBar 组件

可以创建带有弹出菜单和命令的水平菜单栏，对 Menu 组件进行了补充，方法是通过提供可单击的界面来显示或隐藏菜单，而这些菜单起到了组合鼠标和键盘交互性操作的作用。

21．Tree 组件

允许用户查看分层数据。树显示在类似 List 组件的框中，树中的每一项称为节点，并且可以是叶或分支。

10.1.3　修改组件样式的方法

组件的修改一般体现在两个方面：组件的颜色和组件的文字。修改组件的样式一般有下列几种做法：实例修改、自定义样式修改、组件类修改、从容器组件（Container）继承。

1．实例修改

语法格式：

组件实例.setStyle("样式",参数);

实例练习——修改组件样式

（1）新建一个 Flash CS3 影片文档，将舞台尺寸设置为 300 像素×150 像素，其他文档属性取默认值。保存影片文档，文件名为"实例修改.fla"。

（2）从"组件"面板中，将 Button 组件拖曳到舞台中。在"参数"面板中，设置它的 text 参数值为"通过 Style 修改样式"，如图 10-39 所示。

（3）选择"动作"图层的第 1 帧，在"动作"面板中输入程序代码，如图 10-40 所示。

其中，Color 用于设置按钮上文本的颜色，themeColor 用于设置光晕效果，fontFamily 用于设置按钮上文本的字体，fontSize 用于设置按钮上文本的大小。

图 10-39

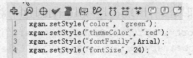

图 10-40

（4）按【Ctrl+Enter】快捷键测试程序。

2．自定义样式修改

（1）先建立一个自定义样式"var my_StyleObj=new mx.styles.CSSStyleDeclaration();"。

（2）设置自定义样式的属性，例如设置字体"my_StyleObj.setStyle("fontFamily",Arial);"。

（3）将定义的样式类应用到组件中"组件实例名.setStyle("styleName",my_StyleObj)"。

实例练习——通过自定义样式修改组件样式

本例完成的效果如图 10-41 所示。

（1）新建一个 Flash CS3 影片文档，将舞台尺寸设置为 400 像素 × 250 像素，其他文档属性取默认值。保存影片文档，文件名为"自定义组件样式.fla"。

（2）从"组件"面板中，将 TextArea 组件、List 组件拖曳到舞台中。

（3）选择 TextArea 实例，在"参数"面板中，设置 text 参数值为"欢迎大家使用本产品，请多提宝贵意见。"，其他参数都取默认值，如图 10-42 所示。

图 10-41

editable	true
html	false
text	欢迎大家使用本产品，请多提宝贵意见。
wordWrap	true

图 10-42

（4）选择 List 实例，在"参数"面板中，设置 labels 参数为"09 多媒体 1 班、09 多媒体 2 班、08 多媒体 1 班、2010 多媒体 1 班"，其他参数取默认值，如图 10-43 所示。

（5）选择"动作"图层的第 1 帧，在"动作"面板中输入程序代码，如图 10-44 所示。

data	[]
labels	[09多媒体1班,09多媒体2班,08多媒体1班,2010多媒体1班]
multipleSelection	false
rowHeight	20

图 10-43

```
1   //建立一个新的自定义样式表.
2   var my_StyleObj=new mx.styles.CSSStyleDeclaration();
3   //设置字体
4   my_StyleObj.setStyle("fontFamily",Arial);
5   //设置组件中文本字号
6   my_StyleObj.setStyle("fontSize",16);
7   //设置组件中文本颜色
8   my_StyleObj.setStyle("color","green");
9   //设置光晕颜色
10  my_StyleObj.setStyle("themeColor","yellow")
11  //将定义的样式应用到List组件中
12  my_List.setStyle("styleName",my_StyleObj)
13  //将定义的样式类应用到TextArea组件中
14  my_TextArea.setStyle("styleName",my_StyleObj)
15  //AD
```

图 10-44

（6）按【Ctrl+Enter】快捷键测试程序。

3．组件类修改

如果组件样式记录在_global.styles 这个对象变量里，修改样式采用的代码是"_global.styles.组件.setStyle("样式",参数);"。

而组件如果没有出现在_global.styles 这个对象变量里，则需使用如下的方法修改组件样式：

```
import mx.styles.CSSStyleDeclaration;
_global.styles.Button=new CSSStyleDeclaration();
```

实例练习——组件类修改

本例要完成的效果如图 10-45 所示。

（1）新建一个 Flash CS3 影片文档，将舞台尺寸设置为 300 像素×250 像素，其他文档属性取默认值。保存影片文档，文件名为"组件类修改样式.fla"。

（2）从"组件"面板中，将 ComboBox 组件、List 组件拖曳到舞台中。

（3）选择 ComboBox 实例，在"参数"面板中，设置 labels 参数为"计算机系、机电系、经管系、资开系、英语系"，其他参数取默认值，如图 10-46 所示。

图 10-45　　　　　　　　　　　　　　　　　　图 10-46

（4）选择 List 实例，在"组件检查器"面板中，设置 labels 参数为"计算机应用技术、计算机网络技术、计算机多媒体技术、计算机应用技术（软件方向）、计算机网络技术（网络管理）"，其他参数取默认值，如图 10-47 所示。

（5）选择"动作"图层的第 1 帧，在"动作"面板中输入程序代码，如图 10-48 所示。

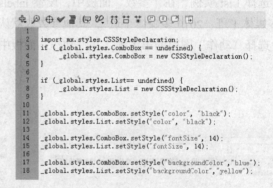

```
import mx.styles.CSSStyleDeclaration;
if (_global.styles.ComboBox == undefined) {
    _global.styles.ComboBox = new CSSStyleDeclaration();
}

if (_global.styles.List== undefined) {
    _global.styles.List = new CSSStyleDeclaration();
}

_global.styles.ComboBox.setStyle("color", "black");
_global.styles.List.setStyle("color", "black");

_global.styles.ComboBox.setStyle("fontSize", 14);
_global.styles.List.setStyle("fontSize", 14);

_global.styles.ComboBox.setStyle("backgroundColor","blue");
_global.styles.List.setStyle("backgroundColor","yellow");
```

图 10-47　　　　　　　　　　　　　　　　　　图 10-48

（6）按【Ctrl+Enter】组合键测试程序。

4. 从容器组件（Container）继承

继承容器组件就是指可以"承载"其他影片剪辑组件的组件，包括 Accordion、Window、ScrollPane 组件。假设容器组件设置了样式，所有放在它们里面的组件都会继承它们的样式，支持的属性包括 fontFamily、fontSize、fontStyle、fontWeight、textAlign、textIndent、themeColor。

补充说明：如果组件设置了"实例修改"、"自定义样式修改"或"组件类修改"等较优先权样式，那么就不能从容器组件继承样式了。

实例练习——从容器组件继承修改

本例要完成的效果如图 10-49 所示。

（1）新建一个 Flash CS3 影片文档，将舞台尺寸设置为 550 像素×400 像素，其他文档属性取默认值。保存影片文档，文件名为"继承容器组件样式.fla"。

（2）新建一个影片剪辑，命名为 mc，从"组件"面板中，将 TextInput、TextArea、ComboBox、Button 组件拖曳到舞台中，效果如图 10-50 所示。

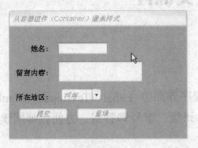

图 10-49

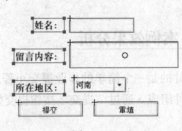

图 10-50

（3）选择 ComBox 实例，在"参数"面板中，设置 labels 参数为"河南、河北、山东、山西"，其他参数取默认值，如图 10-51 所示。

（4）选择第 1 个 Button 实例，在"参数"面板中，设置 label 参数值为"提交"，其他参数都取默认值，如图 10-52 所示。

（5）选择第 2 个 Button 实例，在"参数"面板中，设置 label 参数值为"重填"，其他参数都取默认值，如图 10-53 所示。

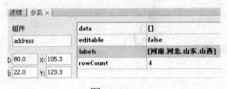

图 10-51

图 10-52

图 10-53

（6）在库中对 mc 影片剪辑添加链接属性，在"标识符"文本框中输入 mc，勾选"为 ActionScript 导出"与"在第一帧导出"复选框，如图 10-54 所示。

（7）从"组件"面板中，将 Window 组件拖曳到舞台中，在"参数"面板中，将实例命名为 mywin，将参数 contentPath 设置为 mc，如图 10-55 所示。

（8）选择"动作"图层的第 1 帧，在"动作"面板中输入程序代码，如图 10-56 所示。

（9）按【Ctrl+Enter】快捷键测试程序。

图 10-54

图 10-55

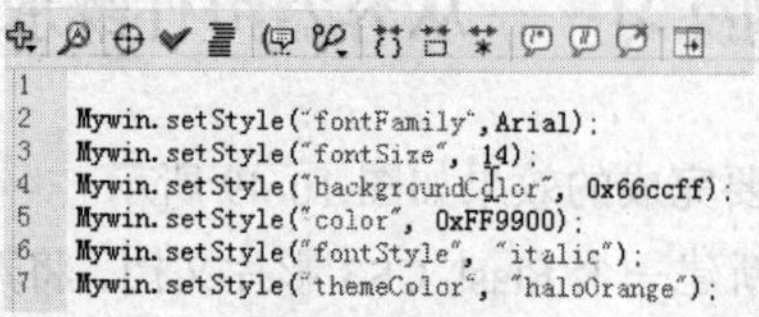

```
1
2    Mywin.setStyle("fontFamily", Arial);
3    Mywin.setStyle("fontSize", 14);
4    Mywin.setStyle("backgroundColor", 0x66ccff);
5    Mywin.setStyle("color", 0xFF9900);
6    Mywin.setStyle("fontStyle", "italic");
7    Mywin.setStyle("themeColor", "haloOrange");
```

图 10-56

10.2 任务一——制作作业提交课件

10.2.1 案例效果分析

本案例设计的是一个简单的作业提交小程序，程序界面由 Label、TextInput、ComboBox 和 TextArea 等组件组成。通过"提交"按钮提交姓名、班级、学号和答案，方便教师阅读作业，如图 10-57 所示。

图 10-57

10.2.2 设计思路

1. 创建 Label、TextInput、TextArea、ComboBox、Button 组件。
2. 创建"返回"和"退出"按钮元件。
3. 定义动作脚本。

10.2.3 相关知识和技能点

使用 Label、TextInput、TextArea、ComboBox、Button 创建界面，使用"root.onclick();"提交答案，使用"function onclick();"实现答案的显示功能。

10.2.4　任务实施

1．创建影片文档

（1）新建一个 Flash CS3 影片文档，设置舞台尺寸为 550 像素×400 像素，背景颜色为粉红，其他参数保存默认，保存影片文档为"作业提交课件.fla"。

（2）在时间轴上创建 3 个图层，分别重新命名为"背景"、"组件"、"动作"。

（3）在"背景"图层上创建一个背景图层，效果如图 10-58 所示。

2．创建组件

（1）在"组件"图层的第 1 帧中，从"组件"面板中拖曳一个 Label 实例，在"参数"面板中设置其 text 为"姓名"，如图 10-59 所示。再拖曳一个 Label 实例，在"参数"面板中设置其 text 为"班级"，如图 10-60 所示。

（2）从"组件"面板中拖曳一个 TextArea 实例，在"参数"面板中设置其 text 为"影片剪辑元件和图形元件有哪些区别？"，如图 10-61 所示。

图 10-58

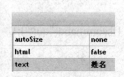

图 10-59　　　图 10-60

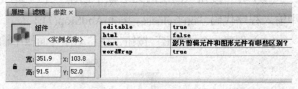

图 10-61

（3）从"组件"面板中拖曳两个 TextInput 实例，实例名称分别为 name 和 xh。其中在"参数"面板中设置 xh 的 text 为"请输入学号"，如图 10-62 所示。

（4）从"组件"面板中拖曳一个 ComboBox 实例，实例名称为 bj。在"参数"面板中设置 labels 为"08 多媒体 1 班、09 多媒体 1 班、10 多媒体 1 班、10 多媒体 2 班"，如图 10-63 所示。

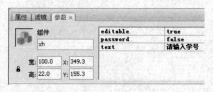

图 10-62

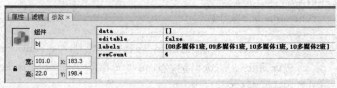

图 10-63

（5）从"组件"面板中拖曳 TextArea 实例，实例名称为 da。创建一个 Label 标签，在"参数"面板中设置其 text 为"请输入答案"，如图 10-64 所示。

（6）从"组件"面板中拖曳一个 Button 按钮，在"参数"面板中设置 label 为"提交"，在"动作"面板中输入以下程序代码，效果如图 10-65 所示。

图 10-64

```
on(click)
{
    _root.onclick();

}
```

（7）在"组件"图层的第 2 帧处插入一个空白关键帧。从"组件"面板中拖曳一个 TextArea 实例，效果如图 10-66 所示。

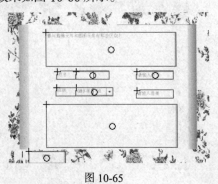

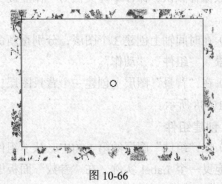

图 10-65　　　　　　　　　　　　　　　　　图 10-66

3. 创建按钮层

（1）在"按钮"图层的第 1 帧中创建一个"退出"按钮，如图 10-67 所示。在"动作"面板中输入程序代码"on (release) {fscommand("quit");}"。

（2）在"按钮"图层的第 2 帧中创建一个"返回"按钮，如图 10-68 所示。在"动作"面板中输入程序代码"on (release) {gotoAndStop(1);}"。

（3）创建一个"退出"按钮，在"动作"面板中输入程序代码 on (release) {fscommand("quit");}。

图 10-67　　　　　　　　　　　　　　　　图 10-68

4. 定义动作脚本

（1）选择"动作"图层的第 1 帧，在"动作"面板中输入如下程序代码：

```
stop();
function onclick()
{
    text="姓名: "+_root.name.text+"\r 学号: "+_root.xh.text
    +"\r 班级: "+_root.bj.value+"\r 答案: "+_root.da.text
    gotoAndStop(2);
}
```

（2）选择"动作"图层的第 2 帧，在"动作"面板中输入如下程序代码：

```
_root.info_result.text=text;

//修改 TextArea 组件的样式
info_result.setStyle("themeColor", "red");
info_result.setStyle("fontFamily",Arial);
info_result.setStyle("fontSize", 16);
```

完成后的图层结构如图 10-69 所示，程序运行结果如图 10-70 所示。

作业提交课件.fla*
5
10
动作
按钮
组件
矩形
背景...

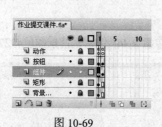

图 10-69

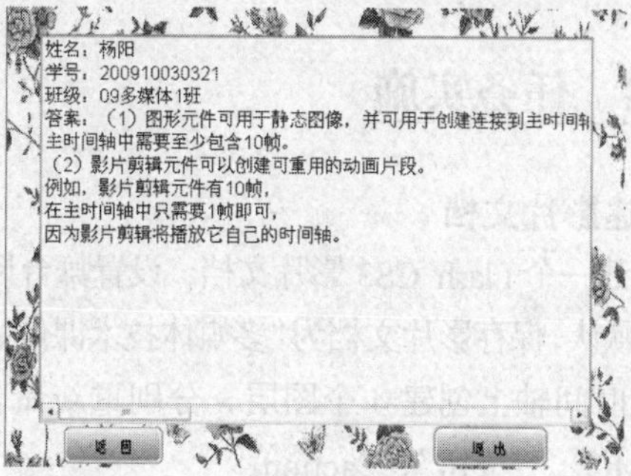

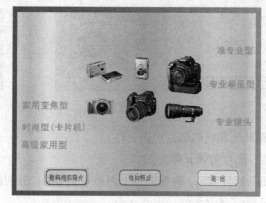

姓名：杨阳
学号：200910030321
班级：09多媒体1班
答案：（1）图形元件可用于静态图像，并可用于创建连接到主时间轴
主时间轴中需要至少包含10帧。
（2）影片剪辑元件可以创建可重用的动画片段。
例如，影片剪辑元件有10帧，
在主时间轴中只需要1帧即可，
因为影片剪辑将播放它自己的时间轴。
返回
退出

图 10-70

10.3　任务二——制作多媒体技术课件

10.3.1　案例效果分析

本案例设计的是一个多媒体技术课件，主要介绍数码相机的内容。课件由数码相机种类和相机结构组成。通过单击相应的按钮，显示数码相机种类和结构特点内容。通过图片和连线的演示，生动形象地展示了数码相机的组成，如图 10-71 所示。

准专业型
专业单反型
家用变焦型
专业镜头
时尚型（卡片机）
高级家用型
数码相机简介
结构特点
退出

图 10-71

10.3.2　设计思路

1. 制作介绍数码相机种类的影片剪辑元件。
2. 制作介绍数码相机结构特点的影片剪辑元件。
3. 制作切换按钮“数码相机简介”、“结构特点”、“退出”。

10.3.3　相关知识和技能点

使用 gotoAndPlay()在数码相机简介界面和结构特点界面间跳转，使用形状补间动画制作连线效果，使用 gotoAndPlay()制作按钮切换效果。

10.3.4　任务实施

1．创建影片文档

（1）新建一个 Flash CS3 影片文档，设置舞台尺寸为 660 像素×448 像素，背景颜色#927FD3，其他参数保存默认，保存影片文档为"多媒体技术课件.fla"。

（2）在时间轴上创建 4 个图层，分别重新命名为"背景"、"MC"、"按钮"、"action"。

（3）在"背景"图层上创建一个背景，效果如图 10-72 所示。

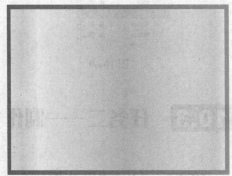

图 10-72

2．创建影片剪辑元件

● 创建"高级家用型"影片剪辑元件。

（1）新建"高级家用型"影片剪辑，在时间轴上创建两个图层，分别重新命名为"相机"、"连线"。

（2）在"相机"图层的第 1 帧上，放入"高级家用型"图形元件。在第 10～17 帧插入关键帧，清除第 10、12、14、16 帧上的内容，效果如图 10-73 所示。

（3）在"连线"图层的第 1 帧上，用直线工具画一条直线，效果如图 10-74 所示。第 4 帧用直线工具画一条拐角直线，效果如图 10-75 所示。创建第 1～4 帧之间的形状补间动画。

图 10-73　　　　　　　　　　图 10-74　　　　　　　　　图 10-75

（4）用同样的方法制作其他相机的影片剪辑元件。

● 创建"数码照相机"影片剪辑元件。

（1）新建"数码照相机"影片剪辑，在时间轴上创建 4 个图层，分别重新命名为"按钮文本"、"按钮"、"相机种类"、"as"。

（2）在"按钮文本"图层上插入 6 个静态文本，效果如图 10-76 所示。

（3）在"按钮"图层上放入 6 个隐形按钮，效果如图 10-77 所示。

图 10-76　　　　　　　　　　　　　　　图 10-77

（4）在"相机种类"图层的第 1～7 帧中，分别放入"总的"、"高级家用型"、"时尚型（卡片机）"、"家用变焦型"、"专业镜头"、"专业单反型"、"准专业型" 7 个影片剪辑元件。

（5）选择"家用变焦型"按钮，在"动作"面板中输入如下程序代码：

```
on (press) { gotoAndPlay(4);}
```

（6）选择"时尚型（卡片机）"按钮，在"动作"面板中输入如下程序代码：

```
on (press) {gotoAndPlay(3);}
```

（7）选择"高级家用型"按钮，在"动作"面板中输入如下程序代码：

```
on (press) {gotoAndPlay(2);}
```

（8）选择"准专业型"按钮，在"动作"面板中输入如下程序代码：

```
on (press) {gotoAndPlay(7);}
```

（9）选择"专业单反型"按钮，在"动作"面板中输入如下程序代码：

```
on (press) {gotoAndPlay(6);}
```

（10）选择"专业镜头"按钮，在"动作"面板中输入如下程序代码：

```
on (press) {gotoAndPlay(5);}
```

（11）在 as 图层上，分别将第 1～7 帧选中，在"动作"面板中输入程序代码"stop();"。"数码照相机"影片剪辑元件制作完成后的图层结构如图 10-78 所示。

● 制作"结构特点"影片剪辑元件。

（1）新建"结构特点"影片剪辑，在时间轴上创建 9 个图层，分别重新命名为"结构图"、"镜头"、"镜头线"、"耦合"、"耦合线"、"译码器"、"译码器线"、"存储器"、"存储器线"。

（2）在"结构图"图层上，放入"结构图"图形元件，效果如图 10-79 所示。

图 10-78

（3）在"镜头"图层上插入 10 个空白关键帧，在第 2、4、6、8、10 帧放入静态文本"镜头"，如图 10-80 和图 10-81 所示。

图 10-79

图 10-80

图 10-81

（4）在"镜头线"图层的第 1 帧上，插入一个空白关键帧。在第 10 帧，用直线工具画一条直线，效果如图 10-82 所示。在第 19 帧，用直线工具画一条直线，效果如图 10-83 所示。

图 10-82

图 10-83

（5）创建第 10～19 帧之间的形状补间动画，如图 10-84 所示。

（6）在"耦合"图层的第 1 帧上放入静态文本，效果如图 10-85 所示。

（7）在第 22～29 帧处插入 8 个空白关键帧，在第 23、25、27、29 帧放入静态文本，如

图 10-86 所示。

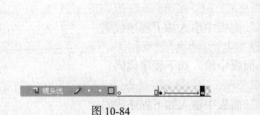

图 10-84
图 10-85 

（8）在"耦合线"图层的第 1 帧上，插入一个空白关键帧。在第 29 帧，用直线工具画一条直线，效果如图 10-87 所示。在第 37 帧，用直线工具画一条直线，效果如图 10-88 所示。

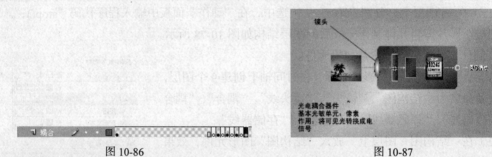

图 10-86
图 10-87

（9）创建第 29～37 帧的形状补间动画，如图 10-89 所示。

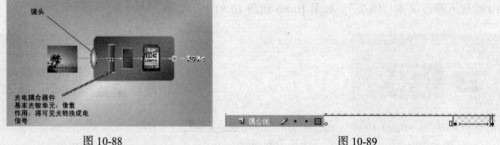

图 10-88
图 10-89

（10）在"译码器"图层的第 1 帧上放入静态文本，效果如图 10-90 所示。

（11）在第 42～49 帧处插入 8 个空白关键帧，在第 43、45、47、49 帧放入静态文本，如图 10-91 所示。

图 10-90
图 10-91 

（12）在"译码器线"图层的第 1 帧上，插入一个空白关键帧。在第 49 帧，用直线工具画一条直线，效果如图 10-92 所示。在第 56 帧，用直线工具画一条直线，效果如图 10-93 所示。

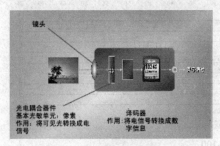
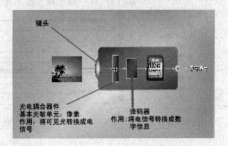

图 10-92　　　　　　　　　　　　　　　图 10-93

（13）创建第 49～56 帧之间的形状补间动画，如图 10-94 所示。

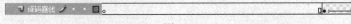

图 10-94

（14）在"存储器"图层的第 1 帧上放入静态文本，效果如图 10-95 所示。

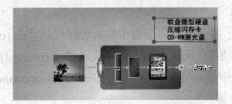

图 10-95

（15）在第 59～66 帧处插入 8 个空白关键帧，在第 60、62、64、66 帧放入静态文本，如图 10-96 所示。

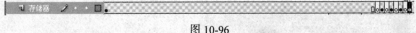

图 10-96

（16）在"存储器线"图层的第 1 帧上，插入一个空白关键帧。在第 66 帧，用直线工具画一条直线，效果如图 10-97 所示。在第 75 帧，用直线工具画一条直线，效果如图 10-98 所示。

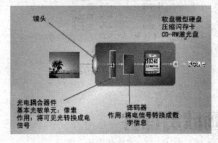
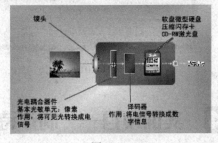

图 10-97　　　　　　　　　　　　　　　图 10-98

（17）创建第 66～75 帧之间的形状补间动画，如图 10-99 所示。

图 10-99

"结构特点"剪辑元件制作完成后的图层结构如图 10-100 所示。

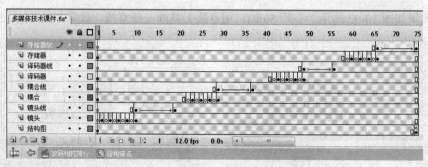

图 10-100

3. 创建"MC"图层内容

选择"MC"图层的第 1 帧，放入"数码照相机"影片剪辑元件，在第 2 帧放入"结构特点"影片剪辑元件。

4. 创建"按钮"图层内容

（1）在"按钮"图层的第 1 帧，放入"数码相机简介"、"结构特点""退出" 3 个按钮，效果如图 10-101 所示。

（2）选择"简介"按钮，在"动作"面板中输入程序代码"on (press) {gotoAndPlay(1);}"，选择"结构特点"按钮，在"动作"面板中输入程序代码"on (press) {gotoAndPlay(2);}"，选择"退出"按钮，在"动作"面板中输入程序代码"on (release) {fscommand("quit");}"。

5. 创建 action 图层内容

在 action 层，分别选择第 1、2、3 帧，在"动作"面板中输入程序代码"stop();"。实例完成后的图层结构如图 10-102 所示。

图 10-101

图 10-102

10.4 实训项目——制作诗画欣赏课件

10.4.1 实训目的

1. 制作动画的目的与主题

本例的目的在于强化 gotoAndPlay() 脚本的使用、遮罩动画的使用及课件的制作流程。

本例设计的是语文课课件，主题是水墨画和诗的欣赏。通过单击按钮切换花鸟画和王昌龄两首诗的内容，使生动的画面和详细的赏析丰富了书本的内容。
本实例的制作效果如图 10-103 所示。

诗 画 欣 赏

2．动画整体风格设计

在色彩上运用青绿色，更显王昌龄文笔的清新优美；运用红色的花边，使花鸟画轮廓更为明显，适应了工笔花鸟画色彩缤纷的气息。

3．素材搜集与处理

搜集多幅花鸟水墨画，收集有关王昌龄本人的简介及王昌龄诗作评论参考资料。

图 10-103

10.4.2 实训要求

1. 使用"场景"面板新建"诗画欣赏"、"画"、"诗"3 个场景。
2. 使用按钮和 gotoAndPlay() 在主场景和"画"、"诗"子场景之间进行切换。
3. 使用按钮元件制作花鸟画之间的切换。
4. 使用遮罩动画制作"出塞"文字动画。

10.4.3 实训步骤

1．创建影片文档

（1）新建一个 Flash CS3 影片文档，设置舞台尺寸为 550 像素×400 像素，其他参数保存默认，保存影片文档为"诗画欣赏课件.fla"。

（2）执行"窗口">"其他面板">"场景"命令，打开"场景"面板，新增"诗画欣赏"、"画"、"诗"3 个场景，如图 10-104 所示。

2．设计"诗画欣赏"场景

（1）在时间轴上创建 3 个图层，分别重新命名为"背景"、"按钮"、"as"。

（2）在"背景"图层上创建一个背景，效果如图 10-105 所示。

（3）在"按钮"图层上，创建"水墨画"、"诗欣赏"和"退出"3

图 10-104

个按钮，如图 10-106 所示。

图 10-105

图 10-106

（4）选择"诗欣赏"按钮，在"动作"面板中输入如下程序代码：

```
on (press) {
    gotoAndPlay("诗", 1);
}
```

（5）选择"水墨画"按钮，在"动作"面板中输入如下程序代码：

```
on (press) {
    gotoAndPlay("画", 1);
}
```

（6）选择"退出"按钮，在"动作"面板中输入如下程序代码：

```
on (release) {fscommand("quit");}
```

（7）在 as 图层上，插入一个空白关键帧，在"动作"面板中输入程序代码"stop();"。

3. 设计"画"场景

（1）在时间轴上创建 4 个图层，分别重新命名为"底图"、"水墨画"、"按钮"、"as"。

（2）在"底图"图层上创建一个背景，效果如图 10-107 所示。

（3）在"水墨画"图层上，插入 4 个空白关键帧。在第 2、3、4 帧上分别放入"花鸟 01"、"花鸟 02"、"花鸟 03" 3 个图像，效果如图 10-108、图 10-109、图 10-110 所示。

图 10-107

图 10-108

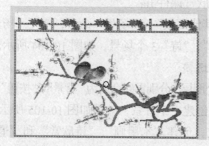

图 10-109

图 10-110

（4）在"按钮"图层上，创建"第一个"、"第二个"、"第三个"、"返回" 4 个按钮。

（5）选择"第一个"按钮，在"动作"面板中输入如下程序代码：

```
on (press) {
    gotoAndPlay(2);
}
```

（6）选择"第二个"按钮，在"动作"面板中输入如下程序代码：

```
on (press) {
    gotoAndPlay(3);
}
```

（7）选择"第三个"按钮，在"动作"面板中输入如下程序代码：

```
on (press) {
    gotoAndPlay(4);
}
```

（8）选择"返回"按钮，在"动作"面板中输入如下程序代码：

```
on (release) {
    gotoAndPlay("诗画欣赏",1);
}
```

（9）在 as 图层上插入 5 个空白关键帧。分别选择每一帧，在"动作"面板中输入程序代码"stop();"。至此，"画"场景设计结束，完成后的图层结构如图 10-111 所示。

4. 设计"诗"场景

（1）在时间轴上创建 4 个图层，分别重新命名为"背景"、"诗"、"按钮"、"as"。

（2）在"背景"图层上创建一个背景，效果如图 10-112 所示。

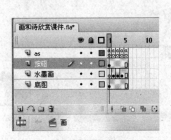

图 10-111

图 10-112

（3）新建影片剪辑元件，命名为"出塞 1"。选择图层 1，输入静态文本，如图 10-113 所示。新建图层 2，创建矩形，位置如图 10-114 所示。在图层 2 的第 4 帧处插入关键帧，并用任意变形工具将矩形变长，以盖住"塞"字，如图 10-115 所示。重复插入关键帧，并用任意变形工具使矩形变长的方法一直到第 80 帧。选择图层 1，在第 82 帧处插入关键帧，在"动作"面板中输入程序代码"stop();"。用鼠标右键单击图层 2，选择"遮罩层"命令，将其设置为遮罩层，如图 10-116 所示。

图 10-113　　　　　图 10-114　　　　　图 10-115

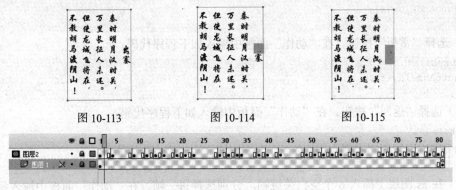

图 10-116

（4）在"诗"图层上插入 5 个空白关键帧。在第 2 帧上放置"出塞 1"影片剪辑，如图 10-117 所示。在第 3、4、5 帧上分别输入"长信怨"、"作者简介"、"赏析" 3 个静态文本，如图 10-118、图 10-119、图 10-120 所示。

（5）在"按钮"图层上，创建"出塞"、"长信怨"、"作者简介"、"赏析"、"返回" 5 个按钮，如图 10-121 所示。

（6）选择"出塞"按钮，在"动作"面板中输入如下程序代码：

```
on (press) {
    gotoAndPlay(2);
}
```

图 10-117

图 10-118

图 10-119

图 10-120

图 10-121

（7）选择"长信怨"按钮，在"动作"面板中输入如下程序代码：

```
on (press) {
    gotoAndPlay(3);
}
```

（8）选择"作者简介"按钮，在"动作"面板中输入如下程序代码：

```
on (press) {
    gotoAndPlay(4);
}
```

（9）选择"赏析"按钮，在"动作"面板中输入如下程序代码：

```
on (press) {
    gotoAndPlay(5);
}
```

（10）选择"返回"按钮，在"动作"面板中输入如下程序代码：

```
on (release) {
    gotoAndPlay("诗画欣赏",1);
}
```

（11）在 as 图层上插入 6 个空白关键帧。分别选择每一帧，在"动作"面板中输入程序代码"stop();"。

至此，"诗"场景设计结束，完成后的图层结构如图 10-122 所示。

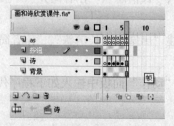

图 10-122

10.4.4　评价考核

表 10–1　　　　　　　　　　　　任务评价考核表

能力类型	考 核 内 容		评　价		
	学 习 目 标	评 价 项 目	3	2	1
职业能力	掌握添加和设置组件的方法，掌握用户界面组件的使用，会修改组件样式，学会用 Flash 制作课件的方法	能够添加和设置组件			
		能够使用常用用户界面组件			
		能够修改组件样式			
		能够使用 Flash 制作课件			
通用能力	造型能力				
	审美能力				
	组织能力				
	解决问题能力				
	自主学习能力				
	创新能力				
综合评价					

10.5　学生课外拓展——Flash 动画设计课件制作

10.5.1　参考制作效果

本案例设计的是 Flash 动画设计课程中的广告设计动画的课件。课件共分 4 个内容，通过按钮切换，"任务展示"中展示了"李宁广告设计"效果，激发了学生的学习兴趣，如图 10-123 所示。

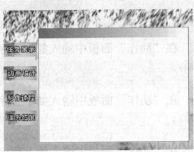

图 10-123

10.5.2　知识要点

使用 prevFrame() 和 nextFrame() 制作前后翻页效果，使用按钮和 gotoAndStop() 制作导航效果。

10.5.3　参考制作过程

1．创建影片文档

（1）新建一个 Flash CS3 影片文档，设置舞台尺寸为 550 像素×400 像素，其他参数保持默认，保存影片文档为"广告设计课件.fla"。

（2）在时间轴上创建 8 个图层，分别重新命名为"动态背景"、"底图 1"、"底图 2"、"按钮"、"展示实例"、"模块"、"标题文字"、"动作"。

（3）在"动态背景"图层上，放入一个"动态背景"影片剪辑，效果如图 10-124 所示。

（4）在"底图 1"图层上，放入一个"矩形区"图形元件，效果如图 10-125 所示。

 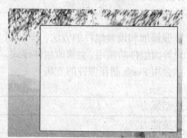

图 10-124   图 10-125

（5）在"底图 2"图层上，用矩形工具绘制一个长方形，填充线性渐变色，效果如图 10-126 所示。

2．创建导航按钮

（1）在"按钮"图层的第 1 帧上，放入 zs、sj、gz、tz 共 4 个按钮元件，创建"任务展示"、"动画设计"、"制作过程"和"课外拓展" 4 个按钮，如图 10-127 所示。

 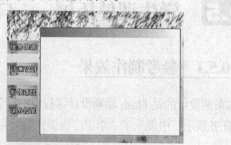

图 10-126   图 10-127

（2）选择"任务展示"按钮，在"动作"面板中输入如下程序代码：

```
on (release) {gotoAndStop(2);
}
```

（3）选择"动画设计"按钮，在"动作"面板中输入如下程序代码：

```
on (release) {gotoAndStop(3);
}
```

（4）选择"制作过程"按钮，在"动作"面板中输入如下程序代码：

```
on (release) {gotoAndStop(4);
}
```

（5）选择"课外拓展"按钮，在"动作"面板中输入如下程序代码：

```
on (release) {gotoAndStop(5);
}
```

3．制作影片剪辑

● 制作"李宁广告"影片剪辑。

打开"李宁广告.fla"，选择所有帧，用鼠标右键单击并选择"复制帧"命令，如图 10-128 所示。在"李宁广告课件.fla"文件中，执行"插入">"新建">"影片剪辑"命令，新建名为"李宁广告"的影片剪辑，在第 1 帧处粘贴帧。

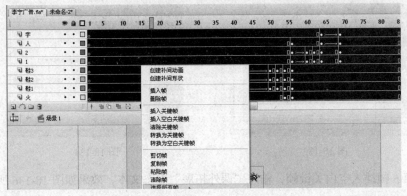

图 10-128

● 制作"制作过程"影片剪辑。

（1）执行"插入">"新建"命令，设置影片剪辑名称为"制作过程"。在时间轴上创建两个图层，分别重新命名为"文本"、"动作"。

（2）选择"文本"图层，插入 10 个空白关键帧。在 10 个空白关键帧中依次分页输入"制作过程内容"静态文本。在第 1 帧中放入"后一页"按钮元件，效果如图 10-129 所示。

（3）在第 2、3、4、5、6、7、8、9 帧中放入"前一页"和"后一页"按钮元件，如图 10-130 所示。

（4）在最后一帧中放入"前一页"按钮元件，如图 10-131 所示。

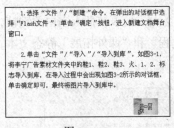

图 10-129

图 10-130

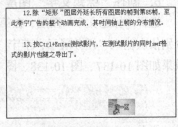

图 10-131

（5）选择"前一页"按钮，在"动作"面板中输入如下程序代码：

```
on (press) {prevFrame();
}
```

（6）选择"后一页"按钮，在"动作"面板中输入如下程序代码：

```
on (press) {nextFrame();
}
```

（7）在"动作"图层选择第 1 帧，在"动作"面板中输入程序代码"stop();"。至此，"制作过程"影片剪辑完成，完成后的图层结构如图 10-132 所示。

图 10-132

4．制作"展示实例"图层

选择"展示实例"图层，插入 3 个空白关键帧，在第 2 个关键帧中放入"李宁广告"影片剪辑，效果如图 10-133 所示。

5．制作"模块"图层

（1）选择"模块"图层，在第 1 帧插入一个空白关键帧，在第 3 帧插入空白关键帧，输入"动画设计思路"静态文本，效果如图 10-134 所示。在第 4 帧插入空白关键帧，放入"制作过程"影片剪辑，效果如图 10-135 所示。

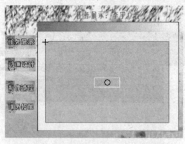

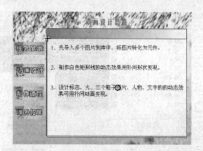

图 10-133   图 10-134

（2）在第 5 帧插入空白关键帧，输入"课外拓展"静态文本，效果如图 10-136 所示。

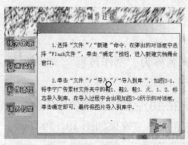

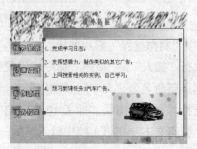

图 10-135   图 10-136

6. 制作"标题文字"图层

选择"标题文字"图层，在第 1 帧插入一个空白关键帧，在第 2、3、4、5 帧插入空白关键帧，分别依次输入"任务展示：李宁广告"、"动画设计思路"、"制作过程"和"课外拓展"静态文本，效果如图 10-137、图 10-138、图 10-139 和图 10-140 所示。

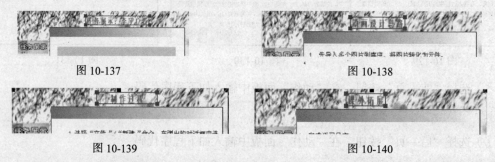

图 10-137   图 10-138

图 10-139   图 10-140

7. 制作"动作"图层

选择"动作"图层，在第 1 帧插入一个空白关键帧，在"动作"面板中输入程序代码"stop();"。至此，实例制作完成，完成后的图层结构如图 10-141 所示。

图 10-141

316